U0402071

土建类专业教材编审委员会

应用型人才培养“十三五”规划教材

中国石油和化学工业优秀教材奖

建筑结构与识图

第三版

邵英秀　康会宾　主编

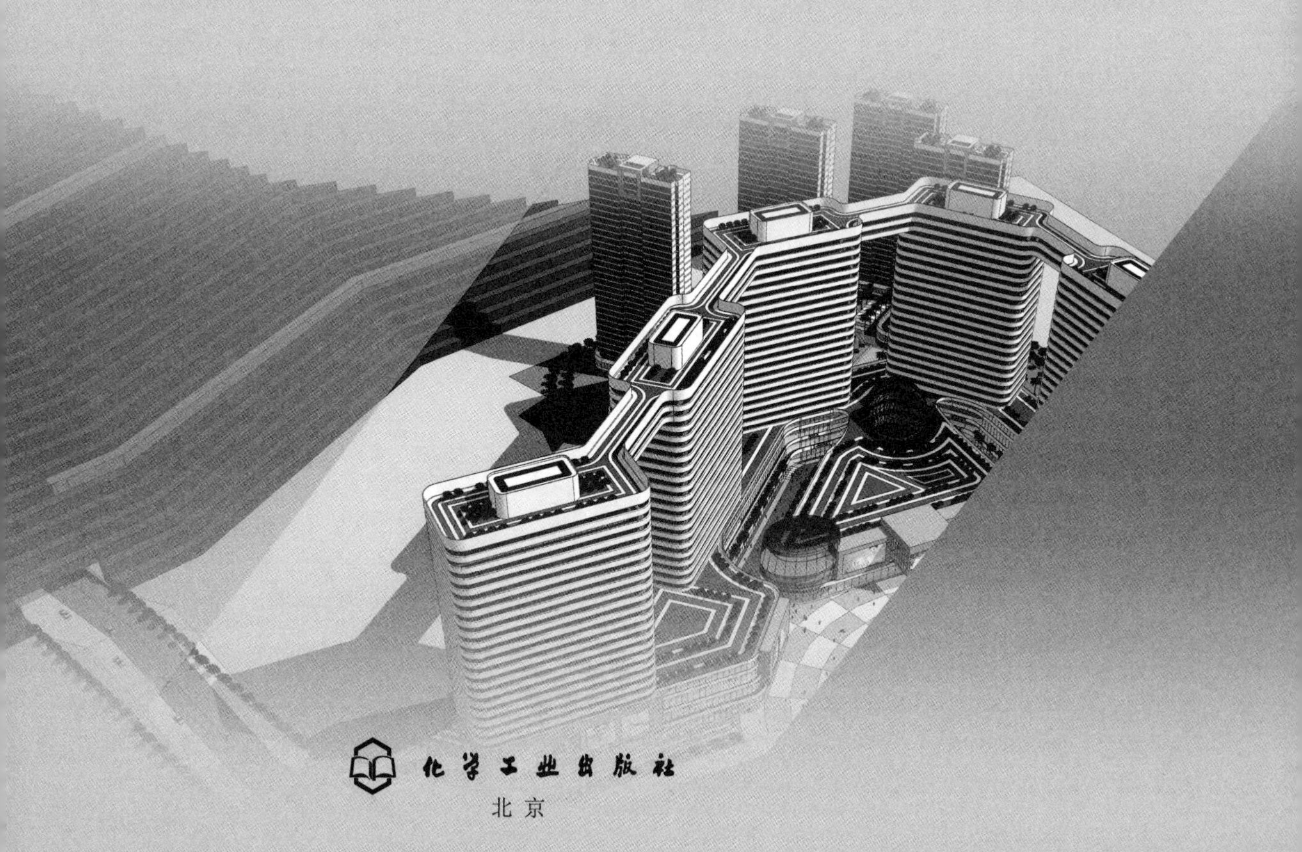

化学工业出版社

北京

内容简介

本书内容包括建筑结构概览、砌体结构、现浇混凝土结构、装配式混凝土结构、建筑钢结构五个模块，每个模块主要介绍建筑结构基本知识、结构构造要求和结构施工图案例，还介绍了混凝土结构施工图平面整体表示方法制图规则和构造详图部分内容，课后附实训任务书，让学生在探究式学习中质疑问难，增强质量安全意识，服务质量强国需求。

本书每个模块的重难点以及拓展内容以微课形式呈现，可通过扫码学习。

本书主要用作高职院校和应用型本科院校工程造价、建筑工程管理、房地产经营与估价、物业管理等专业教材，也可供土建施工类、建筑信息技术模型（BIM）类、建筑构件制造等方面工程技术人员参考。

图书在版编目（CIP）数据

建筑结构与识图/邵英秀，康会宾主编. —3版. —北京：化学工业出版社，2020.8（2024.1重印）

ISBN 978-7-122-37054-9

Ⅰ.①建… Ⅱ.①邵… ②康… Ⅲ.①建筑结构-高等职业教育-教材②建筑结构-建筑制图-识图-高等职业教育-教材 Ⅳ.①TU3②TU204.21

中国版本图书馆CIP数据核字（2020）第090765号

责任编辑：李仙华　　装帧设计：张　辉

责任校对：刘　颖

出版发行：化学工业出版社（北京市东城区青年湖南街13号　邮政编码100011）

印　　装：三河市双峰印刷装订有限公司

787mm×1092mm　1/16　印张12½　字数305千字　2024年1月北京第3版第4次印刷

购书咨询：010-64518888　　售后服务：010-64518899

网　　址：http://www.cip.com.cn

凡购买本书，如有缺损质量问题，本社销售中心负责调换。

定　　价：39.00元

前言

本教材针对应用型本科、高职工程造价、建筑工程管理、房地产经营与估价、物业管理等专业教育培养目标，着重介绍建筑结构的基本知识和结构构造措施，引入混凝土结构施工图平面整体表示方法制图规则和构造详图的内容，并结合真实的工程案例设计识图任务书，从工程应用的角度提高学生对建筑结构的理解，强化学生职业素养养成和专业技术积累。

本书自2010年出版以来受到广大读者的喜爱，尤其在高职院校和应用型本科院校中得到了广泛使用，2012年获得中国石油和化学工业优秀出版物奖（教材奖）。安全、适用、耐久是建筑结构的三大功能，本次教材修订契合党的二十大报告“建设现代化产业体系”中质量强国的相关要求，有机融入质量意识、劳动意识、工匠精神，坚持校企“双元”合作开发、知识传授与技术技能培养并重的原则，融合信息化手段，增加线上学习资源，立体化呈现内容；将知识颗粒化，任务书将技能训练具体化，学训结合，在学习中锻炼劳动精神、职业精神和工匠精神。教材主要修订和增补内容如下：

第一，采取模块化内容结构。全书由原来的六章整合为五个模块，按照建筑结构概览、砌体结构、现浇混凝土结构、装配式混凝土结构、建筑钢结构的顺序建立知识（技能）结构体系；每个模块增加“匠心筑楼”园地；课后练习改为完成识图训练任务和能力训练题；还可以线上方式学习结构工作原理、结构设计等拓展知识，不断探究并养成质疑问难的习惯，拓展学习者思维的广度和深度。

第二，融入新技术新标准。装配式建筑节能环保，是混凝土结构由现场全现浇结构向现代化工厂制造升级的优选方式，是国家倡导的建筑产业化发展方向。本书根据《装配式混凝土结构技术规程》扩充大量内容，并将此内容独立设为一个模块，便于学习者快速检索、集中学习；同时，增加了建筑信息模型技术（BIM）的相关内容，为学习者考取建筑信息模型技术（BIM）技能等级证书奠定基础；随着我国建筑工程规范、规程陆续作出了修订，为使本书更具前瞻性和实用性，书中相关内容根据最新标准进行了修订。

第三，丰富学习资源。每个模块的重点难点以及拓展内容以微课形式呈现，可通过扫描书中二维码学习，便于学习者不受时空限制，反复观摩，达成学习效果。

本书由石家庄职业技术学院邵英秀、康会宾任主编，王辉、李静任副主编。参加本教材修订的有石家庄职业技术学院邵英秀（编写模块一）、石家庄职业技术学院李静（编写模块二并制作课件及微课），石家庄职业技术学院李静、郭阳阳（编写模块三并制作课件及微课），石家庄职业技术学院康会宾（编写模块四、模块五并制作课件及微课），河北交通职业技术学院王辉（制作模块四、模块五课件及微课），河北开放大学王琴（制作模块一教学课件及微课），河北天艺设计研究院高级工程师柴林、河北建工集团教授级高级工程师郑晓亮提供了大量案例素材并编写了技能训练任务书，河北省建筑科学研究院教授级高级工程师王占雷总工对本教材的修订提出了宝贵意见和建议。

本书在编写过程中，参考并引用了相关国家及行业标准、最新规范、有关文献等资料，在此对相关作者表示诚挚的感谢。由于编者水平所限，书中难免存在不妥之处，敬请读者批评指正。

本书提供有电子教案和PPT电子课件，可登录www.cipedu.com.cn网址免费获取。

编　者

第二版前言

本书第一版自2010年出版以来受到广大读者的喜爱，尤其在高职院校和应用型本科院校中得到了广泛使用，2012年获得中国石油和化学工业优秀出版物奖（教材奖）。本次修订针对工程造价、建筑工程管理、房地产经营与估价、物业管理等专业高职教育培养目标，本着任务引领、实践导向的课程设计思想，着重介绍建筑结构的基本知识和结构构造措施，引入混凝土结构施工图平面整体表示方法制图规则和构造详图的内容，从工程应用的角度提高学生对建筑结构的理解，通过识图训练培养学生解决施工中结构问题的能力。

本次主要的修订和增补内容如下：

第一，规范和规程的更新。近几年我国建筑工程相关规范、规程陆续作出了修订，为使本书更具前瞻性和实用性，书中相关内容根据新标准进行了修正。

第二，章节结构变化。全书由原来的七章整合为六章，将房屋的基础内容与房屋结构形式相对应，学习者可以对房屋结构自上而下有一个系统、全面的了解，有利于学习者树立房屋结构工程形象。全书按照绪论、砌体结构、混凝土楼盖屋盖结构、混凝土框架结构、剪力墙结构、钢结构的顺序，建立篇章结构和体系。

第三，内容更新。每章以领会基础知识、熟悉结构构造、看懂施工图进而会钢筋抽筋、算量等基本技能为主，以结构设计、结构工作原理等拓展知识为辅，各章在第一版学习要点、基本内容、识图训练、能力训练题等基础上增加了拓展知识，引导学习者不断探究并养成质疑问难的习惯，拓展学习者思维的广度和深度。

参加本教材修订的有石家庄职业技术学院邵英秀（编写第一、二章），石家庄职业技术学院康会宾（编写第三、五章），石家庄职业技术学院李静（编写第四章），河北交通职业技术学院王辉（编写第六章）。本书由石家庄职业技术学院邵英秀、康会宾任主编，王辉、李静任副主编，河北天艺设计研究院柴林、河北建工集团设计研究所张鹏飞、河北开放大学王琴、河北工业职业技术学院袁影辉参加了编写，河北科工建筑工程集团有限公司高级工程师曹福顺总工、河北省建筑科学研究院教授级高级工程师王占雷总工对本教材的修订提出了宝贵意见和建议。

本书在编写过程中，参考并引用了相关国家及行业标准、最新规范、有关文献等资料，在此对相关作者表示诚挚的感谢。

由于编者水平所限，书中难免存在不妥之处，敬请读者批评指正。

本书提供有电子教案和PPT电子课件，可登录 www.cipedu.com.cn 网址免费获取。

编　者

2016年3月

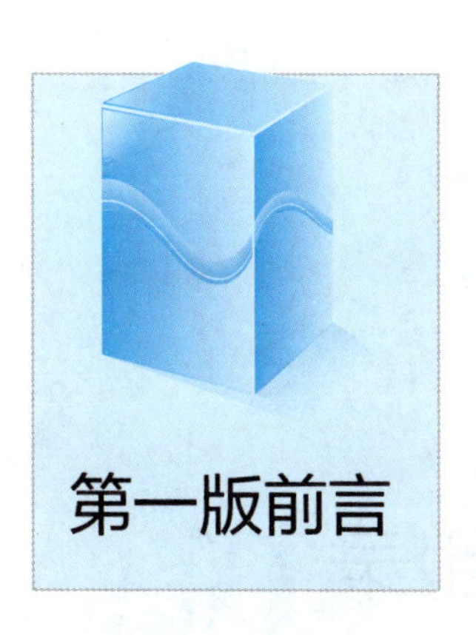

第一版前言

建筑结构与识图是一门综合性很强的专业课，它涉及混凝土结构、砌体结构、钢结构、抗震及工程图识读的基础知识。本教材针对工程造价、建筑工程管理、房地产经营与估价、物业管理等专业高职教育培养目标，本着任务引领、实践导向的课程设计思想，着重介绍建筑结构的基本知识和结构构造措施，引入混凝土结构施工图平面整体表示方法制图规则和构造详图（05G101）内容，从工程应用的角度提高学生对建筑结构的理解，通过识图训练培养学生解决施工中结构问题的能力。

本教材以现行的有关规范与标准为主要依据，注重理论概念的准确性和工程实践的系统性，尽量反映新技术的应用。各章均有学习要点、识图训练、能力训练题，以便于学生自学。本书提供有电子教案，可发信到 cipedu@163.com 邮箱免费获取。

参加本教材编写的有石家庄职业技术学院邵英秀（编写第一、六、七章），石家庄职业技术学院康会宾（编写第二章），商丘职业技术学院陈明军（编写第三章），江西工业工程职业技术学院周婷（编写第四章的第一、二节），河南工程学院胡愈（编写第四章的第三节和第五章）。

本书由石家庄职业技术学院邵英秀任主编、康会宾任副主编，承蒙新疆建筑职业技术学院陈淑娟教授主审，编写过程中参考了一些公开出版和发表的文献，谨此表示感谢。

由于编者水平所限，书中难免存在不妥之处，敬请读者批评指正。

编　者

2010 年 1 月

目录

模块一　建筑结构概览　/ 1

1.1　认识建筑结构　/ 1

1.1.1　建筑结构的分类　/ 1

1.1.2　建筑结构的基础知识　/ 4

1.2　建筑结构施工图识读要素　/ 5

1.2.1　建筑结构施工图的基本内容　/ 5

1.2.2　结构施工图的特点　/ 6

1.3　建筑信息模型（BIM）简介　/ 7

1.3.1　建筑信息模型技术发展现状　/ 7

1.3.2　建筑信息模型技术员岗位职责　/ 7

模块二　砌体结构　/ 8

2.1　砌体结构的基础知识　/ 8

2.1.1　块体和砂浆　/ 8

2.1.2　砌体的种类　/ 10

2.2　砌体房屋的构造要求　/ 11

2.2.1　砌体房屋的结构布置　/ 11

2.2.2　砌体房屋的一般构造要求　/ 13

2.2.3　过梁、挑梁、墙梁、圈梁　/ 18

2.3　砌体结构抗震构造知识　/ 20

2.3.1　砌体房屋的震害分析　/ 20

2.3.2　抗震设计的一般规定　/ 20

2.3.3　砌体房屋抗震构造措施　/ 22

2.4　砌体结构房屋基础　/ 28

2.4.1　无筋扩展条形基础　/ 28

2.4.2　钢筋混凝土条形基础　/ 31

2.5　识图训练　/ 31

2.5.1　砌体结构房屋基础图　/ 32

2.5.2 楼屋面结构施工图 / 32
2.6 拓展知识 / 33
2.6.1 砌体的抗压强度 / 33
2.6.2 砌体房屋设计的基本原理 / 34
能力训练题 / 40

模块三 现浇混凝土结构工程 / 41

3.1 混凝土梁板结构 / 41
3.1.1 混凝土梁板构件基础知识 / 41
3.1.2 现浇钢筋混凝土肋形楼（屋）盖 / 44
3.1.3 楼梯和雨篷 / 53
3.1.4 识图训练 / 56
3.1.5 拓展知识 / 60
3.2 现浇混凝土框架结构 / 66
3.2.1 框架结构的基础知识 / 66
3.2.2 框架结构构造要求 / 72
3.2.3 混凝土框架结构基础 / 79
3.2.4 识图训练 / 81
3.2.5 拓展知识 / 88
3.3 剪力墙结构和框架-剪力墙结构 / 93
3.3.1 剪力墙结构的基础知识 / 93
3.3.2 剪力墙结构构造要求 / 96
3.3.3 剪力墙结构识图训练 / 97
3.3.4 框架-剪力墙结构简介 / 109
3.3.5 筏形基础 / 110
3.3.6 桩基础 / 117
能力训练题 / 122

模块四 装配式混凝土结构 / 123

4.1 装配式混凝土结构基础知识 / 123
4.1.1 装配式混凝土结构适用范围 / 123
4.1.2 结构布置要求 / 124
4.1.3 构件预制分类 / 124
4.1.4 构件的连接 / 124
4.1.5 叠合楼盖 / 126
4.2 装配式混凝土框架结构 / 129
4.2.1 叠合梁构造 / 129
4.2.2 预制柱构造 / 131
4.2.3 梁柱节点钢筋构造 / 131
4.3 装配式混凝土剪力墙结构 / 134

4.3.1 剪力墙结构的布置 / 134
4.3.2 剪力墙预制部分构造要求 / 134
4.3.3 剪力墙连接构造 / 134
4.4 识图训练 / 138
4.4.1 装配式混凝土结构施工图主要内容 / 138
4.4.2 装配式混凝土剪力墙结构识图 / 141
能力训练题 / 147

模块五 建筑钢结构工程 / 148

5.1 钢结构基础知识 / 148
5.1.1 钢结构用钢的牌号 / 148
5.1.2 建筑钢材的规格 / 149
5.1.3 钢结构的制作 / 151
5.1.4 钢结构施工图 / 151
5.2 钢结构的连接 / 153
5.2.1 焊缝连接 / 154
5.2.2 螺栓连接 / 163
5.3 钢结构构件 / 166
5.3.1 钢结构梁 / 166
5.3.2 钢结构柱 / 169
5.4 钢屋盖 / 173
5.4.1 常用的屋架形式 / 174
5.4.2 檩条的形式与构造 / 174
5.4.3 支撑的布置与连接构造 / 175
5.5 钢结构识图训练 / 178
5.5.1 钢屋架施工图 / 178
5.5.2 门式刚架 / 179
5.5.3 钢框架结构梁柱连接节点 / 179
能力训练题 / 185

参考文献 / 186

序　　号	资源名称	资源类型	页码
二维码1.1	建筑结构分类	PDF	1
二维码1.2	建筑结构设计知识	微课	5
二维码1.3	建筑结构施工图识读口诀	PPT	6
二维码1.4	BIM建模简介	微课	7
二维码1.5	建筑结构基础知识工作页	Word	7
二维码2.1	墙柱高厚比验算	微课	14
二维码2.2	过梁设计	微课	18
二维码2.3	过梁设计例题	微课	18
二维码2.4	建筑抗震知识	微课	20
二维码2.5	砌体结构房屋设计实例	PDF	34
二维码2.6	砌体结构房屋受压承载力计算	PDF	40
二维码2.7	砌体局部受压承载力计算	PDF	40
二维码2.8	砌体结构识图训练工作页	Word	40
二维码3.1	混凝土简支梁钢筋构造	视频	43
二维码3.2	板式楼梯构造	视频	54
二维码3.3	梁式楼梯构造	视频	55
二维码3.4	折线式楼梯构造	视频	55
二维码3.5	楼梯识图训练	视频	59
二维码3.6	混凝土梁正截面受弯破坏形式	PPT	61
二维码3.7	单筋矩形截面梁承载力计算	PPT	62
二维码3.8	肋梁楼盖识图工作页	Word	64
二维码3.9	楼梯识图工作页	Word	64
二维码3.10	框架结构梁节点配筋	图片	78
二维码3.11	框架结构柱配筋(加密区、柱顶、柱根)	图片	79
二维码3.12	框架结构基础平面图及独立柱基础配筋	图片	80
二维码3.13	十字交叉梁基础配筋	图片	81
二维码3.14	梁的平法制图规则讲解	视频	82
二维码3.15	条形、十字交叉梁基础识图工作页	Word	93
二维码3.16	独立基础识图工作页	Word	93

续表

序　号	资源名称	资源类型	页码
二维码 3.17	框架结构识图工作页	Word	93
二维码 3.18	剪力墙结构构造(翼墙、暗梁等)	图片	95
二维码 3.19	剪力墙结构识图工作页	Word	97
二维码 3.20	筏板基础配筋	图片	111
二维码 3.21	筏板基础识图工作页	Word	113
二维码 4.1	混凝土装配式建筑简介	微课	123
二维码 4.2	叠合楼盖	图片	126
二维码 4.3	装配式墙体	图片	134
二维码 4.4	装配式楼梯和雨篷	图片	135
二维码 4.5	装配式钢筋混凝土剪力墙结构识图工作页	Word	147
二维码 5.1	手工电弧焊	视频	154
二维码 5.2	自动埋弧焊	视频	155
二维码 5.3	焊接残余变形	PPT	162
二维码 5.4	螺栓种类	图片	162
二维码 5.5	钢结构高强度螺栓连接紧固方法	视频	165
二维码 5.6	钢结构柱(牛腿、柱顶、柱脚)	图片	171
二维码 5.7	钢结构梁柱连接节点(螺栓、焊缝)	图片	171
二维码 5.8	钢结构厂房屋盖构件介绍	微课	174
二维码 5.9	钢结构识图训练工作页	Word	185

模块一

建筑结构概览

学习要点

- 了解建筑结构的基本要求、分类，以及结构施工图所表述的内容

任何建筑物都是由承重骨架、围护构件及必要的设备三大部分组成的。其中，承重骨架部分即为建筑物的结构。不论建筑设计采用哪些灵活的方法、新颖的造型，都必须满足结构的基本要求。首先是平衡，保证结构或结构的任何一部分不发生运动，有力的作用就要有约束来阻止构件运动；其次是承载能力，整个结构或结构的某一部分在预计的荷载作用下，必须具有足够的承载力，即安全可靠；再者应满足正常使用的要求，不能产生过大的变形、过宽的裂缝、局部损坏、使用时引起震动等；最后还应满足经济美观的效果。

1.1 认识建筑结构

1.1.1 建筑结构的分类

1.1 建筑结构分类

建筑结构通常按三种不同的情况分类。

1.1.1.1 按材料分类

依据建筑物所用材料不同可分为四种结构形式。

(1) 混凝土结构　由钢筋和混凝土两种材料有机结合构成建筑的承重体系。

钢筋和混凝土之所以能够共同工作是因为：混凝土硬化后与钢筋能够牢固地结合在一起，混凝土中的水泥遇水后会大量地释放水化热，产生一种胶凝体，从而使钢筋与混凝土紧紧地粘接在一起，即化学粘接力；钢筋的表面常有刻痕或锈坑，受力后会产生机械咬合力；两种材料之间还有摩擦力；其次两种材料的温度线膨胀系数非常接近，钢筋：$\rho=1.2\times$

10^{-5}℃，混凝土：$\rho=1.0\times10^{-5}$℃，所以当温度变化时，两者之间不会产生明显的相对变形；还有混凝土通常具有碱性性质（特种混凝土除外），耐腐蚀性较好，通常环境下不会发生腐蚀反应，将钢筋用混凝土包住，形成混凝土保护层，可防止钢筋锈蚀，保证结构的耐久性，还可以提高钢材的耐火能力。混凝土结构的优点如下：

① 整体性好。结硬后的混凝土结构或构件将是一个完整的整体，不易破坏，有利于抗震抗爆。

② 可模性好。可以浇筑成任意形状。

③ 耐久性好。混凝土包裹住钢筋，从而使得钢筋不被腐蚀，延长构件的使用寿命。

④ 耐火性好。混凝土既不燃烧又是热的不良导体。

⑤ 取材方便。经济实惠。砂、石材料可就地取材，材尽其用。

混凝土结构是目前应用最广泛的结构形式之一，工业与民用建筑工程的多高层建筑、水利水电工程的桥梁大坝、港口工程船闸以及地下工程、海洋工程、原子能反应工程以及国防工程中广泛应用混凝土结构。其缺点是自重较大，施工时粉尘、噪声污染大，施工周期长，与钢结构相比，其支模、浇筑、养护、拆模施工时间较长。

（2）砌体结构　由块体和砂浆组成的承重结构称为砌体结构，块体包括：黏土砖、石材、砌块，砂浆有水泥砂浆、混合砂浆、非水泥砂浆等，是砖砌体、砌块砌体和石砌体结构的统称。其特点是：抗腐蚀性和耐久性较好，成本低，便于就地取材，但是结构自重较大，施工速度慢，使用黏土砖还会破坏大量耕地，对环境保护不利，我国已于2003年取消实心黏土砖。多用于多层民用建筑、单层小型工业厂房。

（3）钢结构　以钢材为主制作的主要承重结构称为钢结构建筑。其特点如下：

① 强度高，重量轻。钢材的抗拉、抗压强度都很高，所以用钢材制作的构件截面小，自重较小，较小的截面面积可以承担较大的外荷载，如24m跨度的屋架，采用钢结构时仅为预应力混凝土屋架重量的1/4～1/3。但是，由于构件截面小，通常杆件细长，易发生失稳破坏，即在未达到材料强度之前整个构件丧失平衡状态而发生的破坏，因此钢结构的失稳破坏是钢结构设计施工中一个极其重要的方面。

② 材质均匀，各向同性，工作可靠性高。钢材的抗拉压强度相同，最接近于理想的各向同性匀质体。显然，钢筋混凝土、砌体、木材等都不具备这种特性，混凝土抗压强度远大于其抗拉强度，木材的顺纹抗压强度远大于其横纹抗压强度。

③ 塑性、韧性好。由于钢材在破坏之前，往往要经过一个很大的塑性变形阶段，在这个变形过程中，材料本身可吸收和消耗大量的能量，因此通常不会因为偶然或局部超载而突然脆断，对于动荷载的适应性较强，因而钢结构的抗震性能较好。国内外大量统计资料表明：钢结构建筑在地震中所受到的损害最小。

④ 可焊性好，密封性好。可用作贮水池、油、气罐、管道等。

⑤ 制造工艺简单，工业化程度高，加工精细，现场焊接或螺栓连接施工快捷，施工时无粉尘、噪声、废气污染，拆除后还可再利用。因而钢结构被称为“绿色”结构。

⑥ 耐热不耐火。钢材在常温到150℃时性能变化不大，超过150℃就会发生本质的变化，500℃时强度、塑性、韧性会急剧下降，600℃时就会熔化为液态。通常为了使钢结构建筑物具有一定的防火能力，采用防火涂料做成隔热层，根据建筑物的防火等级要求，保护结构在1.0～1.5h之内可不受损失，主体结构不发生倒塌。

⑦ 易锈蚀。在潮湿环境或有侵蚀性介质存在的环境下，钢材特别容易锈蚀，影响结构的耐久性，需要经常维护。通常的防腐措施是涂防锈漆、镀金属层等。针对钢材的锈蚀问题

目前新的研究成果是耐候钢，任何环境下其抗锈蚀性能都很好，但是造价极高，还没有在建筑工程中推广使用。

钢结构的应用范围主要在“三大”建筑工程中，即跨度大、高度大、荷载大的建筑结构。一些重工业厂房如电厂跨度大、荷载大，用其他结构就会很浪费；高层和超高层建筑，采用钢结构自重轻、抗震性能好，施工方便；塔桅结构如电视发射塔、转播塔，高度大，承受的风荷载大，采用钢结构，构件小巧，可有效减少风荷载的作用，另外安装、运输都很方便；可拆卸结构如商品展览厅、活动舞台、临时用房等，钢结构由于韧性较好，使用螺栓连接拆卸方便，不易损毁；容器和管道，密封性好，可承担一定的压力；轻钢结构，采用冷弯薄壁型钢或小角钢制作的轻型钢结构，布置灵活，经济适用。

（4）木结构　以木材为主要承重的结构，目前已很少采用，只是在山区、林区、农村少量使用。其特点是自重轻、易加工，但是易燃、易腐蚀、易虫蛀。

本书主要介绍前三种结构。

1.1.1.2　按受力和构造特点分类

（1）混合结构　楼屋盖采用钢筋混凝土结构构件，而竖向承重构件采用砌体。如多层砖混住宅。

（2）排架结构　主要承重体系是由屋面的横梁和梁下的柱子组成，柱下端与基础固接。典型实例如单层工业厂房。

（3）框架结构　由纵横两个方向的梁和柱组成主要的承重体系，梁与柱之间、柱与基础之间为刚性连接，形成整体刚架。典型实例如教学楼、高层住宅等。

（4）剪力墙结构　纵横两个方向布置的成片钢筋混凝土墙体承重，楼屋盖与墙体整体连接，形成剪力墙结构。典型实例如高层住宅、宾馆等。

（5）框架-剪力墙结构　将框架与剪力墙通过组合形成框架-剪力墙结构。柱与剪力墙数量、位置等的不同还可形成框-筒体结构、筒中筒结构等。

1.1.1.3　按施工方式分类

按照施工的方式不同可分为现场浇筑整体式混凝土结构和装配式混凝土结构。

（1）现场浇筑整体式混凝土结构　指混凝土框架结构、剪力墙结构、框架-剪力墙结构的梁、柱、墙以及房屋的楼（屋）面板等在施工现场全部浇筑完成，其特点见前述混凝土结构。

（2）装配式结构　指结构主体部分或全部在工厂或施工现场制作完成，然后通过可靠方式连接为整体结构，钢结构和木结构建筑均属于装配式结构。

《装配式混凝土结构技术规程》（JGJ 1—2014）规定：装配式混凝土结构是指由预制混凝土构件通过可靠的连接方式装配而成的混凝土结构，包括装配整体式混凝土结构、全装配混凝土结构。在建筑工程中，简称装配式建筑；在结构工程中，简称装配式结构。建筑物的主体结构全部采用预制混凝土构件装配而成的为全装配混凝土结构；主体结构采用预制混凝土构件，预制混凝土构件通过可靠的方式进行连接并与现场后浇混凝土、水泥基灌浆料形成整体的装配式混凝土结构简称装配整体式结构。预制构件通常包括柱、叠合梁、外墙板、内墙板、叠合楼（屋）面板、阳台板、空调板、楼梯、飘窗板等，混凝土框架结构、剪力墙结构、框架-剪力墙结构的连接节点钢筋通常采用胶锚连接、浆锚链接、间接搭接、机械连接、焊接连接或其他方式连接，通过后浇混凝土或灌浆使预制构件具有可靠传力和承载要求。在梁柱节点区域、剪力墙边缘构件区域，通常用混凝土后浇或纵筋采用灌浆套筒连接或浆锚搭接连接（俗称湿连接）等连接技术，实现预制构件之间的可靠连接；嵌固端、转换层采用现浇层，屋面以及立面收进的楼层，应在预制剪力墙顶部设置封闭的后浇钢筋混凝土圈梁或现浇带等措施，提高装配式混凝土结构的整体性和抗震性能，使其结构性能与现浇混凝土结构基本等同。

装配式混凝土结构的显著特点是：构件在工厂机械化生产，精度高，质量好，建筑垃圾量少，与全现浇结构相比，装配整体式混凝土结构可以大大减少现场模板、脚手架、混凝土浇筑等作业量和材料消耗，节能环保，是国家倡导的建筑产业化发展方向。其缺点是构件的尺寸会有误差，拼接时缝隙过大，板缝处理不当易漏水，缝隙过小无法安装，工厂生产构件增加了运输成本。

1.1.2 建筑结构的基础知识

建筑物构造了一个与外界隔离的，具有规定使用功能的空间，除了需要遮风挡雨，抵御自然界的各种作用外，还要能够承担在使用过程中的各种作用，其首要功能就是要确保使用者的生命、财产安全，其次在安全的前提下应尽可能经济合理。保证建筑的安全可靠和经济合理就是设计方法问题。

建筑结构的安全最早是靠建筑者的经验来满足的，后来则通过试验来控制材料和截面，以保证结构安全。随着力学和数学的发展，设计逐渐实现了对安全程度的定量描述。我国《混凝土结构设计规范》(GB 50010—2010)(2015 年版)、《砌体结构设计规范》(GB 50003—2011)、《钢结构设计标准》(GB 50017—2017) 采用了以概率理论为基础的极限状态设计法。其主导思想是考虑材料的强度、构件的截面、作用在构件上的荷载变异情况以及材料本身的塑性性能，控制建筑结构的失效概率。

1.1.2.1 结构的基本要求

结构的功能要求：我国《建筑结构可靠性设计统一标准》(GB 50068—2018) 对结构的要求首先是安全性，建筑结构在正常施工和正常使用时，应能承受可能出现的各种荷载、外加变形、约束变形的作用，偶然事件（地震、撞击、爆炸等）发生时及发生后能保持必需的整体稳定性，可以出现某些局部性的严重破坏，但不能发生连续性倒塌；其次是适用性，建筑结构在正常使用时应有良好的工作性能，满足预定的使用要求，如具有适当的刚度，以免变形过大或在振动时出现共振等；最后是耐久性，建筑结构在正常维护下，能完好地使用到规定的年限，材料的性能可随时间而变化，但仍然能够满足预定功能的要求。如钢筋不会因混凝土保护层炭化或裂缝过宽而发生锈蚀，混凝土不发生严重风化、老化、腐蚀而影响结构的使用寿命。

以上三个方面的功能概括起来就是结构的可靠性。即建筑结构在规定的时间内，规定的条件下，完成预定功能的能力，普通房屋结构可靠性采用的设计使用年限是 50 年。

1.1.2.2 结构的极限状态

区分建筑结构可靠与否的界限，以结构各种功能的极限状态为标准，某一功能的极限状态是这样一种特定状态：超过了这种状态之后，结构就不再具有完成这项功能的能力了，即失效了。我国《建筑结构可靠度设计统一标准》(GB 50068—2018) 根据超过不同的极限状态所带来的后果严重程度不同，把建筑结构的极限状态分为两大类，承载能力极限状态和正常使用极限状态。

(1) 承载能力极限状态，是指结构或构件达到了最大承载力或产生了不适宜于继续承载的巨大变形，从而丧失了完成结构安全功能的一种状态。

当结构或构件超过了下列状态之一，即认为超过了承载能力极限状态。

① 整个结构或结构的一部分作为刚体失去平衡（如倾覆、滑移、漂浮等）。

② 结构构件或连接材料的强度被超过而破坏（包括在重复荷载下的疲劳破坏）或因为过度的塑性变形而不适于继续承载。

③ 结构转变为机动体系。

④ 结构或构件丧失稳定性（如压屈）。

⑤ 地基丧失承载力而失稳破坏（如失稳）。

1.2　建筑结构设计知识

(2) 正常使用极限状态，是指使结构或构件失去适用性和耐久性功能的状态。当构件或结构出现下列情形之一时，即认为达到了正常使用极限状态。

① 影响正常使用或外观的变形，如挠度过大，使构件表面抹灰剥落。

② 影响正常使用或耐久性能的局部损坏（包括裂缝）。

③ 影响正常使用的其他特定状态。

④ 影响正常使用的振动。

在进行结构设计时，首先应按承载能力极限状态进行计算，然后按正常使用极限状态进行验算。

1.1.2.3　结构上的作用、作用效应和结构抗力

(1) 作用的定义及其分类　作用是指施加于结构上的集中或分布荷载，以及引起结构变形的各种因素。可分为两大类：直接作用和间接作用。还可按下列方式分为三大类：

① 永久作用（恒荷载）。在结构使用期间，其值的大小和位置不随时间而变化或其变化值与平均值相比可以忽略不计的作用，如自重、土压力、预应力等。

② 可变作用（活荷载）。在结构使用期间，其值随时间变化，且变化值与平均值相比不可忽略，如楼面活作用、吊车作用、风雪作用等。

③ 偶然作用。在结构使用期间不一定出现，一旦出现其值很大且持续的时间很短，如爆炸力，冲击力等。

按结构的反应特点，作用还可以分为静态作用、动态作用（使结构产生的加速度不可忽略，如吊车梁）。

(2) 作用效应　施加在结构上的各种作用将在约束处产生反力，同时使结构产生内力和变形，甚至出现裂缝，结构或构件由于各种原因引起的内力和变形就称为作用效应，用 S 表示。

(3) 结构抗力　是指结构或构件承受作用效应的能力，如构件的承载能力，刚度等，用 R 表示。

$S=R$ 时，结构可靠，结构的可靠概率用 P_S 来表示；$R<S$ 结构不可靠，通常说结构失效，不满足结构功能的要求，这种情况的概率称为结构的失效概率，用 P_f 表示。$P_f+P_S=1$，给定一个失效概率值即有一个对应的可靠概率，定性的分析转化为定量分析。研究发现随机变量 R 符合正态分布规律，S 也基本符合正态分布规律，因此就可利用概率理论定量来分析结构的可靠度。

1.2　建筑结构施工图识读要素

1.2.1　建筑结构施工图的基本内容

建筑物的结构设计是在建筑设计的基础上，选择合理的结构形式并进行结构计算，在经济条件允许的前提下保证建筑物的安全、适用、耐久，即最大限度地让建筑设计的美好意图

通过合理的结构形式得以实现。因此结构施工图就是表示建筑物各承重构件（梁、板、柱、墙、基础等）的布置、形状、大小、材料、构造及其相互关系的图样。主要表示房屋结构系统的结构类型、结构布置、构件种类及数量、构件的内部构造和外部形状尺寸以及构件间的连接构造等，简称为“结施”。

结构施工图通常包括下列内容：结构设计说明，基础平面图和基础详图，楼层结构平面图，屋面结构平面图，结构构件详图（梁、板、柱、楼梯、雨篷等）。

其中结构设计说明一般为结构施工图图号首页，用文字表述下列内容：

（1）工程概况。主要包括工程的建设地点、抗震设防烈度、结构抗震等级、荷载的选用、结构形式等。

（2）工程地质情况。主要包括地基承载力特征值、地下水位、基础坐落的持力层土质情况及注意事项和相关要求。

（3）选用的国家规范及标准图集说明。

（4）基础施工说明。主要包括地基处理措施和质量要求，施工时钎探、坑穴、孔洞等事项的设计要求，验槽要求，垫层、基础等所用材料的要求。

（5）墙体施工说明。

（6）其他说明。主要包括所选材料、特殊施工工艺等。

1.2.2 结构施工图的特点

1.3 建筑结构施工图识读口诀

建筑工程施工图主要包括总平面图、建筑施工图、结构施工图、建筑设备施工图等，工业建筑中还有工艺设备图。其中，结构施工图是针对房屋建筑中的承重构件进行结构设计后画出的图样。

结构施工图用以表示房屋结构系统的结构类型、构件布置、构件种类、数量、构件的内部构造和外部形状、大小以及构件间的连接构造。

1.2.2.1 结构平面布置图

主要表示构件的布置和定位，采用正投影法绘制，如楼层结构平面图是假想揭掉楼面板构造层后的水平剖面图，可见的楼面板轮廓线用细实线表示，剖切到的墙体轮廓用中实线表示，楼板下的不可见墙体轮廓线用虚线表示，剖切到的柱子涂黑表示。钢筋视为可见物用粗实线表示，梁视为可见物画出轮廓线（细实线）表示，也可用单线（粗点划线）表示。

结构平面图常用的比例是 1∶100、1∶150、1∶200 或 1∶50。由于比例较小，构件的详细外形或材料图例难以表示，可不画出，另用详图表示，如楼梯常在平面布置图中用细实线将对角线画出，并注明“楼梯间”，另外画出详细施工图。

1.2.2.2 详图

结构平面布置图中的未表示清楚的构件连接、细部做法等用大比例的图形来表示其具体的形状、大小、材料、构造及标高，形成节点详图或构件详图，如挑檐、雨篷、楼梯、基础大样等。详图中结构标高的标注可加括号来表示不同高度的具体做法。详图是平面布置图的索引，二者密切相关缺一不可。

1.2.2.3 与其他施工图纸的关系

结构施工图必须与建筑施工图、建筑设备施工图（给排水、供热通风、建筑电气及工业建筑的机器设备图）密切配合，正确处理好构件、孔、洞、沟、槽等的关系，以免出现错、漏、碰、缺。

《混凝土结构施工图平面整体表示方法制图规则和构造详图》简称平法标准，作为国家标准图集，1996年经建设部批准在全国推广使用，且在不断升级改进。该图集是把结构构件的尺寸、配筋等内容直接表示在构件平面布置图中，然后与标准构造详图配合构成完整的结构施工图。本书将在后面加以介绍。

1.3 建筑信息模型（BIM）简介

1.3.1 建筑信息模型技术发展现状

1.4 BIM建模简介

建筑信息模型（building information modeling，简称BIM）技术是在计算机中建立一座虚拟建筑，其核心是一个由计算机三维模型所形成的数据库，即运用信息化的手段来进行建设活动，建筑物从规划、设计、施工到建成使用，全生命周期的各种信息始终建立在一个三维模型数据库中，实现信息管理对实体动态拟真的同步化。

它不但可大幅改变传统工程进行模式和商务架构，也会大大减少各种重复作业的浪费和建筑行业的低效能。建筑在开始动工前即可建立竣工模型，甲方使用BIM进行采购、设计、建设、合同等方面的管控，设计和施工单位应用建筑信息模型技术可有效地进行管线碰撞检测、能耗分析、施工模拟、智能通风等，施工过程中不需要再返回设计院修改图纸，材料供应商也不会随便更改材料，最大限度地减少方案变更，建设管控不会因为人的专业知识差别而产生差距，节省成本、节约工期。在国外建筑信息模型（BIM）技术还包括建设机器人、3D打印建筑、物联网等，其概念是建设信息化，信息化到方方面面。

1.3.2 建筑信息模型技术员岗位职责

1.5 建筑结构基础知识工作页

建筑信息模型（BIM）技术员，是指利用BIM技术在建设项目的规划、勘察、设计、施工、运营维护、改造和拆除各阶段，完成对工程物理特征和功能特性信息的数字化承载、可视化表达和信息化管控等工作的现场作业及管理岗位的统称，即利用计算机软件进行工程实践过程中的模拟建造，以改进其全过程中工程工序的技术人员。负责项目中建筑、结构、暖通、给排水、电气等专业的BIM模型搭建、复核、维护、管理工作，以及室内外渲染、虚拟漫游、建筑动画、虚拟施工周期等BIM可视化设计等。目前，建筑信息模型（BIM）技术员共设三个等级，分别为：初级、中级、高级。可以考取相应的职业技能等级证书。

本教材选取相应知识技能点，为考取BIM建模、结构应用、造价应用、项目管理等职业技能等级证书奠定基础。

匠心筑梦　启迪智慧

唐代诗人杜甫的千古绝唱“安得广厦千万间，大庇天下寒士俱欢颜”，充分表达了他对牢固温暖而又宽敞明亮居所的渴望，更是对没有战争、平安快乐生活的渴望！在颠沛流离的生活中杜甫尚能发出如此忧国忧民的呐喊，在太平盛世、作为建筑人的我们，更应该对国家、对人民心怀赤子之心。工程质量不但直接影响人民的生命财产安全，而且还直接关系到国家经济建设的成败。由建筑产品的特点可以知道，工程实体的质量是对工程的安全、适用、耐久及经济美观、环境保护等方面所有明显和隐含能力的特性综合，蕴含于整个工程产品的形成过程中，要经过规划、勘察设计、建设实施、投入生产使用几个阶段，每一个阶段都应严格执行国家标准。谨记“失之毫厘，谬以千里”的道理“博学之，审问之，慎思之，明辨之，笃行之”，在平凡的岗位上为推动国家高质量发展战略尽一份绵薄之力。

模块二

砌体结构

学习要点

• 掌握砌体结构材料、砌体的种类、承重与非承重墙体及墙体布置规则，重点学习砌体结构的一般规定和抗震构造措施，熟悉砌体结构房屋楼屋盖结构平面图、基础平面布置图、基础详图等的表示方法及主要内容，熟练识读多层住宅砌体结构施工图

2.1 砌体结构的基础知识

由块体和砂浆砌筑而成的墙、柱作建筑主要受力构件的结构，称为砌体结构，它是砖砌体、砌块砌体和石砌体结构的统称。

2.1.1 块体和砂浆

2.1.1.1 块体

块体是指砖、砌块、石材。

（1）砖　按其组成材料及孔洞率可以分为：烧结普通砖、烧结多孔砖、蒸压灰砂普通砖、蒸压粉煤灰普通砖、混凝土普通砖。其特点是生产工艺简单，便于手工砌筑，保温隔热及耐久性能良好，强度也能满足一般要求。

① 烧结普通砖：以黏土、页岩、煤矸石或粉煤灰为主要原料，经过烧结而成的实心或空洞率不大于规定值且外形尺寸符合规定的砖，是砌体结构常见材料之一，可用来砌筑房屋的墙体、条形基础、地下室墙体及挡土墙、贮液池等。烧结普通砖（习惯称为标准砖）尺寸：240mm×115mm×53mm，每立方米砌体使用标准砖 512 块。但是烧结实心黏土砖使用的黏土量大，对保护耕地不利，我国已禁止使用实心黏土砖。

② 烧结多孔砖：以黏土、页岩、煤矸石或粉煤灰为主要原料，经烧结而成，孔洞率不小于25%，不大于35%。孔的尺寸小而数量多，主要用于承重部位的砖，简称多孔砖，与烧结实心黏土砖相比可减轻墙体自重1/4～1/3，提高砌筑施工效率约40%，降低成本20%左右，能显著改善墙体的保温隔热性能。目前多孔砖分为P型（普通型）和M型（模数型）。KP1：240mm × 115mm × 90mm；KP2：240mm × 180mm × 115mm；KM1：190mm×190mm×90mm。在纵横墙拐角、丁字型接头处有错缝要求时，KM1型砖由于砍砖困难，必须生产专门的配砖（190mm×90mm×90mm），KP1型、KP2型砖具有符合建筑模数的优点，可以与标准砖同时使用，详见图2-1。

以上两种类型砖的强度等级划分相同，共有5个等级：MU30、MU25、MU20、MU15、MU10。自承重墙的空心砖强度等级为：MU10、MU7.5、MU5、MU3.5。

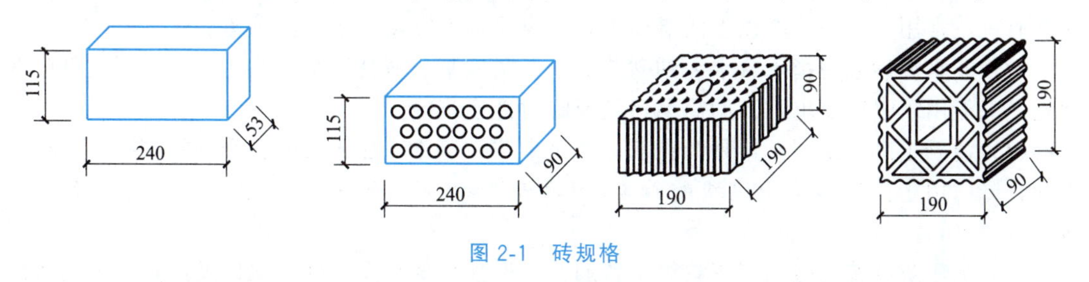

图2-1　砖规格

③ 蒸压灰砂普通砖：以石灰等钙质材料和砂等硅质材料为主要原料，经坯料制备、压制排气成型、高压蒸气养护而成的实心砖，简称灰砂砖，外形尺寸与标准砖尺寸相同，可用于砌筑外墙但不宜用于承受有高温的砌体（200℃以上，急冷急热、有酸性介质侵蚀的建筑部位不得采用），耐久性较差。共有3个强度等级，MU25、MU20、MU15。

④ 蒸压粉煤灰普通砖：以石灰、消石灰（如电石渣）或水泥等钙质材料与粉煤灰等硅质材料及集料（砂等）为主要原料，掺加适量的石膏，经坯料制备、压制排气成型、高压蒸汽养护而成的实心砖，简称粉煤灰砖。外形与标准砖相同，适用范围及强度等级同蒸压灰砂普通砖。

⑤ 混凝土普通砖：以水泥为胶结材料，以砂、石等为主要集料，加水搅拌、成型、养护制成的一种多孔的混凝土半盲孔砖或实心砖。多孔砖的主要规格尺寸为240mm×115mm×90mm、240mm×190mm×90mm、190mm×190mm×90mm等；实心砖的主要规格尺寸为240mm×115mm×53mm、240mm×115mm×90mm。以上两种混凝土砖的强度等级：MU30、MU25、MU20、MU15。

（2）砌块　包括混凝土砌块、轻集料混凝土砌块。它是由普通混凝土或轻集料混凝土制成。分为大型、中型和小型，高度在180～350mm之间的称为小型砌块，主要规格尺寸为390mm×190mm×190mm，空心率在25%～50%；高度在350～900mm之间的称为中型砌块；高度大于900mm的称为大型砌块。可用作承重或非承重墙体，通常用作框架结构的填充墙。砌块的强度等级：MU20、MU15、MU7.5、MU5，自承重墙的轻集料混凝土砌块强度等级为：MU10、MU7.5、MU5、MU3.5。

（3）石材　常用的天然石材有花岗岩、砂岩和石灰石等。石材的抗压强度高，抗冻性能好，但传热性差，多用于房屋的基础、勒脚及挡土墙等，不适于作寒冷地区的墙体。按其外形规则程度可分为：料石和毛石。料石指外形比较规则，经过人工处理后的石材；通常分为细料石（外表规则，叠砌面凹入深度不应大于10mm，截面的宽度、高度不宜小于200mm，且不宜小于长度的1/4）、粗料石（规格尺寸同细料石，但叠砌面凹入深度不应大于20mm）、毛料石

(外形大致方正，一般稍加修正，高度不应大于200mm，叠砌面凹入深度不应大于25mm)；石材有7个强度等级：MU100、MU80、MU60、MU50、MU40、MU30、MU20。

2.1.1.2 砂浆

砂浆是砌体结构中的胶凝材料，由细骨料、胶结料和水按一定比例配合搅拌而成的混合材料。按配料成分不同，可分为水泥砂浆、混合砂浆、非水泥砂浆和混凝土砌块、蒸压灰砂普通砖、蒸压粉煤灰普通砖专用砂浆。

(1) 水泥砂浆是由水泥与砂加水拌和而成，具有较高的强度，较好的耐久性，和易性、保水性差。主要用于对强度有较高要求经常受水侵蚀的砌体中，如：±0.000以下墙体基础。

(2) 混合砂浆是在水泥砂浆中掺入适量的塑化剂拌和而成。如：水泥石灰砂浆，水泥黏土砂浆。具有一定的强度和耐久性，和易性、保水性好，节约水泥，对保证砌筑质量和砌体强度有利，常用于室内地坪以上的墙体中，易风化，不宜用于潮湿的地方。

(3) 非水泥砂浆是指不含水泥的砂浆。如石灰砂浆、石膏砂浆、黏土砂浆。强度低耐久性差，只能用于强度要求不高的简易建筑或临时性建筑中。

(4) 混凝土砌块专用砂浆是指在水泥砂浆中按一定比例加入掺合料和外加剂，采用机械拌和，专门用于砌筑混凝土砌块的砂浆，其强度等级用Mb表示，Mb20、Mb15、Mb10、Mb7.5、Mb5。

(5) 蒸压灰砂普通砖、蒸压粉煤灰普通砖专用砂浆由水泥、砂、水以及根据需要掺入的掺合料和外加剂等组成，采用机械拌和制成，专门用于砌筑蒸压灰砂普通砖或蒸压粉煤灰普通砖砌体，且砌体抗剪强度不应低于烧结普通砖砌体的取值。其强度等级用Ms表示，Ms15、Ms10、Ms7.5、Ms5。

2.1.2 砌体的种类

2.1.2.1 砖砌体

采用标准尺寸的普通实心砖或多孔砖，可以形成240mm（1砖)、370mm（1.5砖)、490mm（2砖)、620mm（2.5砖)、740mm（3砖）等厚度的砌体，在个别情况下，也可以将砖砌筑形成180mm、300mm、420mm等厚度的砌体。

按砌筑方法分为实心砌体和空斗砌体。实心砌体有一顺一丁、梅花丁、三顺一丁等；将部分或全部砖立砌成两边薄壁，中间形成空洞的砌体叫空斗砌体，其特点是自重轻，隔热性能好，节约材料，但抗剪、抗震性能差，施工麻烦，地震区不宜采用，常见的有无眠空斗、一眠一斗、一眠多斗等方式。

2.1.2.2 配筋砖砌体

为了提高砖砌体的抗压强度，通过特定形式在砖砌体中配置钢筋，形成配筋砖砌体。将直径为3～4mm的钢筋制成方格网片，或将直径为6～8mm的钢筋制成连弯钢筋网片，在水平灰缝中每隔几皮砖放置一层，形成网状配筋砖砌体，见图2-2。当砌体中竖向压力很大，提高砖和砂浆的强度等级又受到限制，且增大墙、柱截面尺寸又不适宜时，采用网状配筋砌体。在大偏心受压砖柱中，为了有效地提高砌体柱的承载能力，在弯矩作用方向的柱两个侧面预留竖向凹槽，在其中配制纵向钢筋浇筑混凝土或砂浆而形成组合配筋砖砌体，见图2-3。当构件的偏心距较大，提高砖及砂浆的强度等级受到限制，增大截面尺寸不适宜时，采用组合砖砌体。

2.1.2.3 砌块砌体

常用于定型设计的民用房屋及工业厂房的墙体，由于砌块重量较大，施工时必须采用吊

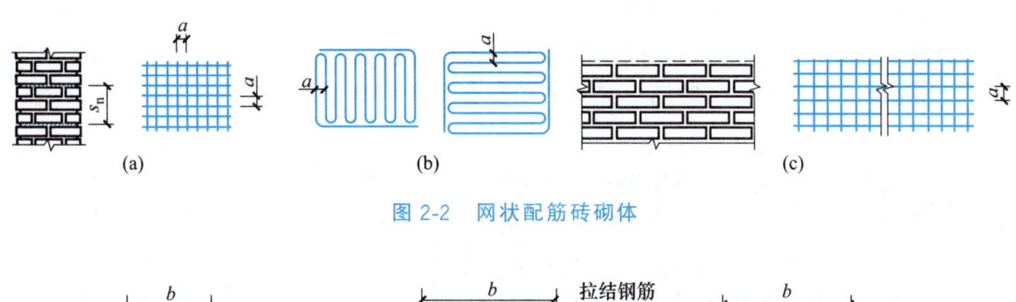

图 2-2　网状配筋砖砌体

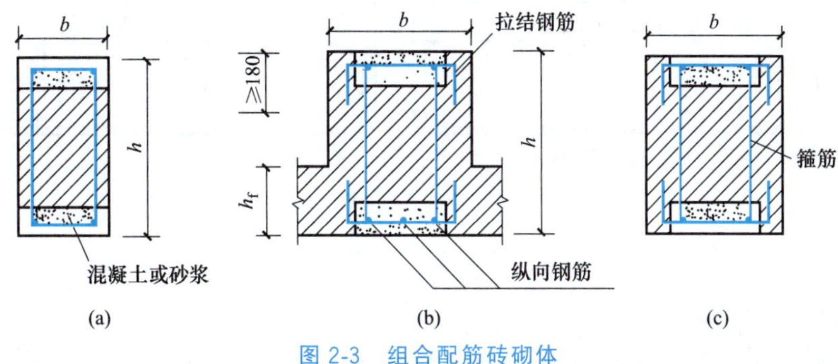

图 2-3　组合配筋砖砌体

装机具，在确定砌块的规格尺寸和型号时，既要考虑起重能力，又要与房屋的建筑设计相协调，以便砌块类型不致过多。大中型混凝土砌块已较少应用。

2.1.2.4　石砌体

石砌体可分为以下三种形式：料石砌体、毛石砌体和毛石混凝土砌体。料石砌体常用于特殊建筑和构筑物，如石桥、石坝等；毛石砌体常用于基础工程及挡土墙；毛石混凝土砌体是在模板内交替配置混凝土层和形状不规则的毛石层，连续浇筑而成，常用于地下结构及基础，含砂量较高，施工方法是：每浇灌 120～150mm 厚混凝土就插入一层紧密排放的毛石，插入深度约为毛石高度的一半，然后在毛石层上浇灌一层混凝土，填满毛石间的空隙，将毛石完全盖没，以后重复上述作法至规定高度为止。

2.2　砌体房屋的构造要求

混合结构房屋是指竖向承重构件（如墙、柱）采用砌体结构，而楼盖、屋盖等水平承重构件则是采用钢筋混凝土结构。

2.2.1　砌体房屋的结构布置

在混合结构房屋中，需要根据建筑设计给出房屋内部空间划分的总格局来选择合理的承重结构方案。在房屋平面上通常有长短两个方向，习惯上称较短的方向横向，较长的方向纵向，布置在横向的墙体称为横墙，布置在纵向的墙体称为纵墙。根据墙体布置、承受荷载和荷载的传递路线，把混合结构承重体系划分为四大类。

2.2.1.1　纵墙承重体系

由纵墙直接承受屋面、楼面荷载，荷载的传递路线是：楼（屋）面板梁→纵墙→基础→地基，此时横墙主要是起分隔空间满足使用要求的作用，因此可以形成较大的室内空间。一般当房间的进深相对较小、长度相对较大时采用。例如：多层房屋中的教室、阅览室、试验室、会议室等，通常都把大梁或大跨度屋面板沿房间的横向布置，这时楼屋盖的自重及活荷载将主要传递给纵墙，并由纵墙把这些荷载向下传递给基础和地基。横墙与楼、屋盖一起形成纵墙的侧向支承。由于纵墙承受的荷载较大，所以在纵墙上开设门窗洞口时，其大小尺寸位置要受到限制，以免影响纵墙的承载能力。纵墙承重体系见图 2-4。

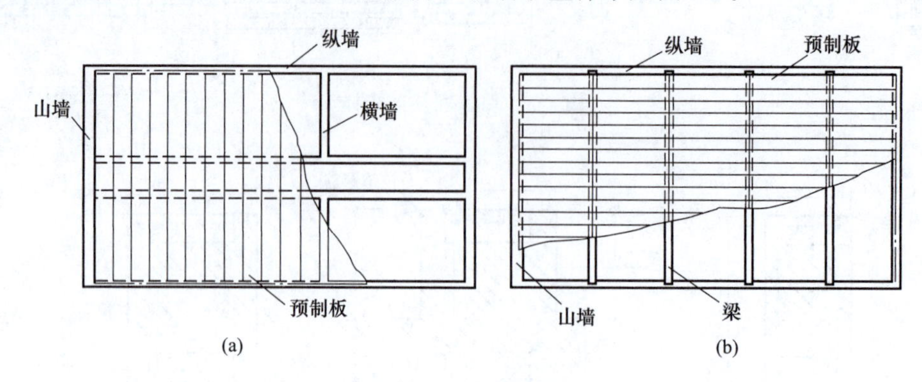

图 2-4　纵墙承重体系

2.2.1.2　**横墙承重体系**

由横墙直接承受楼面、屋面荷载，其荷载传递路线是：楼（屋）面板梁→横墙→基础→地基。当房屋的大多数横向轴线上都布置有墙体，而且这些墙体今后也不想拆除时，可以考虑采用横墙承重体系。如房屋空间要求较小的住宅、旅馆及小型办公楼（层数可以做到 11 层、12 层左右）。纵墙只承担自重，起分隔围护作用，与横墙连成一体形成对横墙的侧向支承，以保证房屋的整体性。

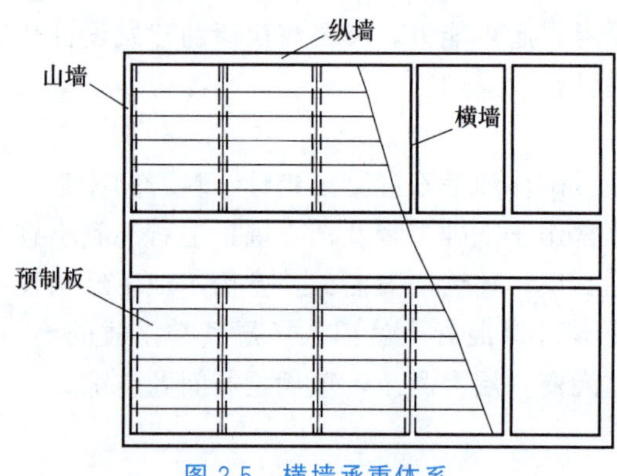

图 2-5　横墙承重体系

由于横墙间距较小（2.7～4.8m 之间），横墙数量多刚度大，整体性好，抵抗水平荷载（风、地震）的能力较强。横墙是主要的承重墙，在纵墙上可开设较大洞口不受承载力限制。横墙承重体系见图 2-5。

2.2.1.3　**纵横墙混合承重体系**

房屋由纵横墙直接承受楼面、屋面荷载，其荷载传递路线是：楼（屋）面板梁→纵墙、横墙→基础→地基。纵横墙混合承重房屋墙体布置灵活，既能满足房屋功能的需要且在纵横两个方向的刚度均匀、结构合理，是混合结构房屋中广泛采用的承重体系，兼有以上两种承重体系的优点。纵横墙混合承重体系见图 2-6。

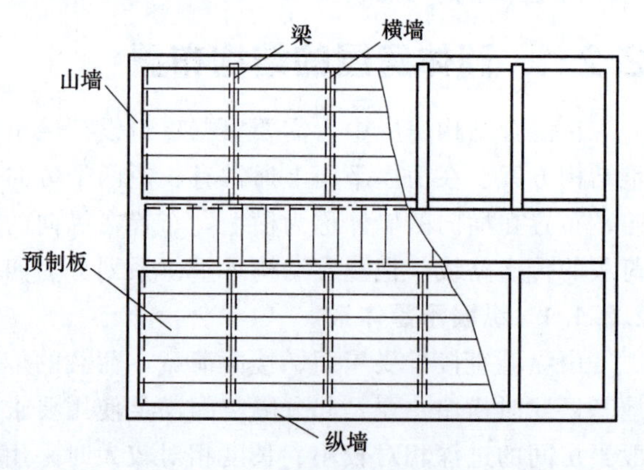

图 2-6　纵横墙混合承重体系

2.2.1.4　**内框架承重体系**

房屋内部采用钢筋混凝土柱与楼盖（或屋盖）梁组成内框架，外墙由砌体组成，二者共同承重，因此称为内框架承重体系。内框架承重体系竖向荷载的主要传递路线是：

$$板\rightarrow梁\rightarrow\begin{cases}外纵墙\rightarrow外纵墙基础\\柱\rightarrow柱基础\end{cases}\rightarrow地基$$

其特点是以柱代替承重内墙，外墙和混凝土柱直接承重，可取得较大的室内空间而不增加梁的跨度；由于主要承重构件材料性质不同，墙和柱的压缩性不同，基础形式不同易产生不均匀沉降。若设计处理不当，会使构件产生较大的附加内力；由于横墙较少，房屋的空间刚度较差，因而抗震性能也较差。内框架承重体系可用于旅馆、商店和多层工业建筑，某些建筑（如底层为商店的住宅）的底层也采用。

砌体结构中，墙体布置一般原则如下：

(1) 尽可能采用横墙承重体系，尽量减少横墙间的距离，以增加房屋的整体刚度。

(2) 承重墙布置力求简单、规则，纵墙宜拉通，避免断开和转折，每隔一定距离设一道横墙，将内外纵墙拉结在一起，形成空间受力体系，增加房屋的空间刚度，增强调整地基不均匀沉降的能力。

(3) 承重墙所承受的荷载力求明确，荷载传递的途径应简捷、直接。开洞时应使各层洞口上下对齐。

(4) 结合楼盖、屋盖的布置，使墙体避免承受偏心距过大的荷载或过大的弯矩。

2.2.2 砌体房屋的一般构造要求

2.2.2.1 墙、柱高厚比的概念

砌体结构房屋中，作为受压构件的墙、柱除了满足承载力要求之外，还必须满足高厚比的要求。墙、柱的高厚比验算是保证砌体房屋施工阶段和使用阶段稳定性与刚度的一项重要构造措施。

高厚比 β 是指墙、柱计算高度 H_0 与墙厚 h（或与矩形柱的计算高度相对应的柱边长）的比值。墙柱的高厚比过大，虽然强度满足要求，但是可能在施工阶段因过度的偏差倾斜以及施工和使用过程中的偶然撞击、振动等因素而导致丧失稳定；同时，过大的高厚比，还可能使墙体发生过大的变形而影响使用。故应满足 $\beta\leqslant[\beta]$。

《砌体结构设计规范》(GB 50003—2011) 中墙、柱允许高厚比 $[\beta]$ 的确定，是根据我国长期的工程实践经验经过大量调查研究得到的，同时也进行了理论校核。砌体墙、柱的允许高厚比见表 2-1。

表 2-1　砌体墙、柱的允许高厚比 $[\beta]$ 值

砌体类型	砂浆强度等级	墙	柱
无筋砌体	M2.5	22	15
	M5.0 或 Mb5.0、Ms5.0	24	16
	≥M7.5 或 Mb7.5、Ms7.5	26	17
配筋砌块砌体	—	30	21

注：1. 毛石墙、柱的高厚比应按表中数字降低 20%。

2. 组合砖砌体构件的允许高厚比，可按表中数值提高 20%，但不得大于 28。

3. 验算施工阶段砂浆尚未硬化的新砌砌体高厚比时，允许高厚比对墙取 14，对柱取 11。

2.2.2.2 墙、柱高厚比验算

墙柱高厚比应按下式验算

$$\beta=\frac{H_0}{h}\leqslant\mu_1\mu_2[\beta] \tag{2-1}$$

2.1 墙柱高厚比验算

式中 $[\beta]$——墙、柱的允许高厚比，按表 2-1 采用；

H_0——墙、柱的计算高度；

h——墙厚或矩形柱与 H_0 相对应的边长；

μ_1——自承重墙允许高厚比的修正系数，按下列规定采用：$h=240\text{mm}$，$\mu_1=1.2$；$h=90\text{mm}$，$\mu_1=1.5$；$240\text{mm}>h>90\text{mm}$，$\mu_1$ 可按插入法取值；

μ_2——有门窗洞口墙允许高厚比的修正系数，按下式计算：

$$\mu_2=1-0.4\frac{b_s}{s} \tag{2-2}$$

s——相邻窗间墙、壁柱或构造柱之间的距离；

b_s——在宽度 s 范围内的门窗洞口总宽度。

受压构件的计算高度 H_0，应根据房屋类别和构件支承条件等按表 2-2 采用。表中的构件高度 H 应按下列规定采用。

(1) 在房屋底层，为楼板顶面到构件下端支点的距离，下端支点的位置，可取在基础顶面；当埋置较深且有刚性地坪时，可取室外地面下 500mm 处。

(2) 在房屋其他楼层，为楼板或其他水平支点间的距离。

(3) 对于无壁柱的山墙，可取层高加山墙尖高度的$\frac{1}{2}$；对于带壁柱的山墙可取壁柱处的山墙高度。

(4) 对有吊车的房屋，当荷载组合不考虑吊车作用时，变截面柱上段的计算高度可按表 2-2 规定采用；变截面柱下段的计算高度可按下列规定采用：

① 当$\frac{H_u}{H}\leqslant\frac{1}{3}$时，取无吊车房屋的 H_0；

② 当$\frac{1}{3}<\frac{H_u}{H}<\frac{1}{2}$时，取无吊车房屋的 H_0 乘以修正系数 μ，$\mu=1.3-0.3\frac{I_u}{I_l}$。

I_u 为变截面柱上段的惯性矩，I_l 为变截面柱下段的惯性矩。

③ 当$\frac{H_u}{H}\geqslant\frac{1}{2}$时，取无吊车房屋的 H_0。但在确定 β 值时，应采用上柱截面。

表 2-2 受压构件的计算高度 H_0 单位：m

房屋类别			柱		带壁柱墙或周边拉结的墙		
			排架方向	垂直排架方向	$s>2H$	$2H\geqslant s>H$	$s\leqslant H$
有吊车的单层房屋	变截面柱上段	弹性方案	$2.5H_u$	$1.25H_u$	$2.5H_u$		
		刚性、刚弹性方案	$2.0H_u$	$1.25H_u$	$2.0H_u$		
	变截面柱下段		$1.0H_l$	$0.8H_l$	$1.0H_l$		
无吊车的单层和多层房屋	单跨	弹性方案	$1.5H$	$1.0H$	$1.5H$		
		刚弹性方案	$1.2H$	$1.0H$	$1.2H$		
	多跨	弹性方案	$1.25H$	$1.0H$	$1.25H$		
		刚弹性方案	$1.10H$	$1.0H$	$1.1H$		
	刚性方案		$1.0H$	$1.0H$	$1.0H$	$0.4s+0.2H$	$0.6s$

注：1. 表中 H_u 为变截面柱的上段高度，H_l 为变截面柱的下段高度。

2. 对于上端为自由端的构件，$H_0=2H$。

3. 独立砖柱，当无柱间支撑时，柱在垂直排架方向的 H_0 应按表中数值乘以 1.25 后采用。

4. s 为房屋横墙间距。

5. 自承重墙的计算高度应根据周边支承或拉接条件确定。

上端为自由端的允许高厚比，除按上述规定提高外，尚可提高 30%；对厚度小于 90mm 的墙，当双面用不低于 M10 的水泥砂浆抹面，包括抹面层的墙厚不小于 90mm 时，可按墙厚等于 90mm 验算高厚比。

当按式（2-2）计算得到的 μ_2 的值小于 0.7 时，应采用 0.7，当洞口高度等于或小于墙高的 1/5 时，可取 $\mu_2=1$。

2.2.2.3 一般构造要求

为了保证砌体房屋的耐久性和整体性，满足砌体结构正常使用极限状态的要求，必须采取合理的构造措施。我国《砌体结构设计规范》（GB 50003—2011）规定砌体结构一般构造要求如下：

（1）材料的最低强度等级

① 设计使用年限为 50 年时，砌体材料的耐久性应符合下列规定。地面以下或防潮层以下的砌体、潮湿房间的墙，应符合表 2-3 的要求。

表 2-3 地面以下或防潮层以下的砌体、潮湿房间的墙所用材料的最低强度等级

潮湿程度	烧结普通砖	混凝土普通砖、蒸压普通砖	混凝土砌块	石材	水泥砂浆
稍潮湿的	MU15	MU20	MU7.5	MU30	M5
很潮湿的	MU20	MU20	MU10	MU30	M7.5
含水饱和的	MU20	MU25	MU15	MU40	M10

注：1. 在冻胀地区，地面以下或防潮层以下的砌体不宜采用多孔砖，如采用时，其孔洞应用不低于 M10 的水泥砂浆预先灌实。当采用混凝土空心砌块时，其孔洞应用强度等级不低于 Cb20 的混凝土预先灌实。

2. 对于安全等级为一级或设计使用年限大于 50 年的房屋，表中材料强度等级应至少提高一级。

② 处于环境类别 3～5（见表 2-4）等有侵蚀性介质的砌体材料应符合下列规定：

a. 不应采用蒸压灰砂普通砖、蒸压粉煤灰普通砖。

b. 应采用实心砖，砖的强度等级不应低于 MU20，水泥砂浆的强度等级不应低于 M10。

c. 混凝土砌块的强度等级不应低于 MU15，灌孔混凝土强度等级不应低于 Cb30，砂浆的强度等级不应低于 Mb10。

表 2-4 砌体结构的环境类别

环境类别	条 件
1	正常居住及办公建筑的内部干燥环境
2	潮湿的室内或室外环境，包括与无侵蚀性土和水接触的环境
3	严寒和使用化冰盐的潮湿环境(室内或室外)
4	与海水直接接触的环境，或处于滨海地区的盐饱和的气体环境
5	有化学侵蚀的气体、液体或固态形式的环境，包括有侵蚀性土壤的环境

（2）墙、柱的最小截面尺寸　墙、柱的截面尺寸过小，不仅稳定性差而且局部缺陷影响承载力。对于承重的独立砖柱，截面尺寸不应小于 240mm×370mm。毛石墙的厚度不宜小于 350mm；毛料石柱较小边长不宜小于 400mm 振动荷载时，墙、柱不宜采用毛石砌体。

（3）房屋整体性的构造要求

① 跨度大于 6m 的屋架和跨度大于下列数值的梁：砖砌体为 4.8m，砌块和料石砌体为 4.2m，毛石砌体为 3.9m，应在支承处砌体上设置混凝土和钢筋混凝土垫块；当墙中设有圈梁时，垫块与圈梁宜浇成整体。

② 当梁跨度大于或等于下列数值时：240mm 厚砖墙为 6m，180mm 厚砖墙为 4.8m，砌块、料石墙为 4.8m，其支承处宜加设壁柱或采取其他加强措施。

③ 预制钢筋混凝土板的支承长度，在钢筋混凝土圈梁上不宜小于 80mm，板端伸出钢筋应与圈梁可靠连接，且同时浇筑；预制钢筋混凝土板在墙上的支承长度不宜小于 100mm，并按下列方法进行连接：板支承于内墙时，板端钢筋伸出长度不应小于 70mm，且与支座处沿墙配置的纵向钢筋绑扎，用强度等级不应低于 C25 的混凝土浇筑成板带；板支承于外墙时，板端钢筋伸出长度不应小于 100mm，且与支座处沿墙配置的纵向钢筋绑扎，用强度等级不应低于 C25 的混凝土浇筑成板带；预制钢筋混凝土板与现浇板对接时，预制板端钢筋应伸入现浇板中进行连接后，再浇筑现浇板。

④ 墙体转角处和纵横墙交接处应沿竖向每隔 400～500mm 设拉结钢筋，其数量为每 120mm 墙厚不少于 1Φ6 钢筋或焊接钢筋网片，埋入长度从墙的转角或交接处算起，对实心砖墙每边不小于 500mm，对多孔砖墙和砌块墙不小于 700mm。

⑤ 支承在墙、柱上的吊车梁、屋架及跨度大于或等于下列数值的预制梁：砖砌体为 9m、砌块和料石砌体为 7.2m，其端部应采用锚固件与墙、柱上的垫块锚固。

⑥ 填充墙、隔墙应采取措施与周边构件可靠连接，连接构造和嵌缝材料应能满足传力、变形、耐久和防护要求。如在钢筋混凝土骨架中预埋拉结钢筋，砌砖时将拉结筋嵌入墙体的水平缝内。山墙处的壁柱宜砌至山墙顶部，屋面构件应与山墙有可靠拉结。

⑦ 砌体中预留沟槽或埋设管道时应符合下列规定：不应在截面边长小于 500mm 的承重墙、独立柱内埋设管线；不宜在墙体中穿行暗线或预留开凿沟槽，无法避免时应采取必要的措施或按削弱后截面验算墙体承载力。对受力较小或未灌孔的砌块砌体允许在墙体的竖孔中设置管线。

(4) 砌块砌体的构造要求

① 砌块砌体应分皮错缝搭砌。上下皮搭砌长度不得小于 90mm。当搭砌长度不满足上述要求时，应在水平灰缝内设置不少于 2Φ4 的焊接钢筋网片（横向钢筋间距不应大于 200mm，网片每端均应伸出该垂直缝不小于 300mm）。

② 砌块墙与后砌隔墙交接处，应沿墙高每 400mm 在水平灰缝内设置不少于 2Φ4 的焊接钢筋网片，钢筋网片的横向间距不应大于 200mm。

③ 混凝土砌块房屋，宜在纵横墙交接处、距墙中心线每边不小于 300mm 范围内的孔洞，采用不低于 Cb20 的混凝土灌实，灌实高度应为墙身全高。

④ 混凝土砌块墙体的下列部位，如未设置圈梁或混凝土垫块，应采用不低于 Cb20 的混凝土将孔洞灌实：格栅、檩条和钢筋混凝土楼板的支承面下，高度不应小于 200mm 的砌体；屋架、梁等构件的支承面下，长度、高度不应小于 600mm 的砌体；挑梁支承面下，据墙中心线每边不应小于 300mm，高度不应小于 600mm 的砌体。

(5) 防止或减轻墙体开裂的主要措施　为防止或减轻房屋在正常使用条件下，由温差和砌体干缩变形引起的墙体竖向裂缝，应在墙体中设置伸缩缝。伸缩缝应设置在因温度和收缩变形可能引起应力集中、砌体产生裂缝可能性最大的地方。伸缩缝的间距应符合表 2-5 的要求。

① 为防止或减轻房屋顶层墙体的裂缝，可采取下列措施：屋面应设置有效的保温、隔热层。屋面保温（隔热）层或屋面刚性面层及砂浆找平层应设置分隔缝，分隔缝间距不宜大于 6m，并应与女儿墙隔开，其缝宽不小于 30mm。采用装配式有檩体系钢筋混凝土屋盖和瓦材屋盖。顶层屋面板下设置现浇钢筋混凝土圈梁，并沿内外墙拉通，房屋两端圈梁下的墙体内宜适当增设水平筋。顶层挑梁末端下墙体灰缝内设置 3 道焊接钢筋网片，如图 2-7 所示。

表 2-5　砌体结构房屋伸缩缝的最大间距　　单位：m

屋盖类别		间距
整体式或装配整体式钢筋混凝土结构	有保温层或隔热层的屋盖、楼盖	50
	无保温层或隔热层的屋盖	40
装配式无檩体系钢筋混凝土结构	有保温层或隔热层的屋盖、楼盖	60
	无保温层或隔热层的屋盖	50
装配式有檩体系钢筋混凝土结构	有保温层或隔热层的屋盖	75
	无保温层或隔热层的屋盖	60
瓦材屋盖、木屋盖或楼盖、轻钢屋盖		100

注：1. 对烧结普通砖、烧结多孔砖、配筋砌块砌体房屋，取表中数值；对石砌体、蒸压灰砂普通砖、蒸压粉煤灰普通砖、混凝土砌块、混凝土普通砖和混凝土多孔砖房屋取表中数值乘以 0.8 的系数，当墙体有可靠外保温措施时，其间距可取表中数值。

2. 在钢筋混凝土屋面上挂瓦的屋盖应按钢筋混凝土屋盖采用。

3. 层高大于 5m 的烧结普通砖、烧结多孔砖、配筋砌块砌体单层房屋，其伸缩缝间距可按表中数值乘以 1.3 的系数。

4. 温差较大且变化频繁地区和严寒地区不采暖的房屋及构筑物墙体的伸缩缝的最大间距应按表中数值予以适当减小。

5. 墙体的伸缩缝应与结构的其他变形缝相重合，缝宽度应满足各种变形缝的变形要求；在进行立面处理时，必须保证缝隙的变形作用。

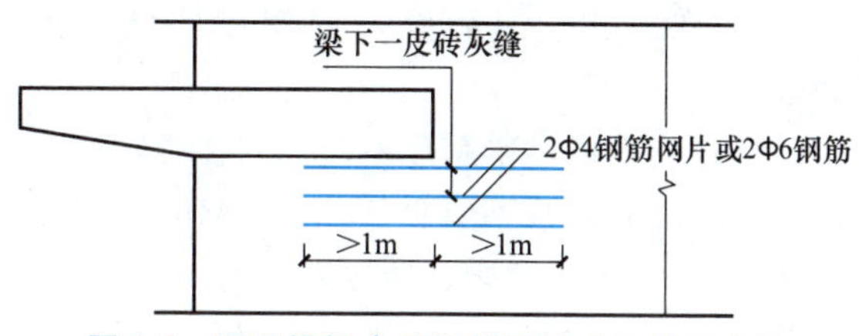

图 2-7　顶层挑梁末端钢筋网片或钢筋示意图

顶层墙体的门窗洞口处，在过梁上的水平灰缝内设置 2～3 道焊接钢筋网片或 2Φ6 钢筋，并应伸入过梁两端墙内不少于 600mm；顶层墙体及女儿墙砂浆强度等级不低于 M7.5（Mb7.5、Ms7.5）；房屋顶层端部墙体内增设构造柱。女儿墙应设构造柱，构造柱间距不大于 4m，构造柱应伸至女儿墙顶并与现浇钢筋混凝土压顶整浇在一起。

② 为防止或减轻房屋底层墙体的裂缝，可采取下列措施：房屋的长高比不宜过大；在房屋建筑平面的转折部位，高度差异或荷载差异处，地基土的压缩性有显著差异处，建筑结构（或基础）类型不同处，分期建造房屋的交界处宜设置沉降缝；设置钢筋混凝土圈梁是增强房屋整体刚度的有效措施，特别是基础圈梁和屋顶檐口部位的圈梁对抵抗不均匀沉降作用最为有效，必要时应增大基础圈梁的刚度；在房屋底层的窗台下墙体灰缝内设置 3 道焊接钢筋网片或 2Φ6 钢筋，并应伸入两边窗间墙内不少于 600mm；采用钢筋混凝土窗台板，窗台板嵌入窗间墙内不少于 600mm。

③ 在每层门、窗过梁上方的水平灰缝内及窗台下第一道和第二道水平灰缝内，宜设置焊接钢筋网片或 2 根直径 6mm 钢筋，焊接钢筋网片或钢筋应伸入两边窗间墙内不小于 600mm。当墙长大于 5m 时，宜在每层墙高度中部设置 2～3 道焊接钢筋网片或 3 根直径 6mm 的通长水平钢筋，竖向间距为 500mm。

④ 房屋两端和底层第一、第二开间门窗洞处，可采取下列措施：在门窗洞口两边墙体的水平灰缝中，设置长度不小于 900mm、竖向间距为 400mm 的 2 根直径 4mm 的焊接钢筋网片；在顶层和底层设置通长钢筋混凝土窗台梁，窗台梁高宜为块材高度的模数，梁内纵筋不少于 4 根，直径不小于 10mm，箍筋直径不小于 6mm，间距不大于 200mm，混凝土强度等级不低于 C20；在混凝土砌块房屋门窗洞口两侧，不少于一个孔洞中设置直径不小于 12mm 的竖向钢筋，竖向钢筋应在楼层圈梁或基础内锚固，孔洞用不低于 Cb20 混凝土

灌实。

⑤ 填充墙砌体与梁、柱或混凝土墙体结合的界面处（包括内、外墙），宜在粉刷前设钢丝网片，网片宽度可取 400mm，并沿界面缝两侧各延伸 200mm，或采取其他的防裂、盖缝措施。

⑥ 当房屋刚度较大时，可以在窗台下或窗台角处墙体内、墙体高度或厚度突然变化处设置竖向控制缝。竖向控制缝宽度不宜小于 25mm，缝内填以压缩性能好的填充材料，且外部用密封材料密封，并采用不吸水的、闭孔发泡聚乙烯实心圆棒（背衬）作为密封膏的隔离物。

2.2.3 过梁、挑梁、墙梁、圈梁

2.2.3.1 过梁

过梁是砌体结构门窗洞口上常用的构件，用以承受门窗洞口以上砌体自重以及其上梁板传来的荷载。主要有钢筋混凝土过梁、钢筋砖过梁、砖砌平拱过梁和砖砌弧拱过梁等几种形式。过梁的构造要求如下：

(1) 钢筋混凝土过梁按受弯构件计算确定其配筋，截面高度 $h=(1/14\sim1/8)l_0$，l_0 为过梁计算跨度，截面宽度取为墙厚，端部支承长度不宜小于 240mm。

(2) 钢筋砖过梁跨度不应超过 1.5m，过梁底面砂浆内的钢筋直径不应小于 5mm，间距不宜大于 120mm，钢筋伸入支座砌体的长度不宜小于 240mm，砂浆层的厚度不宜小于 30mm。

(3) 砖砌平拱过梁跨度不应超过 1.2m，其厚度等于墙厚，砖砌过梁截面计算高度内的砂浆不宜低于 M5（Mb5、Ms5），竖砖砌筑部分高度不应小于 240mm。砖砌过梁延性较差，跨度不宜过大，因此对有较大振动荷载或可能产生不均匀沉降的房屋，应采用钢筋混凝土过梁。

(4) 砖砌弧拱过梁砌筑时施工较复杂，多用于对建筑外形有特殊要求的房屋中。

2.2 过梁设计

2.3 过梁设计例题

2.2.3.2 挑梁

挑梁即一端埋入砌体墙内另一端伸出主体结构之外的钢筋混凝土悬臂构件。在砌体结构房屋中，为了支承外廊、阳台、雨篷等必须设置挑梁。挑梁除按钢筋混凝土受弯构件设计外，必须进行抗倾覆验算、挑梁下砌体局部承压验算，还应满足下列构造要求：

(1) 纵向受力钢筋至少应有 1/2 的钢筋面积伸入梁尾端，且不少于 2Φ12。其他钢筋伸入支座的长度不应小于 $2l_1/3$。

(2) 挑梁埋入砌体长度 l_1 与挑出长度 l 之比宜大于 1.2；当挑梁上无砌体时，l_1 与 l 之比宜大于 2。

2.2.3.3 墙梁

由支承墙体的钢筋混凝土梁及其上计算高度范围内墙体所组成的能共同工作的组合构件称为墙梁。在多层砌体结构房屋中，为了满足使用要求，往往要求底层有较大的空间，如底层为商店、通道，而上层为住宅、办公室、宿舍等小房间的多层房屋，用钢筋混凝土梁（托梁）承托以上各层的墙体，上部各层的楼面及屋面荷载将通过砖墙及支撑在砖墙上的钢筋混凝土楼面梁或框架梁（托梁）传递给底层的承重墙或柱。此外，单层工业厂房的外纵墙与基础梁、承台梁与其上墙体等也构成墙梁。墙梁的构造要求如下：

(1) 托梁的混凝土强度等级不应低于 C30，纵向钢筋宜采用 HRB335、HRB400 或

RRB400级钢筋，托梁每跨底部的纵向受力钢筋应通长设置，不得在跨中段弯起或截断，跨中截面纵向受力钢筋总配筋率不应小于0.6%，承重墙梁的托梁在砌体墙柱上的支承长度不应小于350mm，当托梁高度$h_b \geqslant 500$mm时，应沿梁高设置通长水平腰筋，直径不应小于12mm，间距不应大于200mm，墙梁偏开洞口和两侧各一个梁高h_b范围内直至靠近洞口的支座边的托梁箍筋直径不宜小于8mm，间距不应大于100mm。

（2）承重墙梁的块材强度等级不应低于MU10，计算高度范围内墙体的砂浆强度等级不应低于M10（Mb10），框支墙梁的上部砌体房屋，以及设有简支墙梁或连续墙梁的房屋，应满足刚性方案房屋的要求，墙梁计算高度范围内的墙体厚度，对砖砌体不应小于240mm，对混凝土砌块砌体不应小于190mm，墙梁洞口上方应设置混凝土过梁，其支承长度不应小于240mm；洞口范围内不应施加集中荷载。承重墙梁的支座处应设置落地翼墙。当墙梁的墙体在靠近支座$l_0/3$范围内开洞时，支座处应设置落地且上下贯通的构造柱，并应与每层圈梁连接。

（3）墙梁计算高度范围内的墙体，每天砌筑高度不应超过1.5m，否则应加设临时支撑。

2.2.3.4　圈梁

为了增强砌体结构房屋的整体刚度，防止由于地基不均匀沉降或较大振动荷载等对房屋引起的不利影响，应根据地基情况、房屋的类型、层数以及所受的振动荷载等情况设置钢筋混凝土圈梁。具体规定如下：

（1）厂房、仓库、食堂等空旷的单层房屋应按下列规定设置圈梁。

① 砖砌体房屋，檐口标高为5～8m时，应在檐口设置圈梁一道，檐口标高大于8m时，应适当增设。

② 砌块及料石砌体房屋，檐口标高为4～5m时，应在檐口设置圈梁一道，檐口标高大于5m时，应适当增设。

③ 对有吊车或较大振动设备的单层工业厂房，除在檐口或窗顶标高处设置现浇钢筋混凝土圈梁外，尚宜在吊车梁标高处或其他适当位置增设。

（2）多层砌体工业厂房，宜每层设置现浇钢筋混凝土圈梁。

（3）住宅、宿舍、办公楼等多层砌体民用房屋，当层数为3～4层时，应在檐口标高处设置圈梁。当层数超过四层时，应在所有纵横墙上隔层设置圈梁。

（4）设置墙梁的多层砌体房屋，应在托梁、墙梁顶面和檐口标高处设置现浇钢筋混凝土圈梁，其他楼盖处宜在所有纵横墙上每层设置圈梁。

（5）采用钢筋混凝土楼（屋）盖的多层砌体结构房屋，当层数超过5层时，除在檐口标高处设置一道圈梁外，可隔层设置圈梁，并与楼（屋）面板一起现浇。未设置圈梁的楼面板嵌入墙内的长度不宜小于120mm，沿墙长设置的纵向钢筋不应小于2Φ10。

（6）建筑在软弱地基或不均匀地基上的砌体房屋，除应按以上有关规定设置圈梁外，尚应符合国家现行标准《建筑地基基础设计规范》（GB 50007—2011）的有关规定。

（7）圈梁的构造要求

① 圈梁宜连续地设在同一水平面上，并形成封闭状。当圈梁被门窗洞口截断时，应在洞口上部增设相同截面的附加圈梁。附加圈梁和圈梁的搭接长度不应小于其垂直间距的2倍，且不得小于1m。

② 纵横墙交接处的圈梁应有可靠的连接。刚弹性和弹性方案房屋，圈梁应与屋架、大梁等构件可靠连接。

③ 钢筋混凝土圈梁的宽度宜与墙厚相同，当墙厚$h \geqslant 240$mm时，其宽度不宜小于$2h/3$。

圈梁高度不应小于 120mm。纵向钢筋不宜少于 4Φ10，绑扎接头的搭接长度按受拉钢筋考虑，箍筋间距不应大于 300mm。

④ 圈梁兼作过梁时，过梁部分的钢筋应按计算用量另行增配。

2.3 砌体结构抗震构造知识

砌体结构由于结构材料的脆性性质，其抗剪、抗拉和抗弯强度很低，所以砌体房屋的抗震能力较差，在历次强烈地震中砌体结构破坏率是相当高的。震害调查表明，通过合理的抗震构造设防，保证施工质量，则砌体结构房屋可具有一定抗震能力。

2.3.1 砌体房屋的震害分析

震害表明多层砌体房屋的破坏部位，主要是墙身和构件间的连接处。

在砌体房屋中与水平地震作用方向平行的墙体是主要承担地震作用的构件。这类墙体往往因为主拉应力强度不足而引起斜裂缝破坏。由于水平地震的反复作用，两个方向的斜裂缝形成交叉的 X 形裂缝。墙角位于房屋尽端，房屋对它的约束作用减弱，当房屋在地震中发生扭转时，墙角处位移最大，破坏最严重。楼梯间的墙体高度较房屋其他部位小，其刚度较大，因而该处吸收的地震剪力也大，容易造成震害，而楼梯间顶层墙体的计算高度又较房屋的其他部位大，稳定性差，所以楼梯间容易发生地震破坏。

内外墙连接处是房屋的薄弱部位，特别是以直槎或马牙槎连接时，这些部位在地震中极易被拉开，造成外纵墙和山墙外闪、倒塌等现象；预制板整体性差，当楼板的搭接长度不足或无可靠的拉结时，在强烈地震中极易塌落，并常造成墙体倒塌；突出屋面的电梯机房、水箱房、烟囱、女儿墙等附属结构，由于地震作用“鞭端效应”的影响，所以一般较下部主体结构破坏严重。

另外，底部框架-抗震墙房屋上部各层砖房纵横墙的间距较密，质量大抗侧移刚度大，而底部框架-抗震墙结构纵横墙的数量较少，抗侧移刚度也比上层小得多，形成下柔上刚的房屋，地震作用时底部变形较大，形成底部倒塌、上面几层原地坐落的震害现象。

2.3.2 抗震设计的一般规定

2.3.2.1 多层砌体结构房屋的层数和高度限值

历次地震表明，在一般场地情况下，砌体房屋层数越多，高度越高，它的破坏率也就越大。《建筑抗震设计规范》（GB 50011—2010）（2016 年版）规定，一般情况下多层砌体房屋的总高度和层数不应超过表 2-6 的规定。

2.4 建筑抗震知识

对医院、教学楼等及横墙较少的多层砌体房屋，总高度应比表 2-6 的规定降低 3m，层数相应减少一层；各层横墙很少的多层砌体房屋，还应根据具体情况再适当降低总高度和减少层数（横墙较少指同一楼层内开间大于 4.2m 的房间占该层总面积的 40%以上；其中开间不大于 4.2m 的房间占该层总面积不到 20%且开间大于 4.8m 的房间占该层总面积的 50%以上）。

砌体材料应符合下列规定。普通砖和多孔砖的强度等级不应低于 Mu10，其砌筑砂浆强度等级不应低于 M5，蒸压灰砂普通砖、蒸压粉煤灰普通砖及混凝土砖的强度等级不应低于 Mu15，其砌筑砂浆强度等级不应低于 Ms5（Mb5），混凝土砌块强度等级不应低于 Mu7.5，其砌筑砂浆强度等级不应低于 Mb7.5。

表 2-6 多层砌体房屋的层数和总高度限值

房屋类别		最小墙厚/mm	设防烈度和设计基本加速度											
			6 度		7 度				8 度				9 度	
			0.05g		0.10g		0.15g		0.20g		0.30g		0.40g	
			高度	层数	高度	层数	高度	层数	高度	层数	高度	层数	高度	层数
多层砌体房屋	普通砖	240	21m	7	21m	7	21m	7	18m	6	15m	5	12m	4
	多孔砖	240	21m	7	21m	7	18m	6	18m	6	15m	5	9m	3
		190	21m	7	18m	6	15m	5	15m	5	12m	4	—	—
	混凝土砌块	190	21m	7	21m	7	18m	6	18m	6	15m	5	9m	3
底层框架-抗震墙砌体房屋	普通砖、多孔砖	240	22m	7	22m	7	19m	6	16m	5	—	—	—	—
	多孔砖	190	22m	7	19m	6	16m	5	13m	4	—	—	—	—
	混凝土砌块	190	22m	7	22m	7	19m	6	16m	5	—	—	—	—

注：1. 房屋的总高度指室外地面到主要屋面板板顶或檐口的高度，半地下室从地下室室内地面算起，全地下室和嵌固条件好的半地下室应允许从室外地面算起；对带阁楼的坡屋面应算到山尖墙的 1/2 高度处。

2. 室内外高差大于 0.6m 时，房屋总高度应允许比表中数据适当增加，但不应多于 1m。

3. 乙类的多层砌体房屋仍按本地区设防烈度查表，其层数应减少一层且总高度应降低 3m；不应采用底部框架-抗震墙砌体房屋。

2.3.2.2 多层砌体房屋的最大高宽比限值

为了防止多层砖房的整体弯曲破坏，《建筑抗震设计规范》（GB 50011—2010）（2016 年版）规定房屋高宽比应符合表 2-7 的限制。

表 2-7 房屋最大高宽比

烈度	6 度	7 度	8 度	9 度
最大高宽比	2.5	2.5	2.0	1.5

注：1. 单面走廊房屋的总宽度不包括走廊宽度。

2. 建筑平面接近正方形时，其高宽比宜适当减小。

2.3.2.3 房屋抗震横墙间距要求

多层砌体房屋横向水平地震作用主要是由横墙来承受，横墙除应具有足够的抗震承载力外，其间距还应满足楼盖传递水平地震作用所需的刚度要求。当横墙间距过大，纵向砖墙会因过大的层间变形而产生出平面的弯曲破坏，这样楼盖就失去传递水平地震作用到横墙的能力，导致纵墙先破坏，所以对横墙间距应加以限制。房屋抗震横墙最大间距见表 2-8。

表 2-8 房屋抗震横墙最大间距 单位：m

房屋类别		烈度			
		6 度	7 度	8 度	9 度
多层砌体房屋	现浇或装配整体式钢筋混凝土楼、屋盖	15	15	11	7
	装配式钢筋混凝土楼、屋盖	11	11	9	4
	木屋盖	9	9	4	—
底层框架-抗震墙砌体房屋	上部各层	同多层砌体房屋			—
	底层或底部两层	18	15	11	—

注：1. 多层砌体房屋的顶层，除木屋盖外最大横墙间距应允许适当放宽，但应采取相应加强措施。

2. 多孔砖抗震横墙厚度为 190mm 时，最大横墙间距应比表中减少 3m。

2.3.2.4 房屋的局部尺寸限制

在地震作用下，窗间墙、尽端墙段、突出屋顶的女儿墙等薄弱部位在地震时会首先破坏而造成整片墙体连续破坏，导致整体结构倒塌，所以对于房屋的局部尺寸进行限值，见表 2-9。

2.3.2.5 多层砌体房屋的结构布置

震害分析表明，横墙承重的结构体系抗震性能较好，纵墙承重的结构体系较差。多层砌

表 2-9　房屋的局部尺寸限值　　单位：m

部　　位	6 度	7 度	8 度	9 度
承重窗间墙最小宽度	1.0	1.0	1.2	1.5
承重外墙尽端至门窗洞边的最小距离	1.0	1.0	1.2	1.5
非承重外墙尽端至门窗洞边的最小距离	1.0	1.0	1.0	1.0
内墙阳角至门窗洞边的最小距离	1.0	1.0	1.5	2.0
无锚固女儿墙(非出入口处)最大高度	0.5	0.5	0.5	0.0

注：1. 局部尺寸不足时应采取局部加强措施弥补，且最小宽度不宜小于 1/4 层高和表列数值的 80%。
2. 出入口处的女儿墙应有锚固。
3. 多层多排柱内框架房屋的纵向窗间墙宽度，不应小于 1.5m。

体房屋的结构布置宜符合以下要求：应优先采用横墙承重或纵横墙共同承重的结构体系；纵横墙的布置宜均匀对称，沿平面内宜对齐，沿竖向应上下连续，且纵横墙的数量不宜相差太大；楼梯间不宜设置在房屋的尽端和转角处；不应在房屋转角处设置转角窗；当墙体被削弱时，应对墙体采取加强措施；横墙较少跨度较大的房屋，宜采用现浇钢筋混凝土楼屋盖；同一轴线上的窗间墙宽度宜均匀，结构体形宜均匀对称，防震缝可以将体形复杂的结构划成体形对称均匀的结构。房屋有下列情况之一时宜设置防震缝，缝两侧均应设置墙体，缝宽应根据烈度和房屋高度确定，可采用 70～100mm。

（1）房屋立面高差在 6m 以上；

（2）房屋有错层，且楼板高差大于层高的 1/4；

（3）各部分结构刚度、质量截然不同。

2.3.3 砌体房屋抗震构造措施

2.3.3.1 多层砖砌体房屋的抗震构造措施

（1）设置构造柱。构造柱是指先砌筑墙体后在墙体两端或纵横墙交接处现浇的钢筋混凝土柱。震害分析表明：在多层砖房中的适当部位设置构造柱并与圈梁连接使之共同工作，可增加房屋的延性，提高房屋的抗侧移能力，防止或延缓房屋在地震作用下发生突然倒塌，减轻房屋的破坏程度。构造柱设置部位一般情况下应符合表 2-10 的要求。

表 2-10　多层砖砌体房屋构造柱设置要求

<table>
<tr><th colspan="4">房屋层数/层</th><th colspan="2" rowspan="2">设置部位</th></tr>
<tr><th>6 度</th><th>7 度</th><th>8 度</th><th>9 度</th></tr>
<tr><td>≤五</td><td>≤四</td><td>≤三</td><td>—</td><td rowspan="3">楼电梯间四角，楼梯斜段上下端对应的墙体处；
外墙四角和对应转角；
错层部位横墙与外纵墙交接处；
大房间内外墙交接处；
较大洞口两侧</td><td>隔 12m 或单元横墙与外纵墙交接处；楼梯间对应的另一侧内横墙与外纵墙交接处</td></tr>
<tr><td>六</td><td>五</td><td>四</td><td>二</td><td>隔开间横墙（轴线）与外纵墙交接处；山墙与内纵墙交接处</td></tr>
<tr><td>七</td><td>六、七</td><td>五、六</td><td>三、四</td><td>横墙(轴线)与外墙交接处；
内墙的局部较小墙垛处；
内纵墙与横墙(轴线)交接处</td></tr>
</table>

注：1. 较大洞口，内墙指不小于 2.1m 的洞口；外墙在内外墙交接处已设置构造柱时允许适当放宽。
2. 对于外廊式和单面走廊式的多层房屋、教学楼及医院等横墙较少的房屋、采用蒸压灰砂普通砖和蒸压粉煤灰普通砖砌体房屋层数超过上表的要求时，构造柱设置要求不应低于表中相应烈度的最高要求且宜适当提高考虑。

构造柱最小截面可采用 240mm×180mm（墙厚 190mm 时为 180mm×190mm），纵向钢筋宜采用 4Φ12，箍筋直径可采用 6mm，箍筋间距不宜大于 250mm，且在柱上下端宜适当加密；当 6 度、7 度时超过六层、8 度时超过五层和 9 度时，纵向钢筋宜采用 4Φ14，箍筋间距不宜大于 200mm，房屋四角的构造柱可适当加大截面及配筋，以考虑角柱可能受到双向荷载的共同作用及扭转影响。

构造柱施工应先砌砖墙后浇筑混凝土，与墙连接处应砌成马牙槎，以加强构造柱与砖墙之间的整体性，并应沿墙高每隔 500mm 设 2Φ6 拉结钢筋和Φ4 短分布钢筋平面内点焊组成的拉结网片或Φ4 点焊钢筋网片，每边伸入墙内不宜小于 1m；6 度、7 度时，底部 1/3 楼层，8 度时底部 1/2 楼层，9 度时全部楼层，上述拉结钢筋网片应沿墙体水平通常设置。构造柱与圈梁连接处，构造柱的纵筋应在圈梁纵筋内侧穿过，保证构造柱纵筋上下贯通。

构造柱可不单独设置基础，但应伸入室外地面下 500mm，或与埋深小于 500mm 的基础圈梁相连。

房屋高度和层数接近限值时，纵横墙内构造柱间距尚应符合下列要求：横墙内构造柱间距不宜大于层高的两倍，下部 1/3 的楼层的构造柱间距适当减少；当外纵墙的开间大于 3.9m 时，应采取加强措施。内纵墙的构造柱间距不宜大于 4.2m。

（2）设置钢筋混凝土圈梁。圈梁与构造柱一起对墙体、楼盖进行约束，使楼盖与纵横墙构成整体的箱形结构，保证墙体的整体性和变形能力，屋盖处和基础顶面处的圈梁还可以减轻地震时地基不均匀沉降与地表裂缝对房屋的影响，提高房屋的抗震能力。多层砖砌体房屋现浇钢筋混凝土圈梁设置要求见表 2-11。

表 2-11 多层砖砌体房屋现浇钢筋混凝土圈梁设置要求

墙类	烈度		
	6 度、7 度	8 度	9 度
外墙及内纵墙	屋盖处及每层楼盖处	屋盖处及每层楼盖处	屋盖处及每层楼盖处
内横墙	屋盖处及每层楼盖处；屋盖处间距不应大于 4.5m，楼盖处间距不应大于 7m；构造柱对应部位	屋盖处及每层楼盖处；各层所有横墙，且间距不应大于 4.5m；构造柱对应部位	屋盖处及每层楼盖处；各层所有横墙

现浇或装配整体式钢筋混凝土楼盖、屋盖与墙体可靠连接的房屋可不另设圈梁，但楼板沿墙体应加强配筋，并应与相应的构造柱钢筋可靠连接。

圈梁应闭合，遇有洞口应上下搭接，宜与预制板设在同一标高处。圈梁在表 2-11 要求的间距内无横墙时，应利用梁或板缝中配筋替代圈梁，如图 2-8 所示。

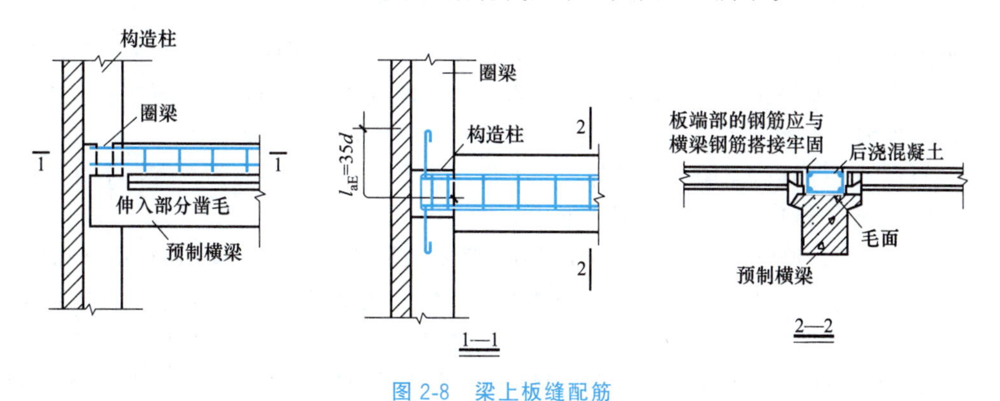

图 2-8 梁上板缝配筋

圈梁的截面高度不应小于 120mm，配筋应符合表 2-12 的要求；当地基为软弱黏性土、液化土、新近填土或严重不均匀土时，应考虑地震时地基不均匀沉降或其他不利影响，为加强基础整体性而增设基础圈梁，截面高度不应小于 180mm，配筋不应少于 4Φ12。

表 2-12 多层砖砌体房屋圈梁配筋要求

配筋	烈度		
	6 度、7 度	8 度	9 度
最小纵筋	4Φ10	4Φ12	4Φ14
最大箍筋间距/mm	250	200	150

(3) 墙体间的拉结。6 度、7 度时长度大于 7.2m 的大房间以及 8 度和 9 度时，外墙转角及内外墙交接处，应沿墙高每隔 500mm 配置 2Φ6 通长钢筋和Φ4 短分布钢筋平面内点焊组成的拉结网片或Φ4 点焊网片。后砌的非承重砌体隔墙应沿墙高每隔 500mm 配置 2Φ6 钢筋与承重墙或柱拉结，且每边伸入墙内不应小于 500mm；8 度和 9 度时长度大于 5.1m 的后砌非承重砌体隔墙的墙顶尚应与楼板或梁拉结。

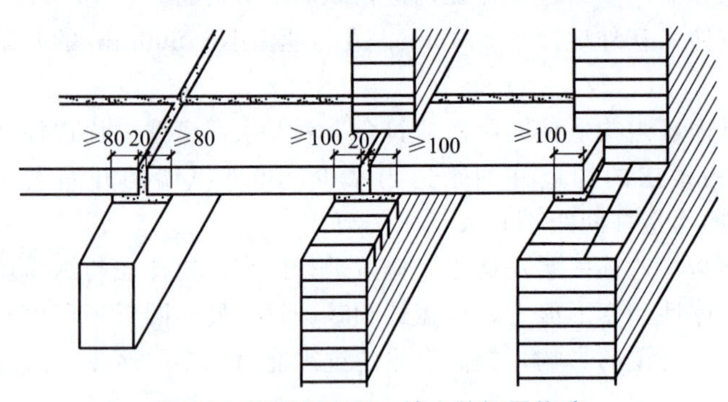

图 2-9 预制板在梁、墙上的搁置构造

(4) 楼板的搁置长度。现浇钢筋混凝土楼板或屋面板伸进纵、横墙内的长度均不应小于 120mm；装配式钢筋混凝土楼板或屋面板，当圈梁未设在板的同一标高时，板端伸进外墙的长度不应小于 120mm，伸进内墙的长度不宜小于 100mm，在梁上不应小于 80mm。如图 2-9 所示。

(5) 楼板与圈梁、墙体的拉结。当板的跨度大于 4.8m 并与外墙平行时，靠外墙的预制板侧边应与墙或圈梁拉结，如图 2-10 所示。对于房屋端部大房间的楼盖，8 度时房屋的屋盖和 9 度时房屋的楼、屋盖，以及圈梁设在板底的情况，其中的钢筋混凝土预制板应相互拉结，并应与梁、墙或圈梁拉结。

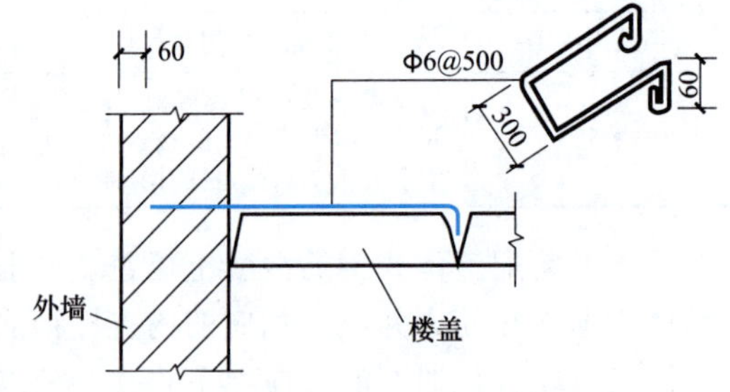

图 2-10 预制板侧边与外墙的拉结

(6) 屋架（梁）与墙柱的锚拉。楼、屋盖的钢筋混凝土梁或屋架，应与墙、柱（包括构造柱）或圈梁可靠连接，不得采用独立砖柱。坡屋顶房屋的屋架应与顶层圈梁可靠连结，檩条或屋面板应与墙及屋架可靠连接，房屋出入口处的檐口瓦应与屋面构件锚固；8 度和 9 度时，顶层内纵墙顶宜增砌支撑端山墙的踏步式墙垛，以防止端山墙外闪。

(7) 楼梯间由于比较空旷常常破坏严重，设在房屋尽端时破坏尤为严重，不宜设在房屋的尽端和转角处。楼梯间应符合下列要求：

8 度和 9 度时，顶层楼梯间横墙和外墙应沿墙高每隔 500mm 设 2Φ6 通长钢筋和Φ4 短分布钢筋平面内点焊组成的拉结网片或Φ4 点焊网片；7～9 度时其他各层楼梯间墙体应在休息平台或楼层半高处设置 60mm 厚钢筋混凝土带或配筋砖带，配筋砖带不少于 3 皮，每皮的配筋不少于 2Φ6，砂浆强度等级不应低于 M7.5 且不低于同层墙体的砂浆强度等级。楼梯间及门厅内墙阳角处的大梁支承长度不应小于 500mm 并应与圈梁连接；装配式楼梯段应与平台板的梁可靠连接，8 度、9 度时不应采用装配式楼梯段；不应采用墙中悬挑式踏步或踏步竖肋插入墙体的楼梯，不应采用无筋砖砌栏板。

(8) 突出屋顶的楼梯间、电梯间的构造柱应伸到顶部，并与顶层圈梁连接，内外墙交接处应沿墙高每隔 500mm 设 2Φ6 通长钢筋和Φ4 短分布钢筋平面内点焊组成的拉结网片或Φ4 点焊网片。

(9) 对横墙较少的多层普通砖、多孔砖住宅楼的总高度和层数接近或达到规范所规定的限值，应采取下列加强措施：

① 房屋的最大开间尺寸不宜大于 6.6m。

② 同一结构单元内横墙错位数量不宜超过横墙总数的 1/3，且连续错位不宜多于两道；错位的墙体交接处均应增设构造柱，且楼、屋面板应采用现浇钢筋混凝土板。

③ 横墙和内纵墙上洞口的宽度不宜大于 1.5m；外纵墙上洞口的宽度不宜大于 2.1m 或开间尺寸的一半；且内外墙上洞口位置不应影响内外纵墙与横墙的整体连接。

④ 所有纵横墙均应在楼盖、屋盖标高处设置加强的现浇钢筋混凝土圈梁：圈梁的截面高度不宜小于 150mm，上下纵筋各不应少于 3Φ10，箍筋不小于Φ6，间距不大于 300mm。

⑤ 所有纵横墙交接处及横墙的中部，均应增设满足下列要求的构造柱：在纵墙、横墙内的柱距不宜大于 3.0m，最小截面尺寸不宜小于 240mm×240mm（墙厚 190mm 时为 240mm×190mm），配筋宜符合表 2-13 的要求。

表 2-13　增设构造柱的纵筋和箍筋设置要求

<table>
<tr><th rowspan="2">位置</th><th colspan="3">纵向钢筋</th><th colspan="3">箍筋</th></tr>
<tr><th>最大配筋率/%</th><th>最小配筋率/%</th><th>最小直径/mm</th><th>加密区范围/mm</th><th>加密区间距/mm</th><th>最小直径/mm</th></tr>
<tr><td>角柱</td><td rowspan="2">1.8</td><td rowspan="2">0.8</td><td>14</td><td>全高</td><td rowspan="3">100</td><td rowspan="3">6</td></tr>
<tr><td>边柱</td><td>14</td><td rowspan="2">上端 700
下端 500</td></tr>
<tr><td>中柱</td><td>1.4</td><td>0.6</td><td>12</td></tr>
</table>

⑥ 同一结构单元的楼面板、屋面板应设置在同一标高处。

⑦ 房屋底层和顶层的窗台标高处，宜设置沿纵横墙通长的水平现浇钢筋混凝土带；其截面高度不小于 60mm，宽度不小于墙厚，纵向钢筋不少于 2Φ10，纵向分布钢筋的不小于Φ10，且间距不大于 200mm。

2.3.2.2　多层砌块砌体房屋的抗震构造措施

(1) 设置钢筋混凝土芯柱　为了增加混凝土中、小型砌块房屋的整体性和延性，提高其抗倒塌能力，可结合空心砌块的特点，在墙体的规定部位将砌块竖孔浇筑混凝土而形成钢筋混凝土芯柱。

混凝土小型砌块房屋，应按表 2-14 的要求设置钢筋混凝土芯柱；对医院、教学楼等横墙较少的房屋，应根据房屋增加一层后的层数，再按表 2-14 的要求设置芯柱。

混凝土小型砌块房屋的芯柱截面不宜小于 130mm×130mm；混凝土强度等级不应低于 Cb20；竖向插筋不应小于 1Φ12，应贯通墙身且与圈梁连接；6 度、7 度时超过五层、8 度时超过四层和 9 度时，插筋不应小于 1Φ14。

芯柱应伸入室外地面下 500mm 或与埋深小于 500mm 的基础圈梁相连。为提高墙体抗震受剪承载力而设置的芯柱，宜在墙体内均匀布置，最大净距不宜大于 2.0m。

(2) 砌块房屋中的构造柱　当混凝土小型砌块房屋中，用钢筋混凝土构造柱替代芯柱时，替代芯柱的钢筋混凝土构造柱，应符合下列构造要求。

① 构造柱最小截面可采用 190mm×190mm，纵向钢筋宜采用 4Φ12，箍筋间距不宜大于 250mm，且在柱上下端宜适当加密；7 度时超过五层、8 度时超过四层和 9 度时，构造柱纵向钢筋宜采用 4Φ14，箍筋间距不应大于 200mm；外墙转角的构造柱可适当加大截面及配筋。

表 2-14 多层小型砌块房屋芯柱设置要求

房屋层数/层				设置部位	设置数量
6 度	7 度	8 度	9 度		
四、五	三、四	二、三	—	外墙转角、楼梯间四角，楼梯斜段上下端对应的墙体处；大房间内外墙交接处；错层部位横墙与外纵墙交接处；隔 12m 或单元横墙与外纵墙交接处	外墙转角，灌实 3 个孔；内外墙交接处，灌实 4 个孔；楼梯斜段上下端对应的墙体处，灌实 2 个孔
六	五	四		同上；隔开间横墙（轴线）与外纵墙交接处	
七	六	五	二	同上；各内墙（轴线）与外纵墙交接处；内纵墙与横墙（轴线）交接处和洞口两侧	外墙转角，灌实 5 个孔；内外墙交接处，灌实 4 个孔；内墙交接处，灌实 4～5 个孔；洞口两侧各灌实 1 个孔
—	七	≥六	≥三	同上；横墙内芯柱间距不大于 2m	外墙转角，灌实 7 个孔；内外墙交接处，灌实 5 个孔；内墙交接处，灌实 4～5 个孔；洞口两侧各灌实 1 个孔

注：外墙转角、内外墙交接处、楼电梯间四角等部位，应允许采用钢筋混凝土构造柱替代部分芯柱。

② 构造柱与砌块墙连接处应砌成马牙槎，与构造柱相邻的砌块孔洞，6 度时宜填实，7 度时应填实，8 度、9 度时应填实并插筋；构造柱与砌块墙之间，沿墙高每隔 600mm 应设 Φ4 点焊拉结钢筋网片，并沿墙体水平通长设置。

③ 构造柱与圈梁连接处，构造柱的纵筋应穿过圈梁，保证构造柱纵筋上下贯通。

④ 构造柱可不单独设置基础，但应伸入室外地面下 500mm，或与埋深小于 500mm 的基础圈梁相连。

(3) 设置圈梁　多层小型砌块房屋均应设置现浇钢筋混凝土圈梁，位置按表 2-11 的要求执行，圈梁宽度不应小于 190mm，配筋不应少于 4Φ12，箍筋间距不应大于 200mm。

(4) 砌块墙体的拉结　小型砌块房屋墙体交接处或芯柱与墙体连接处应设置拉结钢筋网片，网片可采用直径 4mm 的钢筋点焊而成，沿墙高每隔 600mm 设置，并应沿墙体水平通长设置。

(5) 设置钢筋混凝土带　小型砌块房屋的层数，6 度时五层、7 度时超过四层、8 度时超过三层和 9 度时，在底层和顶层的窗台标高处，沿纵横墙应设置通长的水平现浇钢筋混凝土带；其截面高度不小于 60mm，纵筋不少于 2Φ10，并应有分布拉结钢筋；其混凝土强度等级不应低于 C20。

(6) 其他构造措施　与多层砖房相应要求相同。

2.3.2.3 底部框架-抗震墙房屋的抗震构造措施

底部框架-抗震墙砖砌体房屋比多层砖砌体房屋抗震性能稍弱，因此抗震构造要求更为严格。

(1) 构造柱　钢筋混凝土构造柱的设置部位，按多层砖砌体房屋的要求设置，其截面不宜小于 240mm×240mm，纵筋不宜少于 4Φ14，箍筋间距不宜大于 200mm；芯柱每孔的插筋不少于 1Φ14，芯柱之间沿墙高每隔 400mm 设 Φ4 的焊接钢筋网片；应与每层圈梁连接，或与现浇楼板可靠拉结，过渡层尚应在底部框架柱对应位置处设置构造柱或芯柱，过渡层构造柱的纵向钢筋，6 度、7 度时不宜少于 4Φ16，8 度时不宜少于 4Φ18；过渡层芯柱的纵向钢筋，6 度、7 度时不宜少于 1Φ16，8 度时不宜少于 1Φ18。一般情况下，纵向钢筋应锚入下部的框架柱内，当纵向钢筋锚固在框架梁内时，框架梁的相应位置应加强。上部抗震墙的中心线宜同底部的框架梁、抗震墙的轴线相重合；构造柱宜与框架柱上下贯通。

（2）楼盖　底部框架-抗震墙房屋的底层与上部各层的刚度不同，抗侧移能力不同。为使楼盖具有足够的刚度传递水平地震力，《建筑抗震设计规范》（GB 50011—2010）（2016 年版）要求如下。

① 过渡层的底板应采用现浇钢筋混凝土板，板厚不应小于 120mm；并应少开洞、开小洞，当洞口尺寸大于 800mm 时，洞口周边应设置边梁。

② 其他楼层，采用装配式钢筋混凝土楼板时均应设现浇圈梁，采用现浇钢筋混凝土楼板时应允许不另设圈梁，但楼板沿墙体周边应加强配筋并应与相应的构造柱可靠连接。

（3）托墙梁　托墙梁是重要的受力构件，其截面和构造应符合以下要求。

① 梁的截面宽度不应小于 300mm，截面高度不应小于跨度的 1/10。

② 箍筋的直径不应小于 8mm，间距不应大于 200mm；梁端在 1.5 倍梁高且不小于 1/5 梁净跨范围内，以及上部墙体的洞口处和洞口两侧各 500mm 且不小于梁高的范围内，箍筋间距不应大于 100mm。

③ 沿梁高应设腰筋，数量不应少于 2Φ14，间距不应大于 200mm。

④ 梁的主筋和腰筋应按受拉钢筋的要求锚固在柱内。每跨底部纵向钢筋应通长设置，不得在跨中弯起或截断，伸入支座锚固长度不应小于受拉钢筋最小锚固长度 l_{aE} 且伸过中心线不应小于 $5d$；钢筋应采用机械连接或焊接接头，不得采用搭接接头；其上部纵向钢筋应贯穿中间节点，在端节点的弯折锚固水平投影长度不应小于 $0.4l_{aE}$，垂直投影长度不应小于 $15d$。

⑤ 托墙梁处应采用现浇钢筋混凝土楼盖，其楼板厚度不应小于 120mm。应在托梁和上一层墙体顶面标高处均设置现浇钢筋混凝土圈梁。其余各层楼盖可采用装配整体式楼盖，也应沿纵横承重墙设置现浇钢筋混凝土圈梁。

（4）底部的钢筋混凝土抗震墙　钢筋混凝土抗震墙是底部的主要抗侧力构件，其截面和构造应符合下列要求。

① 抗震墙周边应设置梁（或暗梁）和边框柱（或框架柱）组成的边框；边框梁的截面宽度不宜小于墙板厚度的 1.5 倍，截面高度不宜小于墙板厚度的 2.5 倍；边框柱的截面高度不宜小于墙板厚度的 2 倍。

② 抗震墙墙板的厚度不宜小于 160mm，且不应小于墙板净高的 1/20；抗震墙宜开设洞口形成若干墙段，各墙段的高宽比不宜小于 2。

④ 抗震墙的竖向和横向分布钢筋配筋率均不应小于 0.30%，并应采用双排布置；双排分布钢筋间拉筋的间距不应大于 600mm，直径不应小于 6mm。

（5）框架之间的砌体　当 6 度、7 度且总层数不超过五层时，框架之间的砌体允许采用普通砖抗震墙，其构造应符合下列要求。

① 墙厚不应小于 240mm，砌筑砂浆强度等级不应低于 M10，应先砌墙后浇框架柱。

② 沿框架柱每隔 300mm 配置 2Φ8 水平钢筋和Φ4 短筋平面内点焊组成拉结钢筋网片，并应沿砖墙全长设置；在墙体半高处尚应设置与框架柱相连的钢筋混凝土水平系梁。

③ 墙长大于 4m 时和洞口两侧，应在墙内增设钢筋混凝土构造柱。

（6）材料　底部框架-抗震墙房屋混凝土强度等级不应低于 C30；过渡层墙体块材强度等级不得低于 MU10，砖砌体砌筑的砂浆强度等级不应低于 M10，砌块砌体砌筑的砂浆强度等级不应低于 Mb10。

（7）其他抗震构造措施　与多层砖砌体房屋相同。

2.4 砌体结构房屋基础

对于所有的建筑物，结构所承受的荷载，最终都要通过各自的承重体系传至基础，再由基础传至地基。地基可分为天然地基和人工地基两类，天然地基是指不需处理直接利用的地基；人工地基是指经过人工处理而达到设计要求的地基。

基础按埋置深度分浅基础和深基础两大类。能用普通基坑开挖和敞坑排水方法修建的，且不考虑基侧与土的摩阻力产生作用的基础称为浅基础，如砖墙下部的条形基础，独立柱下部独立基础等，荷载通过基础底面扩散分布到浅层地基上。需要用特殊装备及方法将基础置于深层地基中且考虑基侧与土的摩阻力影响的基础称为深基础，如桩基、沉井、地下连续墙等，把上部荷载集中传递到较深的土层上。

按基础本身的变形能力可以分为刚性基础和柔性基础。不发生或是略微发生弯曲变形、剪切变形，断面较大的基础称为刚性基础，如砖、石基础；变形不可忽略的基础称为柔性基础，一般采用钢筋混凝土制作，钢筋与混凝土通过合理的配置，钢筋能够抵抗一定的变形，如柱下独立基础、墙下钢筋混凝土条形基础。

一般多层建筑物采用天然地基上的浅基础，高层建筑物采用天然地基或人工地基上的深基础，或采用复合地基基础。

基础的埋置深度应首先考虑建筑物的用途，一般要求基础落在地基承载力较高、较稳定的土层中，有地下室时基础的埋深还取决于地下室的做法和高度；其次考虑工程地质和水文地质条件，宜埋置在地下水位以上，山区还要满足稳定和抗滑移的要求；在满足地基稳定和变形要求的前提下，尽量浅埋，但埋深不宜小于0.5m。

砌体结构通过墙体传递荷载，在其底部的压应力通常远大于地基承载力，这就有必要在墙下设置水平截面向下扩大的基础，使得荷载扩散分布于基础底面，以满足地基承载力和变形的要求，形成墙下条形基础。墙下条形基础包括无筋扩展条形基础和钢筋混凝土条形基础。

2.4.1 无筋扩展条形基础

无筋扩展条形基础是指由砖、毛石、混凝土或毛石混凝土、灰土、三合土等材料组成的且不需要配置钢筋的墙下条形基础或柱下独立基础。由于其组成材料抗压性能较好而抗拉、抗剪性能相对较差，这类基础又称为刚性基础，以砖基础、灰土基础、毛石混凝土基础较多见。为保证发生在基础内的拉应力和剪应力不超过相应的材料强度设计值，基础尺寸需满足一定的构造要求，如图2-11所示，基础高度 H_0 取值见式（2-3）。

采用无筋扩展条形基础的钢筋混凝土柱，其柱脚高度 h_1 不得小于 b_1［图2-11（b）］，并不应小于300mm且不小于 $20d$（d 为柱中的纵向受力钢筋的最大直径）。当柱纵向钢筋在柱脚内的竖向锚固长度不满足锚固要求时，可沿水平方向弯折，弯折后的水平锚固长度不应小于 $10d$ 也不应大于 $20d$。

$$H_0 \geqslant \frac{b-b_0}{2\tan\alpha} \tag{2-3}$$

式中 b——基础底面宽度，m；

b_0——基础顶面的墙体宽度或柱脚宽度，m；

H_0——基础高度，m；

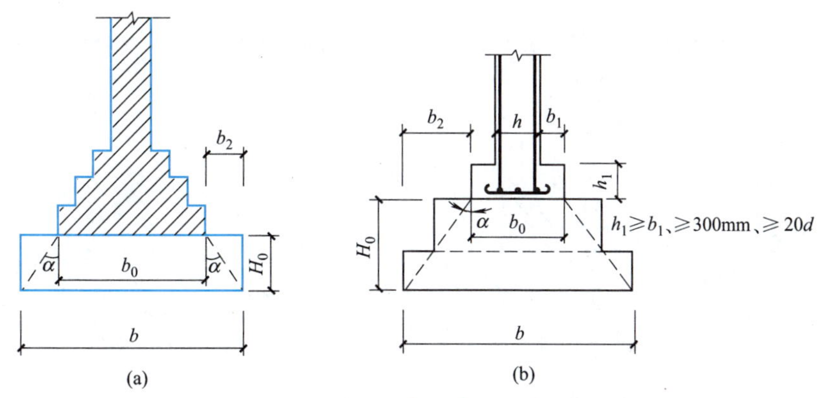

图 2-11 无筋扩展条形基础构造示意图

$\tan\alpha$——基础台阶宽高比 b_2/H_0，其允许值可按表 2-15 选用；

b_2——基础台阶宽度，m。

表 2-15 无筋扩展条形基础台阶宽高比的允许值

基础材料	质量要求	台阶宽高比的允许值		
		$p_k \leqslant 100$kPa	$100\text{kPa} < p_k \leqslant 200$kPa	$200\text{kPa} < p_k \leqslant 300$kPa
混凝土基础	C15 混凝土	1∶1.00	1∶1.00	1∶1.25
毛石混凝土基础	C15 混凝土	1∶1.00	1∶1.25	1∶1.50
砖基础	砖不低于 MU10，砂浆不低于 M5	1∶1.50	1∶1.50	1∶1.50
毛石基础	砂浆不低于 M5	1∶1.25	1∶1.50	—
灰土基础	体积比为 3∶7 或 2∶8 的灰土最小密度：粉土 1550kg/m^3；粉质黏土 1500kg/m^3；黏土 1450kg/m^3	1∶1.25	1∶1.50	—
三合土基础	体积比 1∶2∶4～1∶3∶6（石灰、砂、骨料）的三合土每层虚铺 220mm，夯至 150mm	1∶1.50	1∶2.00	—

注：1. p_k 为荷载效应标准组合时基础底面处的平均压力（kPa）。
2. 阶梯形毛石基础每阶的伸出宽度，不宜大于 200mm。
3. 当基础由不同材料叠合组成时，应对接触部分作抗压验算。
4. 混凝土基础单侧扩展范围内基础底面处的平均压力超过 300kPa 时，尚应进行抗剪验算；对于基底反力集中于柱附近的岩石地基，应进行局部受压承载力验算。

2.4.1.1 砖基础

砖砌体具有一定的抗压强度，能就地取材、价格便宜、施工简便。适用于干燥和较温暖的地区，抗冻性不够理想，在寒冷而又潮湿的地区，耐久性较差；适用于 6 层及以下的民用建筑和墙承重厂房。对基础所用的砖和砂浆的强度等级，按《砌体结构设计规范》（GB 50003—2011）规定选用，见表 2-3 地面以下或防潮层以下的砌体、潮湿房间的墙所用材料的最低强度等级，柱下混凝土基础混凝土强度等级不低于 C20。

为了保证砖基础的砌筑质量，砖基础底面以下设垫层。垫层材料可选用灰土、三合土或素混凝土。垫层每边伸出基础底面 50mm，厚度不宜小于 100mm。砖基础一般做成台阶式，俗称“大放脚”，其砌筑方式有两种：一种是“两皮一收”砌法，即每层为两皮砖，高度为 120mm，挑出 1/4 砖长即 60mm；另一种是“二、一间隔收”砌法，每层台阶面宽均为 60mm，底层起一层高度 120mm，上一层高度 60mm，以上各层高度依此类推，如图 2-12 所示。

2.4.1.2 毛石基础

毛石是指未经加工凿平的石材。毛石基础是选用未经风化的硬质岩石砌筑而成。由于毛

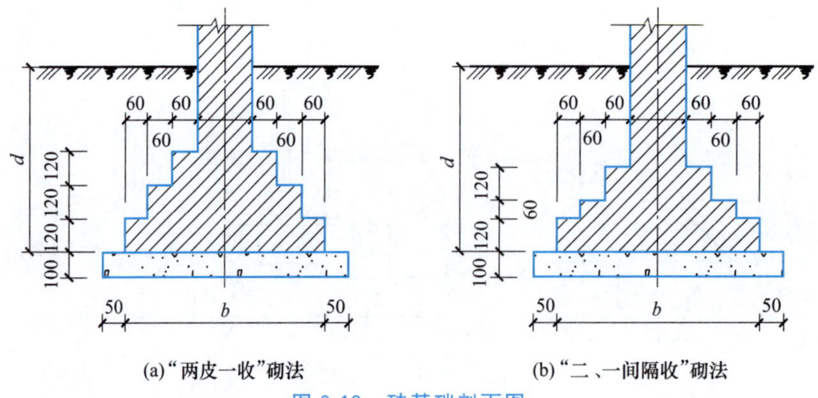

图 2-12 砖基础剖面图

石之间间隙较大，如果砂浆粘接的性能较差，则不能用于层数较多的建筑物，且不宜用于地下水位以下。为了保证粘接作用，每一阶梯宜用 3 排或 3 排以上的毛石，阶梯形每一阶伸出宽度不宜大于 200mm，如图 2-13 所示。

2.4.1.3 混凝土和毛石混凝土基础

混凝土基础的强度、耐久性、抗冻性都较好。当荷载较大或位于地下水位以下时常采用混凝土基础。混凝土基础水泥用量较大，造价较砖、石基础高。如基础体积较大，为了节约混凝土用量，可掺入少于基础体积 30%的毛石做成毛石混凝土基础，如图 2-14 所示。

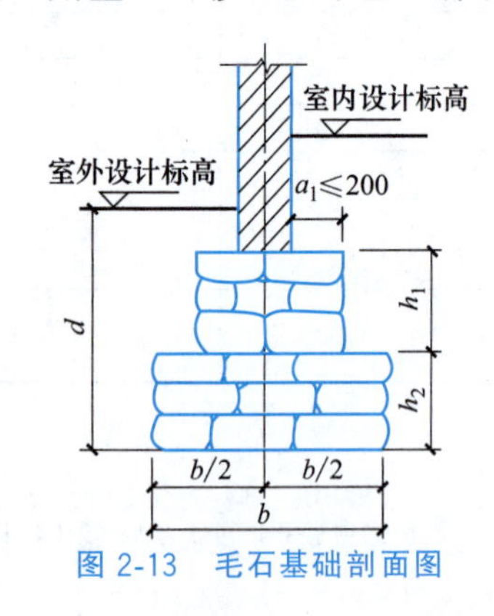

图 2-13 毛石基础剖面图

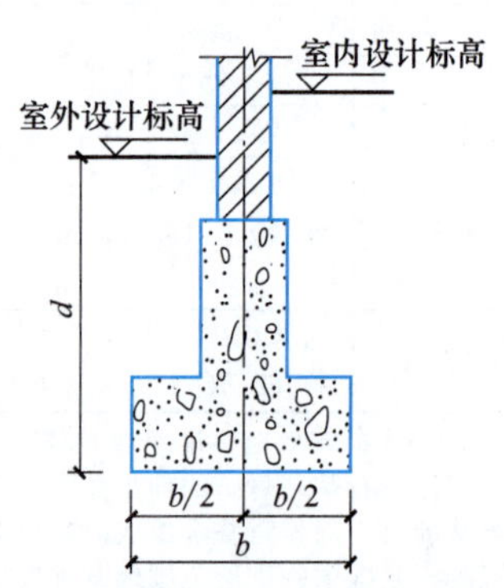

图 2-14 毛石混凝土基础剖面图

2.4.1.4 灰土基础

灰土是用石灰和黏性土料配制而成的。石灰以块状生石灰为宜，经加水化开（熟化）1～2d 后，过 5～10mm 筛即可使用。土料应以有机质含量低的粉土和黏性土为宜，使用前也应过 10～20mm 的筛。石灰和土料的体积比为 3∶7 或 2∶8，加适量水拌匀，然后铺入基槽内 220～250mm 夯至 150mm 为一步，一般可铺 2～3 步。灰土基础宜在比较干燥的土层中使用，施工时注意基坑保持干燥，防止灰土早期浸水。灰土早期强度虽不高，其本身具有一定的抗冻性，用作普通民用房屋基础完全能满足要求。在我国的华北和西北地区，灰土基础广泛用于 5 层和 5 层以下民用房屋。如图 2-15 所示。

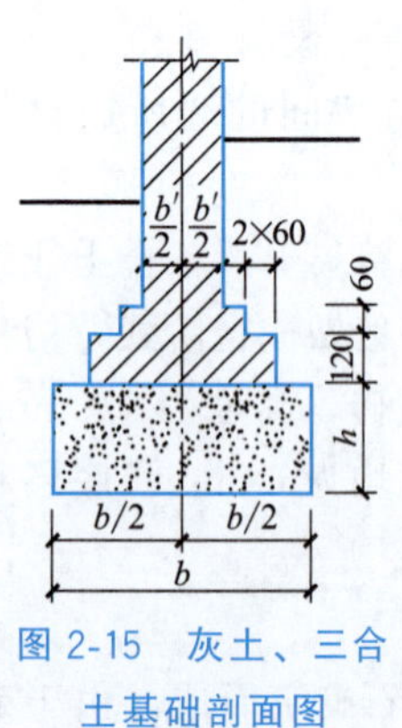

图 2-15 灰土、三合土基础剖面图

2.4.1.5 三合土基础

在我国南方常用三合土作为基础材料，其体积比一般为 1∶2∶4 或 1∶3∶6（石灰∶砂子∶骨料），每层虚铺 220mm，夯至 150mm。

三合土的强度与骨料（碎石、碎砖或矿渣等）有关，矿渣最好；碎砖因有水硬性，质量次之；碎石及河卵石因不易夯实，质量较差。三合土基础一般多用于 4 层和 4 层以下的民用建筑中。如图 2-15 所示。

2.4.2 钢筋混凝土条形基础

当上部墙体荷载较大而地基土质较差压缩性能明显不均匀时，常考虑采用墙下钢筋混凝土条形基础，如图 2-16 所示，可以做成板式（无肋式）和暗梁式（带肋式），暗梁式钢筋混凝土条形基础可增强基础的整体性和纵向抗弯能力，减少不均匀沉降。

钢筋混凝土基础底板配筋，受力钢筋直径不应小于 10mm，间距不应大于 200mm，也不应小于 100mm；纵向分布钢筋直径不小于 8mm，间距不大于 300mm，每米分布钢筋的面积不应小于受力钢筋截面面积的 15%。有垫层时钢筋保护层的厚度不应小于 40mm，无垫层时不应小于 70mm。混凝土的强度等级不应低于 C20。

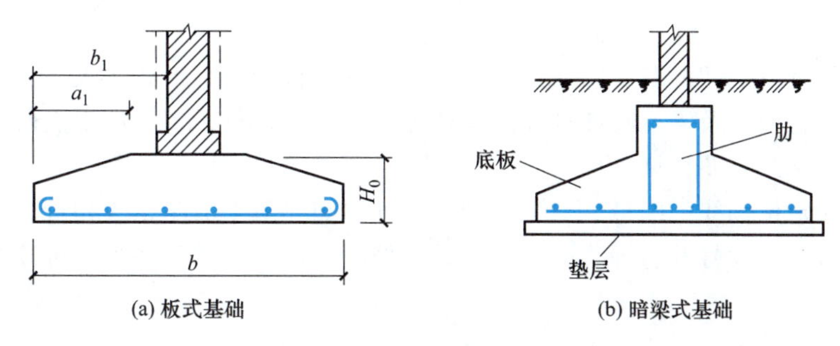

图 2-16　墙下钢筋混凝土条形基础

当基础受力边长 $b \geqslant 2.5$m 时，底板受力钢筋的长度可取边长或宽度的 0.9 倍，并宜交错布置。钢筋混凝土底板在 T 形及十字形交接处，底板的横向受力钢筋仅沿一个主要受力方向通长布置，另一方向的横向受力钢筋可布置到主要受力方向底板宽度 1/4 处，在拐角处底板横向受力钢筋应沿两个受力方向布置，详见图 2-17。

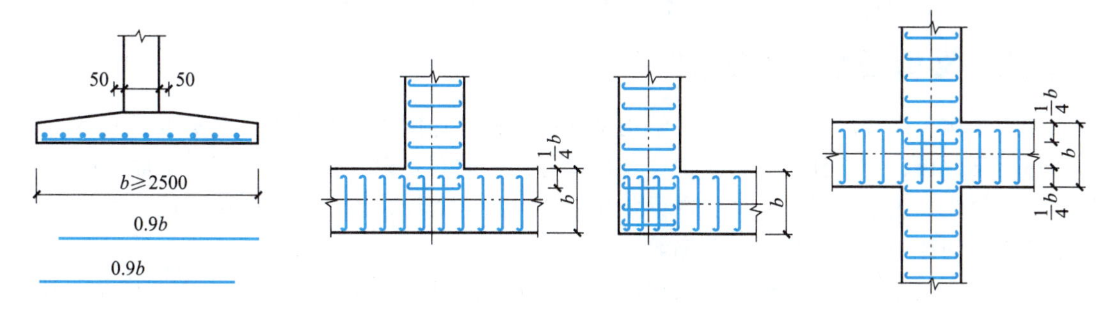

图 2-17　基础底板受力钢筋布置示意图

2.5 识图训练

砌体结构施工图包含总平面图、结构设计说明、基础图、楼层结构平面图、屋面结构平面图、结构构件详图（梁、板、柱、楼梯、雨篷等，详见本书模块三的 3.1），总平面图、结构设计说明参见模块一的介绍。

2.5.1 砌体结构房屋基础图

基础图是表示建筑物室内地坪（±0.000）以下部分详细做法的图样，是施工时基坑开挖、首层墙柱构件定位放线浇筑等工作的基本依据。通常包括基础平面图和基础详图（或称为基础大样图）两部分。

2.5.1.1 基础平面图

基础平面图是假想有一个水平面在建筑物的室内地坪（±0.000）以下水平剖切后移去上部房屋和基坑内泥土，按俯视方向正投影所得到的水平剖面图。内容包括建筑物的纵横向轴线、构件的定位尺寸，±0.000 以下墙、柱和基础底面的轮廓（梁和墙身的投影重合时可用单线表示）、尺寸标注，基础详图的编号、索引位置，基础材料说明，建筑物各部分基础之间的相对关系等。筏板基础还需要在平面图中表示配筋情况。一般基础平面图的比例为 1∶100 或 1∶200、1∶150、1∶50。

2.5.1.2 基础详图

基础详图是垂直剖切的断面图。内容包括基础的定位轴线、形状、大小、埋置深度、配筋、垫层厚度、材料以及需要特殊处理的构造做法等。在进行识图时应重点研读以下内容：

（1）工程名称及绘图比例。

（2）纵横向定位轴线的编号、数量、轴线尺寸，与建筑平面图是否相符。

（3）基础形式、代号及与轴线的关系，是否偏心，偏心尺寸是多少，可以根据基础代号统计列表。

（4）基础断面的标注位置、种类、数量及分布情况。

（5）基础形式、定位尺寸、埋深标高、所用材料以及在基础平面图中的位置。

（6）刚性基础的宽度、高度、细部尺寸以及构造做法。

（7）柔性基础的宽度、高度以及底板厚度配筋。

（8）基础梁的宽度、高度以及配筋。

（9）防潮层的位置、做法，基础垫层的厚度、宽度以及材料。

（10）施工说明中尤其要注意具体工程的基础材料强度等级要求。

2.5.2 楼屋面结构施工图

砌体结构房屋楼屋面施工图包含结构平面图及构件详图。平面图主要表示楼层或屋面层中墙体、梁、板、构造柱、圈梁、雨篷、楼梯等构件的布置以及板的配筋图，平面图中墙体用双线（粗线）表示，梁（大梁、圈梁）用单线（粗点划线）表示；详图主要用放大的比例表示各构件的详细形状、尺寸、配筋等。

识图训练注意事项：分析砌体结构施工图中墙体承重体系，掌握结构平面图中承重梁、圈梁、构造柱布置情况，熟悉墙体中预留的孔洞沟槽的位置、结构处理方法及防止墙体开裂的主要措施。还应注意分析楼梯间布置、房屋局部尺寸、墙体之间的连接、抗震构造措施等的具体做法，通过识读施工图能够查阅标准图集。

2.5.2.1 楼层结构平面图

通过查阅楼层平面图主要获取以下工程信息。

（1）工程名称及绘图比例。

（2）纵横向定位轴线的编号、数量、轴线尺寸，与建筑平面图是否相符，每层轴网是否一致，上一楼层轴线网编号与下一楼层轴网编号要一致。

（3）楼层平面要有楼面结构层标高，有水的外走廊、门廊、浴室、卫生间、开水房等房间地面是否比相应楼层地面降低了，是否有预留孔洞，尺寸是否标注，同时在标高变化的门坎处是否画了投影线。

（4）门、窗等洞口尺寸及过梁编号，出入口雨篷标高。

（5）楼梯间是否有跑向标注（首层上半跑、中间层上半跑、下一跑半、顶层下两跑），中间平台是否有标高标注，楼梯尺寸是否在平面图和剖面图上对应。

（6）构造柱、圈梁布置及具体截面尺寸、配筋等状况，应特别注意特殊部位，如洞口处、与基础交接处的工程做法。

（7）是否在平面图中表示了详图索引、详图编号。

2.5.2.2　屋顶平面图

通过查阅屋顶结构平面图主要获取以下工程信息。

（1）构件定位轴线是否标注，楼面层与屋顶层构件是否一致，发生变化的构件定位的轴线是否消除。

（2）屋面结构层标高是否标注。

（3）雨水管一般分布于排水分区的中部或房屋的阴角部位，雨水管是否穿过外挑走廊，是否预留了孔洞。

（4）是否有局部房间高出屋面（上屋顶梯间屋顶、电梯机房屋顶、局部造型等），局部屋顶的平面图是否表达。

（5）至少要有一个楼梯间上屋顶，上屋顶的梯间的梯段投影是否表达，通常门坎要高出屋面 300mm 挡水，门坎投影是否表达。

（6）是否在平面图中表示了详图索引、详图编号。

2.5.2.3　详图

（1）檐口、天沟、雨篷等构件详图的定位轴线、标高尺寸是否完备。

（2）详图中剖到的墙线加粗，剖到的楼板、梯段、梁涂黑，应标明定位轴线。

（3）室外地坪、室内地面、楼层地面、屋顶标高是否标注。

（4）与平面图仔细对照投影，是否与平面图对应。

2.6　拓展知识

2.6.1　砌体的抗压强度

由于砌体是由单个块材通过砂浆铺缝粘接而成的，受压时的工作性能与单一块体有显著差别，砌体的抗压强度一般低于单块块材的抗压强度。因为块体间砂浆厚度（灰缝厚度）和密实度不均匀，使块体的受力状态变得复杂，抗压强度不能充分发挥。

提高块体的强度等级可明显地增大砌体的抗压强度，提高砂浆的强度等级，砌体的抗压强度也随着提高，但是单纯靠提高砂浆强度来提高砌体的强度，其效果远不如提高块体的强度等级更为有效。实验表明，当砖的强度等级不变，砂浆的强度等级提高一级，砌体的抗压强度约可提高 15%；当砂浆的强度等级不变，砖的强度等级提高一级，砌体的抗压强度约可提高 20%；另外提高砂浆强度等级，需要增大水泥用量，使得工程造价增加。

砂浆的和易性、保水性对砌体的抗压强度有直接影响，和易性、保水性好，灰缝铺砌均匀密实，可以有效地降低块体在水平灰缝中的弯剪应力，提高砌体的抗压强度。实验表明同一强度等级的混合砂浆砌筑的砌体强度大于纯水泥砂浆砌筑的砌体强度5%～15%。

砌体的抗压强度与砌筑质量有密切关系，我国《砌体结构设计规范》(GB 50003—2011）和《砌体结构工程施工质量验收规范》(GB 50203—2011)，引入了施工质量控制等级的概念，即根据施工现场的质量保证体系（管理水平)、材料强度等级、砌筑工人的技术等级等综合因素，把砌体施工质量划分为A、B、C三个质量控制等级（见表2-16)。《砌体结构设计规范》(GB 50003—2011）直接提供了施工质量为B级的砌体强度设计值，并明确规定：对一般民用房屋宜按B级控制；当施工质量为C级时，砌体强度设计值应予以降低为0.89；当采用A级时可将强度设计值提高5%。通常情况下水平灰缝的砂浆饱满度不得低于80%；竖向灰缝的饱满度不得低于60%；灰缝厚度在8～12mm之间，10mm为宜；采用“三一”砌砖法（一铲灰，一块砖，一挤揉)。砖的含水率影响砖砌体抗压强度，含水率过高会使墙体产生流浆，使砖与砂浆的粘接力下降；含水率过低（干砖砌墙)，砖会吸收砂浆中的水分而使砂浆失水降低其强度。砌筑时普通砖、多孔砖含水率一般控制在10%～15%，灰砂砖、粉煤灰砖含水率控制在8%～12%。

表2-16　砌体施工质量控制等级

项目	施工质量控制等级		
	A	B	C
现场质量管理	制度健全;现场设有常驻代表;施工方管理、技术人员齐全,并持证上岗	制度基本健全;非施工方质量监督人员间断到现场控制;施工方有在岗管理、技术人员,并持证上岗	有制度,非施工方质量监督人员很少到现场控制;施工方有在岗专业技术管理人员
砂浆混凝土	试块按规定制作,强度满足验收规定,离散性小	试块按规定制作,强度满足验收规定,离散性较小	试块强度满足验收规定,离散性大
砂浆拌和方式	机械拌和;配合比计量控制严格	机械拌和;配合比计量控制一般	机械或人工拌和;配合比计量控制较差
砌筑工人	中级工以上,高级工不少于30%	高、中级工不少于70%	初级工以上

在实际工程中有时也会遇到砌体承受拉力、弯矩和剪力作用的情况。如：砌体的水池、贮仓、挡土墙（受弯）及拱圈等。砌体受拉、弯、剪的破坏一般都发生在砂浆和块体的连接面，即取决于块体和砂浆的粘接强度，当块体强度较低时，也可能发生沿块体截面的破坏。砌体的抗拉、抗弯、抗剪都很差。实际工程中不允许出现沿砌体水平灰缝受拉的轴心拉力作用的情况。

2.6.2 砌体房屋设计的基本原理

2.5　砌体结构房屋设计实例

混合结构房屋中，各种主要构件如楼（屋）盖、墙、柱及基础等相互连接构成一个空间受力体系，共同承受作用在房屋上的各种竖向荷载和水平荷载，整个结构体系处于空间工作状态，影响房屋空间工作性能的主要因素是楼（屋）盖的水平刚度和横墙的间距大小。根据房屋空间刚度的大小，静力计算时可划分为三种方案，即弹性方案、刚性方案和刚弹性方案。房屋静力计算方案见表2-17。

我国《砌体结构设计规范》(GB 50003—2011）采用“以概率理论为基础的极限状态设计法”，即：将结构的极限状态分为承载能力极限状态和正常使用极限状态，并根据结构可靠度与极限状态方程之间的数学关系，规定结构的可靠度（即结构在规定的时间内、规定的条件下完成预定功能的概率)，用多系数公式来具体表示设计思想。根据砌体结构的特点，构件（一片墙、一根柱）抗压承载力在设计时一般是先根据建筑构造的要求，选定截面尺寸和材料强度，然后复核其受力情况，采取构造措施来保证正常使用极限状态的要求。

表 2-17 房屋静力计算方案

	屋盖或楼盖类别	刚性方案	弹性方案	刚弹性方案
1	整体式、装配整体式和装配式无檩体系钢筋混凝土屋盖或楼盖	$s<32$	$32\leqslant s\leqslant 72$	$s>72$
2	装配式有檩体系钢筋混凝土屋盖、轻钢屋盖和有密铺望板的木屋盖或楼盖	$s<20$	$20\leqslant s\leqslant 48$	$s>48$
3	瓦材屋面的木屋盖和轻钢屋盖	$s<16$	$16\leqslant s\leqslant 36$	$s>36$

注：1. 表中 s 为房屋横墙间距，长度单位为 m。

2. 当屋盖、楼盖类别不同或横墙间距不同时，可按《砌体结构设计规范》(GB 50003—2011) 4.2.7 条的规定确定静力计算方案。

3. 对无山墙或伸缩缝处无横墙的房屋，应按弹性方案考虑。

2.6.2.1 受压构件承载力计算公式

由砌体的受压性能实验可知：短粗柱在轴向压力作用下，随着荷载的不断增大，截面的压应力值不断加大，最终破坏时截面所能承受的最大压应力达到砌体的抗压强度。当轴向压力有偏心时，截面上的应力分布是不均匀的，偏心距越大，截面的受压区越小，破坏时构件所能承担的轴向力越小。细长柱在轴向压力作用下，初偏心、初弯曲及几何尺寸差异等纵向弯曲进一步加大，受压承载力会随着偏心距的增加而降低。综合以上两种情况，砌体结构受压构件承载力计算公式如下：

$$N\leqslant \varphi Af \tag{2-4}$$

式中 N——作用在构件截面上的轴向力设计值；

φ——受压构件承载力影响系数，与构件的高厚比 β 和纵向力的偏心距 e 有关，可以按《砌体结构设计规范》(GB 50003—2011) 附录 D 的规定采用；

f——砌体抗压强度的设计值，按《砌体结构设计规范》(GB 50003—2011) 查表；

A——按毛面积计算的砌体截面面积。

对带壁柱墙其翼缘宽度值按下列规定取用：多层房屋，当有门窗洞口时，可取窗间墙宽度；当无门窗洞口时，每侧翼墙宽度可取壁柱高度（层高）的 1/3，但不大于相邻壁柱间距离。单层房屋可取壁柱宽度加 2/3 墙高度，但不大于窗间墙宽度和相邻壁柱间距离。

2.6.2.2 局部受压的概念

当较大的轴向力作用在砌体截面的某一部分上时，砌体受力状态称为局部受压。在砌体结构房屋中，这种情况是很常见的，如支承钢筋混凝土屋架、大梁端部的砖墙，上部墙体与基础交界面处，往往只有局部面积受压，且压力较大。有时局部受压面可能是整个砌体结构中最薄弱的环节，若不精心验算将导致砌体发生局部受压破坏，以致影响整个建筑的安全与可靠，所以对局部受压问题应给予足够的重视。

当梁端支承处砌体的局部抗压不够时，通常在梁端支承面处设置垫块，使局部受压面积加大，以减小局部受压面上的压应力值，满足其抗压承载力的要求。垫块分为预制垫块和现浇垫块。预制垫块的高度 $t_d\geqslant 180$mm，且自梁边算起的垫块挑出长度不宜大于垫块的高度，壁柱上的垫块伸入翼缘墙内的长度不应小于 120mm；现浇垫块与梁端整浇成一体，相当于梁端头扩大，局部受压面积加大，具体尺寸应通过计算确定。当梁的支承处有与梁同时浇筑的圈梁时，可以利用圈梁把大梁的集中力分散到相关区域的墙体上，使得大梁支承处局部面积受到的压力减小。

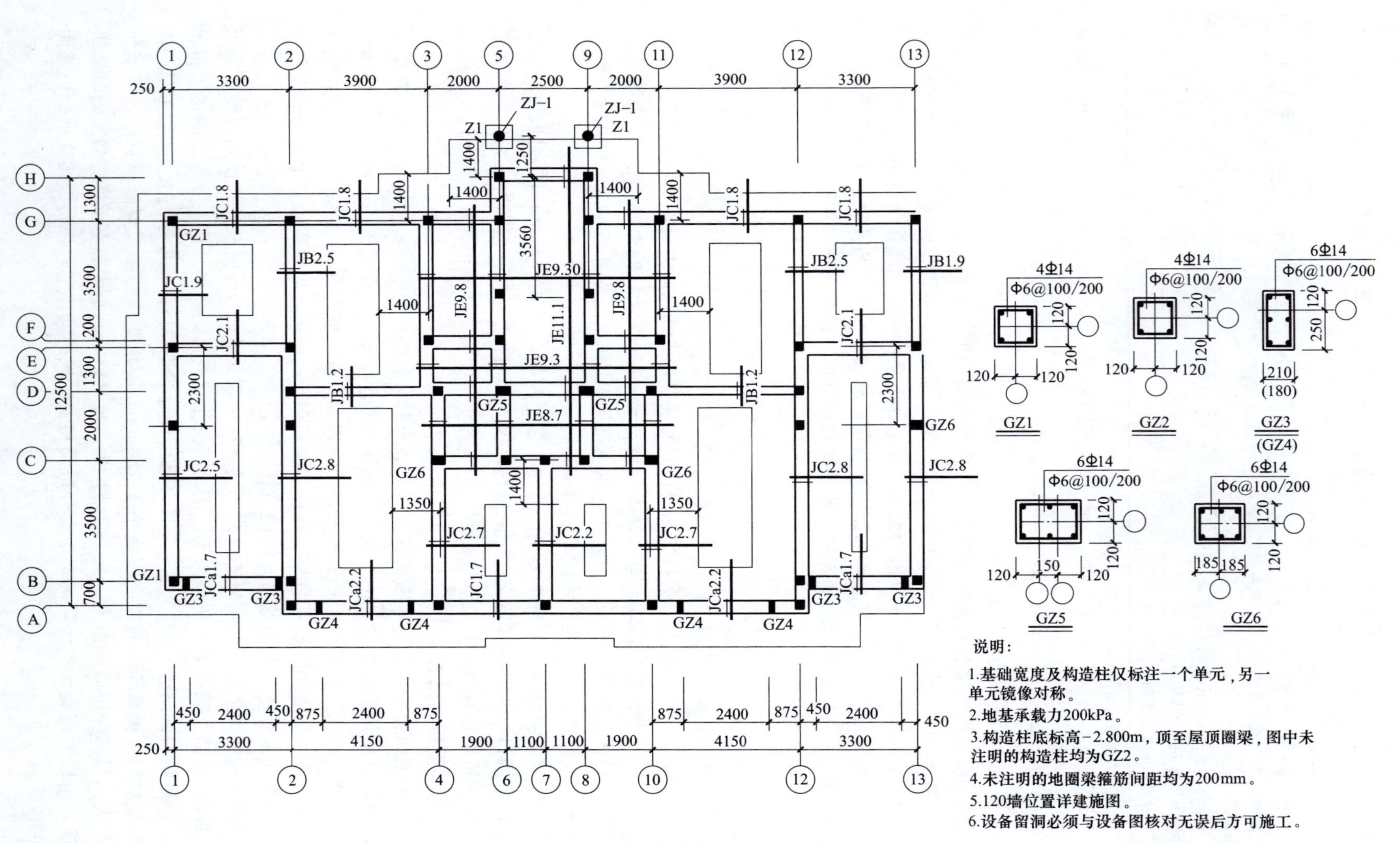

图 2-18 砖墙条形基础平面布置图

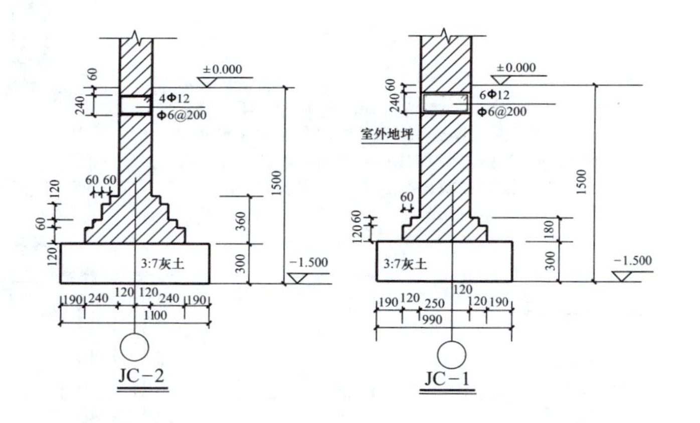

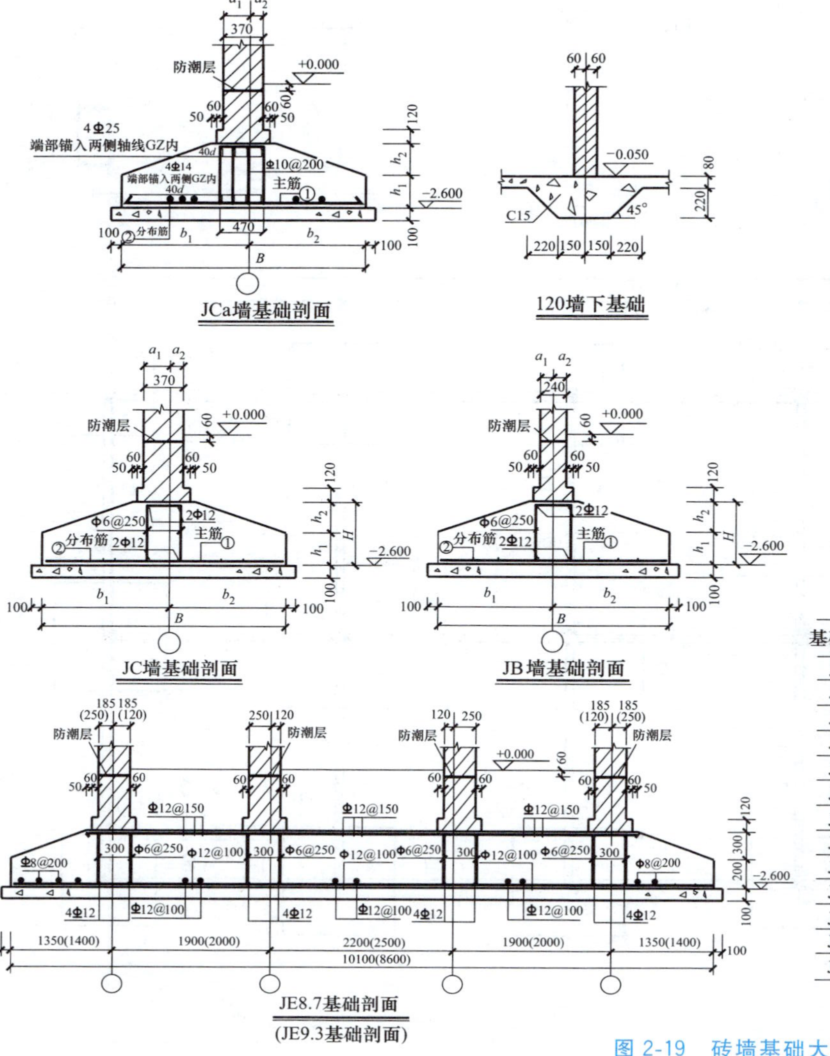

基础宽度及配筋表

基础剖面	B/mm	b_1/mm	b_2/mm	墙厚/mm	a_1/mm	a_2/mm	主筋①	分布筋②	h_1/mm	h_2/mm	H/mm
JCa1.7	1700	915	785	370	250	120	Φ12@180	Φ8@250	200	200	400
JC1.7	1700	915	785	370	250	120	Φ12@180	Φ8@250	200	200	400
JC1.8	1800	965	835	370	250	120	Φ12@180	Φ8@250	200	200	400
JC1.9	1900	1015	885	370	250	120	Φ12@180	Φ8@250	200	200	400
JCa2.2	2200	1165	1035	370	250	120	Φ12@140	Φ8@250	200	200	400
JB1.2	1200	600	600	240	120	120	Φ12@180	Φ8@250	200	200	400
JB1.9	1900	950	950	240	120	120	Φ12@170	Φ8@250	200	200	400
JB2.5	2200	1100	1100	240	120	120	Φ12@120	Φ8@250	200	200	400
JC2.1	2000	1065	935	370	250	120	Φ12@150	Φ8@250	200	200	400
JC2.2	2200	1100	1100	370	185	185	Φ12@140	Φ8@250	200	200	400
JC2.5	2500	1315	1185	370	250	120	Φ12@130	Φ8@250	200	300	500
JC2.7	2700	1350	1350	370	185	185	Φ12@130	Φ8@250	200	300	500
JC2.8	2800	1465	1335	370	250	120	Φ12@140	Φ8@250	200	300	500

图 2-19　砖墙基础大样示例

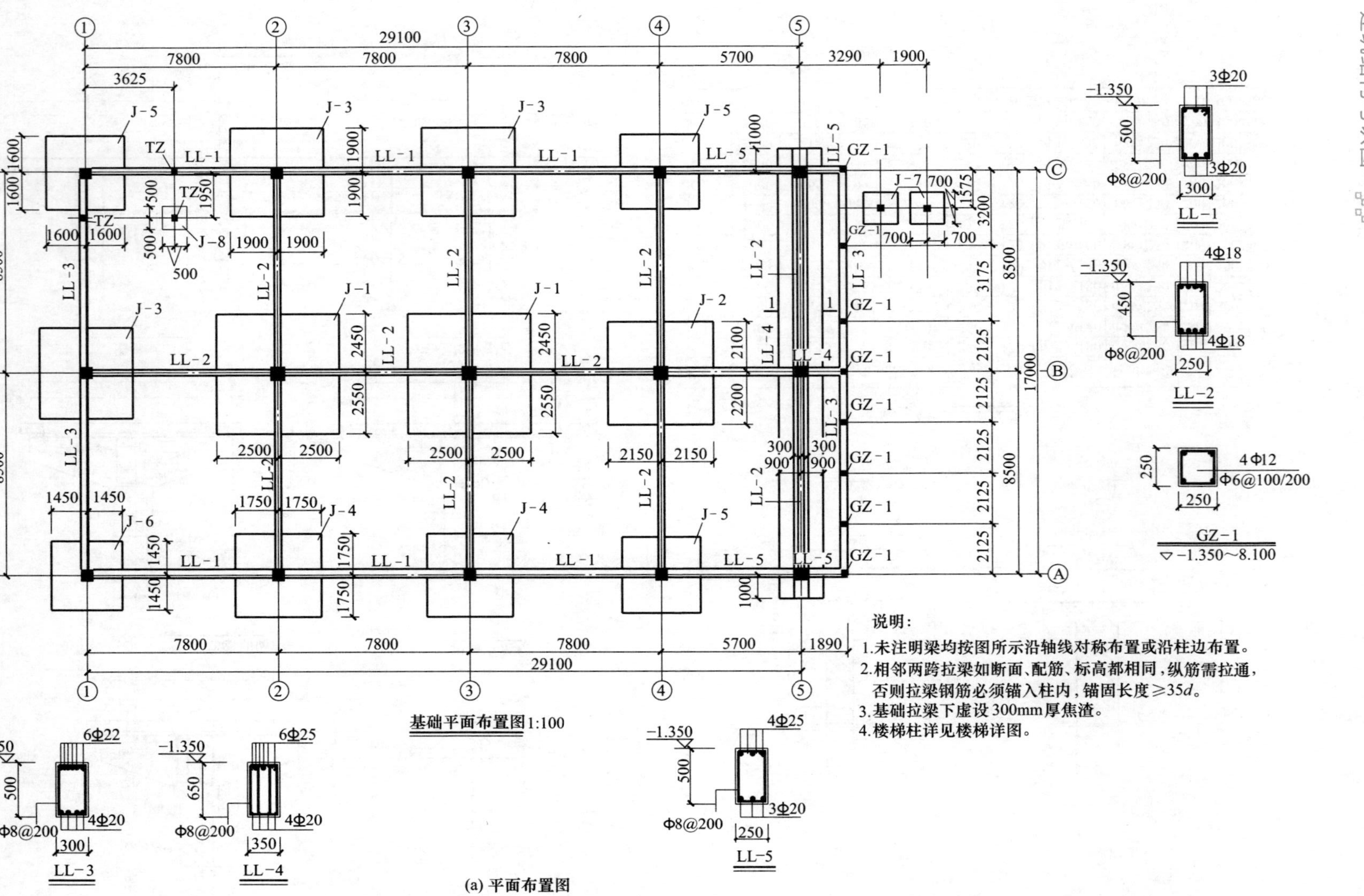
基础平面布置图1:100
说明：
1.未注明梁均按图所示沿轴线对称布置或沿柱边布置。
2.相邻两跨拉梁如断面、配筋、标高都相同，纵筋需拉通，否则拉梁钢筋必须锚入柱内，锚固长度≥35d。
3.基础拉梁下虚设300mm厚焦渣。
4.楼梯柱详见楼梯详图。
LL-1
LL-2
LL-3
LL-4
LL-5
GZ-1
▽-1.350～8.100

(a) 平面布置图

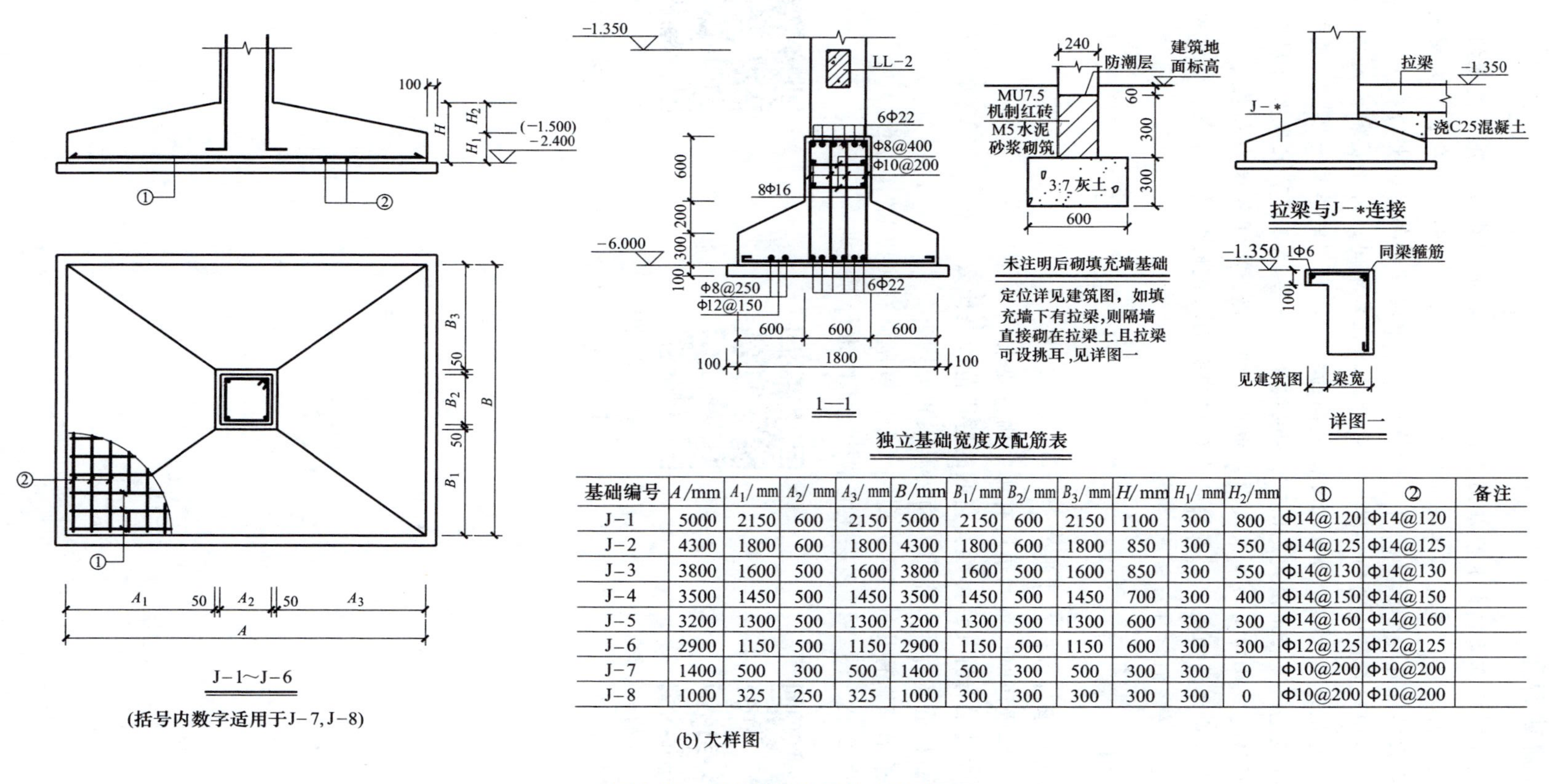

独立基础宽度及配筋表

基础编号	A/mm	A_1/mm	A_2/mm	A_3/mm	B/mm	B_1/mm	B_2/mm	B_3/mm	H/mm	H_1/mm	H_2/mm	①	②	备注
J−1	5000	2150	600	2150	5000	2150	600	2150	1100	300	800	Φ14@120	Φ14@120	
J−2	4300	1800	600	1800	4300	1800	600	1800	850	300	550	Φ14@125	Φ14@125	
J−3	3800	1600	500	1600	3800	1600	500	1600	850	300	550	Φ14@130	Φ14@130	
J−4	3500	1450	500	1450	3500	1450	500	1450	700	300	400	Φ14@150	Φ14@150	
J−5	3200	1300	500	1300	3200	1300	500	1300	600	300	300	Φ14@160	Φ14@160	
J−6	2900	1150	500	1150	2900	1150	500	1150	600	300	300	Φ12@125	Φ12@125	
J−7	1400	500	300	500	1400	500	300	500	300	300	0	Φ10@200	Φ10@200	
J−8	1000	325	250	325	1000	300	300	300	300	300	0	Φ10@200	Φ10@200	

(b) 大样图

图 2-20 框架结构柱下独立基础

匠心筑梦　启迪智慧

砌体结构在我国有着悠久的发展历史，两千多年前用“秦砖汉瓦”建造的万里长城，是世界最伟大的工程之一；四川都江堰水利工程、河北赵县的赵州桥在世界文明发展中具有里程碑意义。古代砖塔是砌体结构的另一种典范，是中国五千年文明史的载体之一，河南登封嵩岳寺砖塔是我国现存最古老的佛塔，始建于北魏正光年间，为单层密檐式砖塔；建于宋真宗咸平四年的定州开元寺塔，为我国目前最高的砖塔，有“中华第一塔”之美誉。记录中国古代建筑营造规范的《营造法式》（宋朝李诫编修）一书，记载了宋代即有用糯米汁调白灰浆砌城墙，明清建筑砌砖用白灰浆或白灰泥浆，重要建筑也用糯米白灰浆。

一大批古代砌体结构建筑，凝聚了古代中华劳动人民的智慧，值得我们自豪，一丝不苟的工匠精神更值得我们学习与传承。

能力训练题

1. 砌体结构承重体系有几类？
2. 砌体局部受压时设置的垫块有哪些构造要求？
3. 常用的过梁有哪几种类型？它们的适用范围是什么？
4. 圈梁、构造柱有什么作用？简述其设置原则。
5. 墙下条形基础有几种结构类型？无筋扩展基础有何特点？
6. 结合图 2-18～图 2-20 多层住宅结构施工图进行识图训练。

2.6　砌体结构房屋受压承载力计算

2.7　砌体局部受压承载力计算

2.8　砌体结构识图训练工作页

模块三

现浇混凝土结构工程

3.1 混凝土梁板结构

学习要点

• 掌握现浇钢筋混凝土单向板肋形楼盖的结构布置；理解单向板、双向板、次梁、主梁的受力特点、内力计算要点；掌握单向板、双向板、次梁、主梁、楼梯板、雨篷板的构造要求；读懂结构施工图纸

3.1.1 混凝土梁板构件基础知识

混凝土梁、板是典型的受弯构件，在建筑工程中数量最多，诸如楼面、屋面、楼梯、雨篷、基础底板等均属于梁板构件。

3.1.1.1 板的一般构造要求

（1）板的截面形式　板的常见截面形式有矩形、槽形、空心形等，如图 3-1 所示。

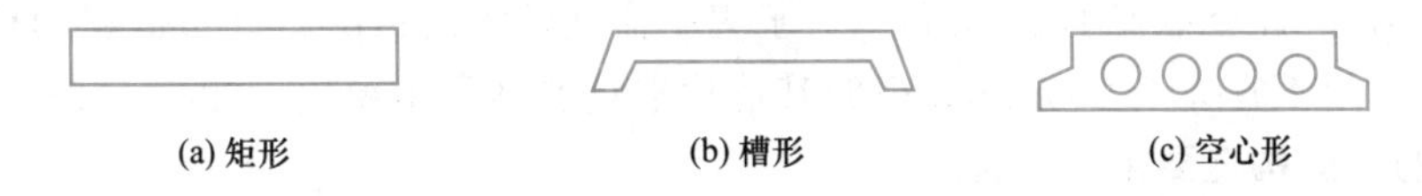

图 3-1　板的常见截面形式

（2）板的截面厚度　板的截面厚度应满足承载力、刚度和抗裂的要求。从刚度条件出发，板的厚度可以按照表 3-1 确定，并根据构造要求符合表 3-2 的规定。

表 3-1 板的最小厚度和跨度的比值

项 次	板的支承情况	板的种类		
		单向板	双向板	悬臂板
1	简支	$l_0/35$	$l_0/45$	—
2	连续	$l_0/40$	$l_0/50$	$l_0/12$

注：l_0 为板的计算跨度。

表 3-2 现浇钢筋混凝土板的最小厚度值

板的类别		最小厚度/mm
单向板	屋面板	60
	民用建筑楼板	60
	工业建筑楼板	70
	行车道下的楼板	80
双向板		80
密肋楼盖	面板	50
	肋高	250
悬臂板(根部)	板的悬臂长度小于或等于 500mm	60
	板的悬臂长度等于 1200mm	100
无梁楼板		150
现浇空心楼盖		200

(3) 板的支承长度　现浇板搁置在砖墙上时，其支承长度不小于板厚及 120mm。预制板的支承长度应满足以下要求：当搁置在砖墙上时，其支承长度不小于 100mm；当搁置在钢筋混凝土梁上时，不小于 80mm。

(4) 板的钢筋　分为受力钢筋和构造钢筋。

① 受力钢筋。受力钢筋的作用主要是承受弯矩在板内产生的拉力，设置在板的受拉一侧，其数量通过计算确定。板中的受力钢筋常用的直径为 6mm、8mm、10mm、12mm。为了使板内钢筋受力均匀，配置时应尽量采用直径小的钢筋。同一块板中采用不同直径的钢筋时，其种类一般不宜多于两种，以免施工不便。

板中受力钢筋的间距一般在 70～200mm 之间，当板厚不大于 150mm 时，钢筋间距不宜大于 200mm；当板厚大于 150mm 时，钢筋间距不宜大于 250mm 和板厚的 1.5 倍。

当板中受力钢筋需要弯起时，其弯起角度不宜小于 30°，弯起钢筋的端部可做成直钩，使其直接支承在模板上，以保证钢筋的设计位置和可靠锚固。

② 分布钢筋。分布钢筋是指垂直于受力钢筋方向上布置的构造钢筋。分布钢筋和受力钢筋绑扎或焊接在一起，形成钢筋骨架。分布钢筋的作用有三个：将板承受的荷载均匀地传给受力钢筋；承受温度变化及混凝土收缩在垂直板跨方向所产生的拉应力；在施工中固定受力钢筋的位置。分布钢筋可按照构造配置。单位长度上分布钢筋的截面面积不宜小于单位宽度上受力钢筋截面面积的 15%，且不宜小于该方向板截面面积的 0.15%；分布钢筋的间距不宜大于 250mm，直径不宜小于 6mm；对于集中荷载较大的情况，分布钢筋的截面面积应适当加大，其间距不宜大于 200mm。板的其他构造钢筋详见本模块下的 3.1.2。

3.1.1.2 梁的一般构造要求

(1) 梁截面形式　梁的常用截面形式有矩形和 T 形，根据需要还可以做成工字形、花篮形、十字形、倒 T 形和倒 L 形等，如图 3-2 所示。

梁截面宽度 b 与截面高度 h 的比值，对于矩形截面为 1/2.5～1/2，对于 T 形截面为 1/4～1/2.5。考虑统一的模板尺寸，梁的常用宽度为 120mm、150mm、180mm、200mm、220mm、250mm，之后以 50mm 的模数递增，而梁常用高度为 250mm、300mm、

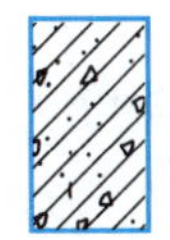
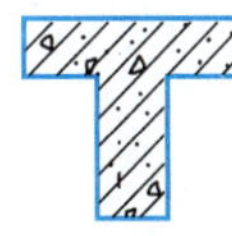
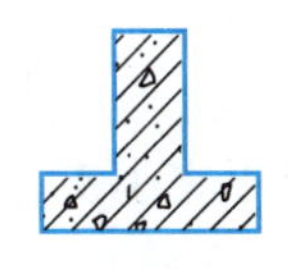
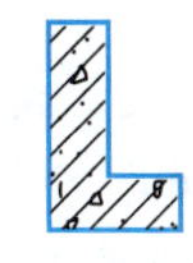
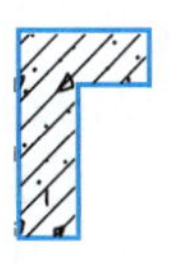
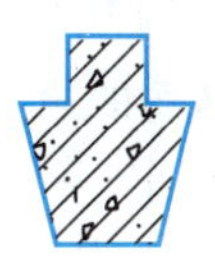
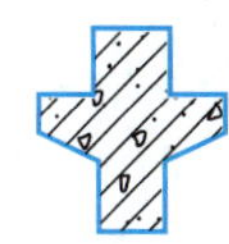

图 3-2　梁的常用截面形式

350mm、……、750mm、800mm、900mm、1000mm 等。梁截面最小高度见表 3-3。

表 3-3　梁截面最小高度

项　次	构件种类		简支	两端连续	悬臂
1	整体肋形梁	次梁	$l_0/15$	$l_0/20$	$l_0/8$
		主梁	$l_0/12$	$l_0/15$	$l_0/6$
2	独立梁		$l_0/12$	$l_0/15$	$l_0/6$

注：1. l_0 为梁的计算跨度。
2. 梁的计算跨度 $l_0>9$m 时，表中数值应乘以 1.2 的系数。

（2）梁的钢筋　梁通常配置以下几种钢筋，如图 3-3 所示。

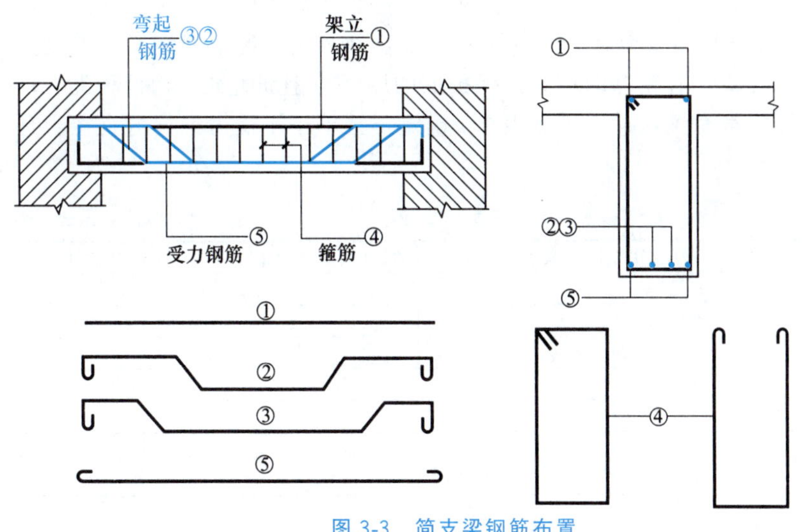

图 3-3　简支梁钢筋布置

3.1　混凝土简支梁钢筋构造

① 纵向受力钢筋。用以承受弯矩在梁内产生的拉力，设置在梁的受拉一侧。当弯矩较大时，可以在梁的受压区也布置受力钢筋，协助混凝土承担压力（即双筋截面梁），其数量通过计算确定。梁中常用的纵向受力钢筋直径为 10～28mm，根数不得少于 2 根。梁内受力钢筋的直径宜尽可能相同。当采用两种不同直径钢筋时，它们之间相差至少应为 2mm，以便施工时容易用肉眼识别，但相差也不宜超过 6mm，以免钢筋受力不均匀。

为了便于浇灌混凝土，保证钢筋与混凝土粘接在一起，保证钢筋周围混凝土的密实性，纵向钢筋的净间距应满足图 3-4 的要求。

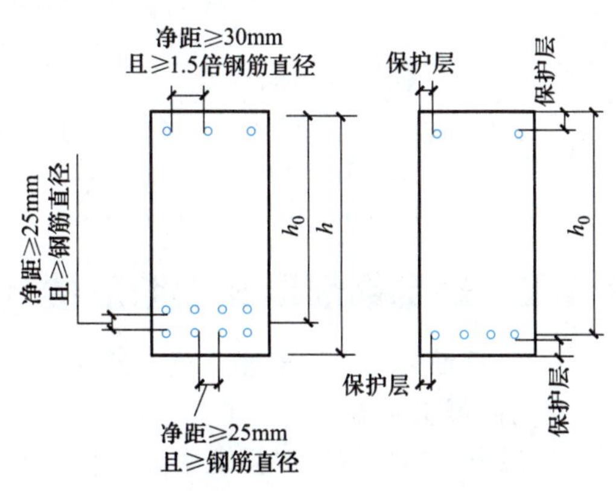

图 3-4　梁纵向受力钢筋的净间距

② 架立钢筋。架立钢筋设置在梁受压区的角部，与纵向受力钢筋平行。其作用是固

定箍筋的位置，与纵向受力钢筋连成骨架，并承受温度变化以及混凝土收缩而产生的拉应力，防止裂缝产生。架立钢筋的直径与梁的跨度有关。当 $l>6$m 时，直径不宜小于 12mm；当 l 为 4～6m 时，直径不宜小于 10mm；当 $l<4$m 时，直径不宜小于 8mm。

简支梁架立钢筋一般伸至梁端；当考虑其受力的时候，架立钢筋两端在支座内应有足够的锚固长度。

③ 箍筋。箍筋用以承受梁的剪力，固定纵向受力钢筋，并与其他钢筋一起形成钢筋骨架，如图 3-5 所示。

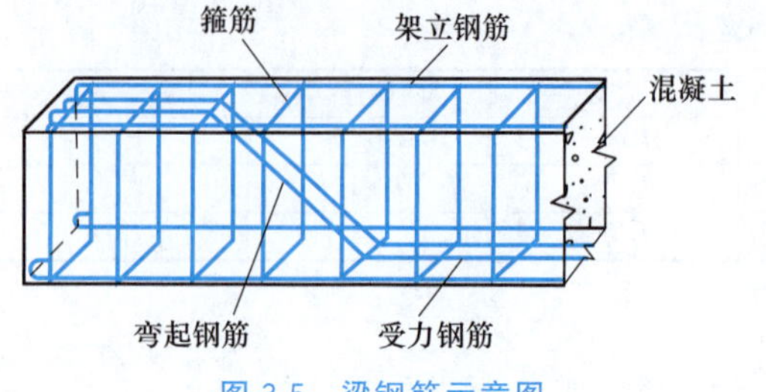

图 3-5 梁钢筋示意图

④ 弯起钢筋。弯起钢筋在跨中承受正弯矩产生的拉力，在靠近支座的弯起段则用来承受弯矩和剪力共同产生的主拉应力。其弯起角度，当梁高 $h\leqslant800$mm 时，采用 45°；当梁高 $h>800$mm 时，采用 60°。

（3）梁的混凝土保护层厚度　钢筋的外表面到截面边缘的垂直距离称为混凝土保护层厚度，如图 3-4 所示。混凝土保护层主要是保护钢筋不被锈蚀，在火灾情况下使钢筋的温度上升缓慢，以及使纵向钢筋与混凝土有较好的粘接。保护层的厚度与钢筋直径、构件种类、环境类别和混凝土强度等级等因素有关，可以按照表 3-4 确定，且不小于受力钢筋的直径。环境类别见表 3-5。

表 3-4　混凝土保护层最小厚度　　单位：mm

环境类别	板、墙、壳(括号内为不大于 C25 混凝土时)	梁、柱、杆(括号内为不大于 C25 混凝土时)
一	15(20)	20(25)
二 a	20(25)	25(30)
二 b	25(30)	35(40)
三 a	30(35)	40(45)
三 b	40(45)	50(55)

表 3-5　混凝土结构环境类别

环境类别	条　件
一	室内干燥环境;无侵蚀性静水浸没环境
二 a	室内潮湿环境;非严寒和非寒冷地区的露天环境; 非严寒和非寒冷地区与无侵蚀性的水或土壤直接接触的环境; 严寒和寒冷地区的冰冻线以下与无侵蚀性的水或土壤直接接触的环境
二 b	干湿交替环境;水位频繁变动环境;严寒和寒冷地区的露天环境; 严寒和寒冷地区的冰冻线以上与无侵蚀性的水或土壤直接接触的环境
三 a	严寒和寒冷地区冬季水位变动区环境;受除冰盐影响环境;海风环境
三 b	盐渍土环境;受除冰盐作用环境;海岸环境
四	海水环境
五	受人为或自然的侵蚀性物质影响的环境

3.1.2 现浇钢筋混凝土肋形楼（屋）盖

3.1.2.1 钢筋混凝土肋形楼（屋）盖的基础知识

钢筋混凝土楼盖按其施工方法可分为现浇整体式、装配式和装配整体式三种类型。

① 现浇整体式钢筋混凝土楼盖的优点是整体刚度好、抗震性强、防水性能好，缺点是模板用量多、施工作业量较大。它适用于公共建筑的门厅部分；平面布置不规则的局部楼面

以及对防水要求较高的楼面，如厨房、卫生间等；高层建筑的楼（屋）面；有抗震设防要求的楼（屋）面；功能上有特殊使用要求的各种楼面，如要求开设复杂孔洞的楼面以及多层厂房中要求埋设较多预埋件的楼面等。

现浇钢筋混凝土楼盖按楼板受力和支承条件的不同，又可分为肋形楼盖（图 3-6）、无梁楼盖（图 3-7）和井式楼盖（图 3-8）。其中肋形楼盖多用于公共建筑、高层建筑以及多层工业厂房。无梁楼盖适用于柱网尺寸不超过 6m 的公共建筑以及矩形水池的顶板和底板等结构。井式楼盖适用于方形或接近方形的中小礼堂、餐厅以及公共建筑的门厅，其用钢量和造价较高。

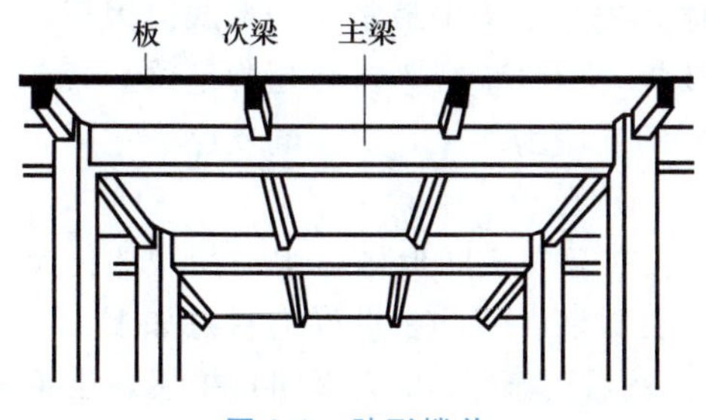

图 3-6　肋形楼盖

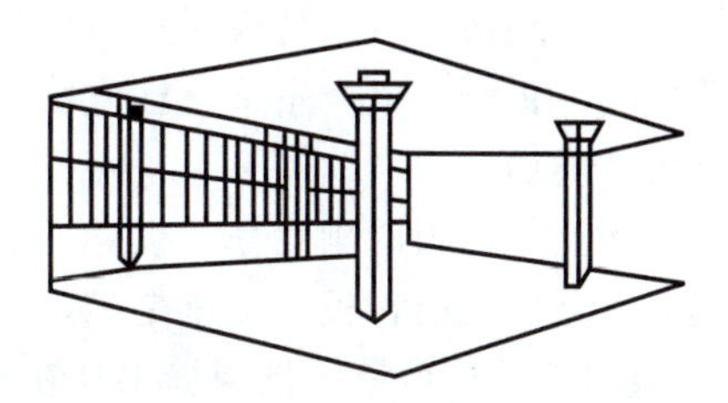
图 3-7　无梁楼盖

② 装配式钢筋混凝土楼盖的楼板为预制，梁或预制或现浇，便于工业化生产，广泛用于多层民用建筑和多层工业厂房。但这种楼面因其整体性、抗震性、防水性都较差，不便于开设孔洞，故对于高层建筑、有抗震设防要求的建筑以及要求防水和开设孔洞的楼面，均不宜采用。

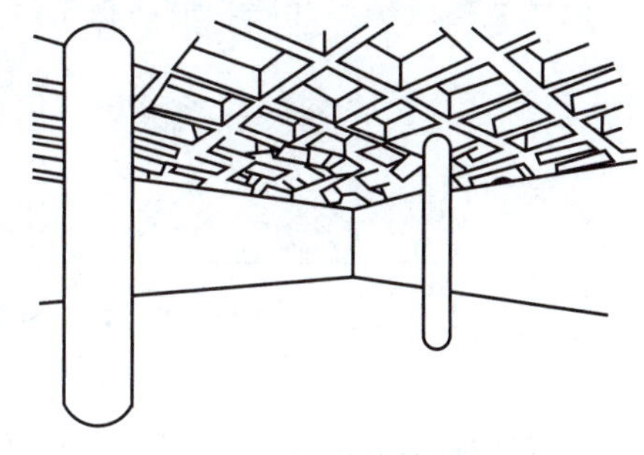
图 3-8　井式楼盖

③ 装配整体式楼盖是在预制板上现浇一个混凝土叠合层而成为一个整体。这种楼盖兼有现浇整体式楼盖整体性好和装配式楼盖节省模板和支撑的优点。但需要进行混凝土二次浇灌，有时还需增加焊接工作量。装配整体式楼盖仅适用于荷载较大的多层工业厂房、高层民用建筑以及有抗震设防要求的建筑。

现浇钢筋混凝土肋形楼盖由板、次梁、主梁组成（图 3-6）。按板的受力特点可分为现浇单向板肋形楼盖和现浇双向板肋形楼盖。

（1）单向板　现浇肋形楼盖中板的四边支承在次梁、主梁或砖墙上，当板的长边 l_2 与短边 l_1 之比较大（$l_2/l_1 \geqslant 3$）时，如图 3-9 所示，荷载主要沿短边方向传递，而沿长边方向传递的荷载很少，可以忽略不计。板中的受力钢筋将沿短边方向布置，在垂直于短边方向只布置构造钢筋，这种板称为单向板。

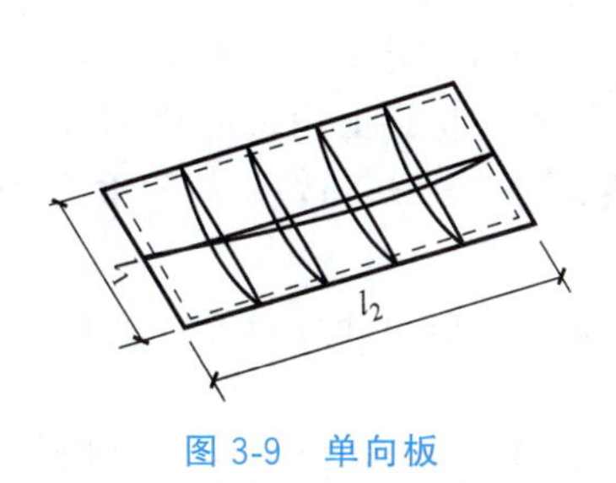

图 3-9　单向板

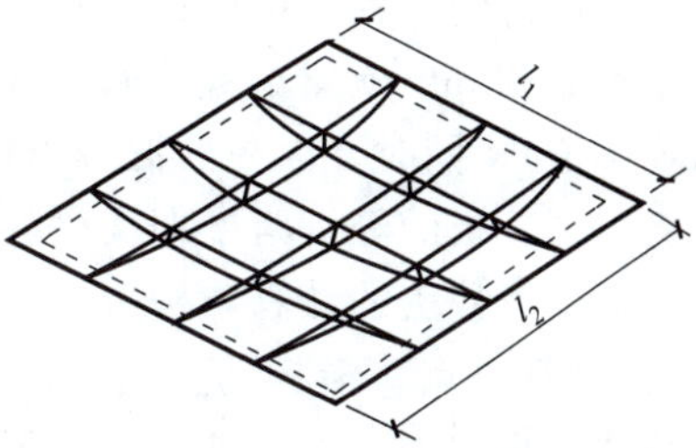

图 3-10　双向板

(2) 双向板　当板的长边 l_2 与短边 l_1 之比不大（$l_2/l_1 \leqslant 2$）时，如图 3-10 所示，板上荷载沿长短边两个方向传递差别不大，板在两个方向的弯曲均不可忽略。板中的受力钢筋应沿长短边两个方向布置，这种板称为双向板。

而当 $2 < l_2/l_1 < 3$ 时，宜按双向板计算，若按单向板计算时，应沿长边方向布置足够数量的构造钢筋。

应当注意的是，单边嵌固的悬臂板和两边支撑的板，不论其长短边尺寸的关系如何，都只在一个方向受弯，故属于单向板。对于三边支撑板或相邻两边支撑的板，则将沿两个方向受弯，属于双向板。

单向板肋形楼盖构造简单，施工方便，是整体式楼盖结构中最常用的形式。因板、次梁和主梁为整体现浇，所以将板视为多跨超静定连续板，而将梁视为多跨超静定梁。其荷载的传递路线是：板→次梁→主梁→柱或墙。可见，板的支座为次梁，次梁的支座为主梁，主梁的支座为柱或墙。

双向板比单向板的刚度好，板跨可达 5m 以上。在双向板肋形楼盖中，荷载的传递路线是：板→梁→柱或墙，板的支座是梁，梁的支座是柱或墙。双向板的受力特点如下：

① 双向板受荷后第一批裂缝出现在板底中部，然后逐渐沿 45°向板四角扩展，当钢筋应力达到屈服点后，裂缝显著增大。板即将破坏时，板面四角产生环状裂缝，这种裂缝的出现促使板底裂缝进一步开展，最后板被破坏（图 3-11）。

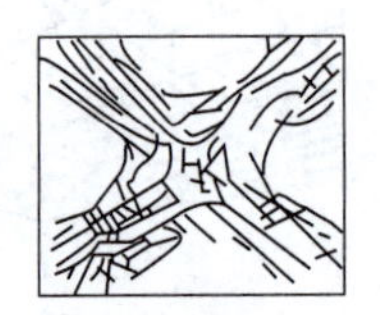
(a) 正方形板板底裂缝

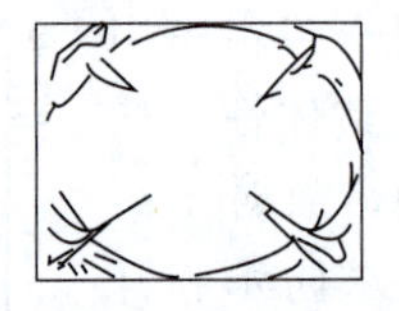
(b) 正方形板板面裂缝

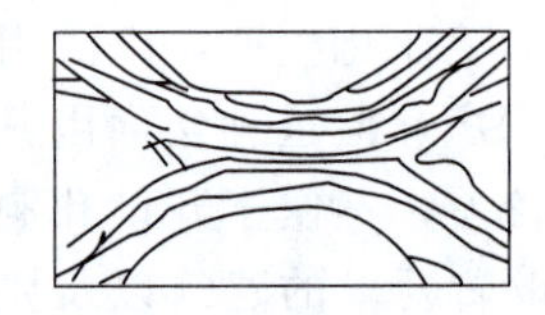
(c) 矩形板板底裂缝

图 3-11　双向板的裂缝示意图

② 双向板在荷载的作用下，四角有翘曲的趋势，所以，板传给支承梁的压力，沿板的长边方向是不均匀的，在板的中部较大，两端较小。

③ 尽管双向板的破坏裂缝并不平行于板边，但由于平行于板边的配筋其板底开裂荷载较大，而板破坏时的极限荷载又与对角线方向配筋相差不大，因此为了施工方便，双向板常采用平行于四边的配筋方式。

④ 细而密的配筋较粗而疏的有利，采用强度等级高的混凝土较强度等级低的混凝土有利。

3.1.2.2　单向板肋形楼（屋）盖结构布置与构造要求

(1) 结构布置　单向板肋形楼盖的结构布置包括柱网、承重墙和梁柱的合理布置，它对楼盖的适用、经济以及设计和施工都具有重要意义。楼盖结构布置应满足建筑的正常使用要求，受力合理、经济的原则。单向板肋形楼盖结构布置如图 3-12 所示。根据设计经验，主梁的经济跨度为 5～8m，次梁的经济跨度为 4～6m（当荷载较小时，宜用较大值，当荷载较大时，宜用较小值）。同时，因板的混凝土用量占整个楼盖混凝土用量的比例较大，因此应使板厚尽可能合理。板的经济跨度即次梁的间距一般为 1.7～2.7m，常用跨度为 2m 左右。

(2) 单向板肋形楼盖的计算与构造

1) 单向板计算要点　沿板的长边方向切取 1m 宽板带作为计算单元→荷载计算→按塑性内力重分布法计算内力→配筋计算，选配钢筋。

当板的周边与梁整体连接时，在竖向荷载作用下，周边梁将对它产生水平推力

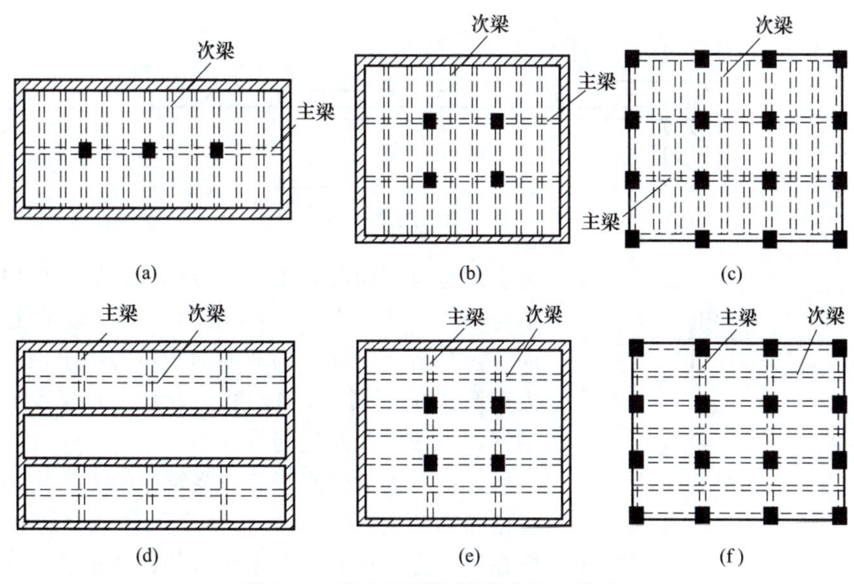

图 3-12　单向板肋形楼盖结构布置图

（图 3-13）。该推力可减少板中各计算截面的弯矩。因此，对四周与梁整体连接的单向板，其中间跨的跨中截面及中间支座截面的计算弯矩可减少 20%，其他截面不予减少。

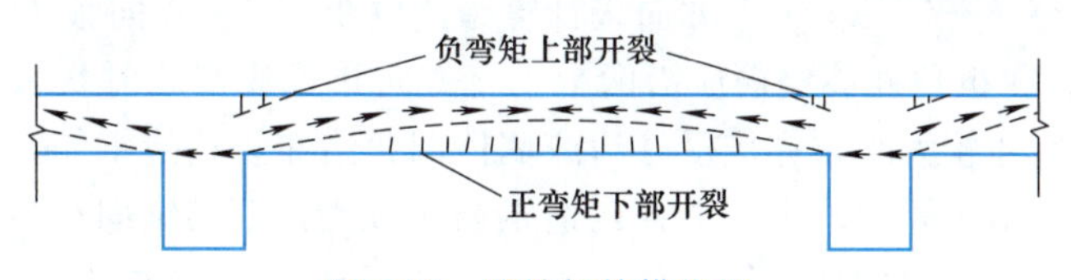

图 3-13　连续板的拱作用

根据弯矩算出各控制截面的钢筋面积后，为使跨数较多的内跨钢筋与计算值尽可能一致，同时使支座截面配筋尽可能利用跨中弯起的钢筋，以保证配筋协调（直径、间距协调），应按先内跨后边跨，先跨中后支座的次序选配钢筋。

板一般均能满足斜截面抗剪要求，设计时可不进行抗剪强度验算。

2）单向板构造要求

① 板的支承长度应满足其受力钢筋在支座内锚固的要求，且一般不小于板厚，当搁置在砖墙上时，不少于 120mm。

② 板的钢筋。分为受力钢筋和构造钢筋。

a. 板的受力钢筋详见本模块下的 3.1.1 内容。

b. 构造钢筋。

（a）分布钢筋。分布钢筋垂直于板受力钢筋的方向布置。单向板中单位长度上的分布钢筋，其截面面积不宜小于单位长度上受力钢筋截面面积的 15%，其间距不宜大于 250mm。当板所受的温度变化较大时，板中的分布钢筋应适当增加。板的分布钢筋应配置在受力钢筋的所有弯折处并沿受力钢筋直线段均匀布置，但在梁的范围内不必布置。见图 3-14。

（b）嵌入墙内板的板面附加钢筋。对于嵌固在承重砖墙内的现浇板，为了避免沿墙边板面产生裂缝，在板的上部应配置间距不宜大于 200mm，直径不宜小于 8mm 的构造钢筋，其伸出墙边的长度不宜小于 $l_1/7$，如图 3-15 所示，l_1 为单向板的短边跨度。对于两边均嵌固在墙内的板角部分，为防止出现垂直于板的对角线的板面裂缝，在板上部离板角点 $l_1/4$

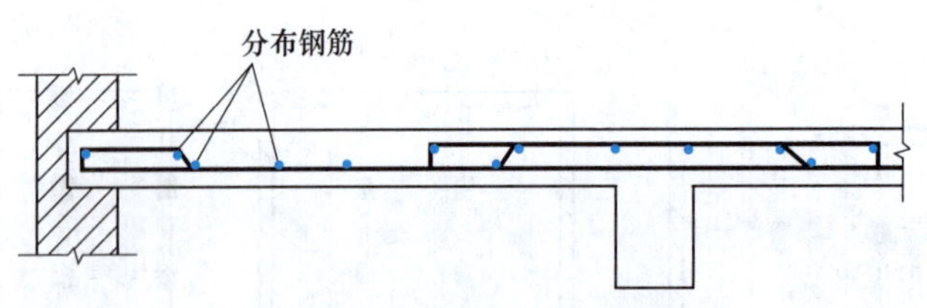

图 3-14 板中的分布钢筋

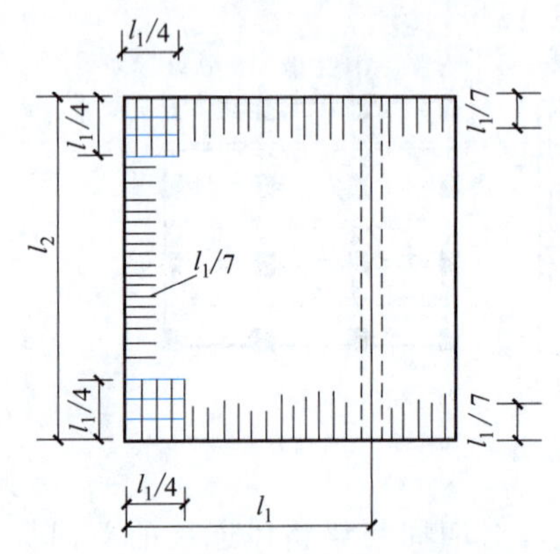

图 3-15 嵌入墙内板的板面附加钢筋

范围内也应双向配置上述构造钢筋，其伸出墙边的长度不应小于 $l_1/4$。同时，沿受力方向配置的上部构造钢筋（包括弯起钢筋）的截面面积不宜小于该方向跨中受力钢筋截面面积的 1/3；沿非受力方向配置的上部构造钢筋，可根据经验适当减少。

（c）周边与梁或墙整体浇筑板的上部构造钢筋。现浇楼盖周边与混凝土墙整体浇筑的板（包括双向板），应在板边上部设置垂直于板边的构造钢筋，其直径不宜小于 8mm，间距不宜大于 200mm，且截面面积不宜小于板跨中相应方向纵向钢筋截面面积的 1/3；该钢筋自梁边或墙边伸入板内的长度，在单向板中不宜小于受力方向板计算跨度的 1/4，在双向板中不宜小于板短跨方向计算跨度的 1/4；在板角处该钢筋应沿两个垂直方向布置或按放射状布置；当柱角或墙的阳角突出到板内且尺寸较大时，亦应沿柱边或墙体阳角边布置构造钢筋，该构造钢筋伸入板内的长度应从柱边或墙边算起。上述上部构造钢筋应按受拉钢筋锚固在梁内、墙内或柱内。

（d）垂直于主梁的板面构造钢筋。现浇单向板肋形楼盖中的主梁，将对板起支撑作用，靠近主梁的板面荷载将直接传递给主梁，因而产生一定的负弯矩，并使板与主梁相接处产生板面裂缝，有时甚至开展较宽。因此，《混凝土结构设计规范》（GB 50010—2010）（2015 年版）规定，应在板面沿主梁方向每米长度内配置不少于 5Φ8 的构造钢筋，其单位长度内的总截面面积，应不小于板跨中单位长度内受力钢筋截面面积的 1/3，伸出主梁梁边的长度不小于 $l_0/4$，l_0 为板的计算跨度，如图 3-16 所示。

（e）板表面的温度收缩钢筋。在温度收缩应力较大的现浇板区域内，钢筋间距宜取为 150～200mm，并应在板的未配筋表面布置温度收缩钢筋。板的表面沿纵、横两个方向的配筋率均不宜小于 0.1%。温度收缩钢筋可利用原有钢筋贯通布置，也可另行设置构造钢筋网，并与原有钢筋按受拉钢筋的要求搭接或在周边构件中锚固。

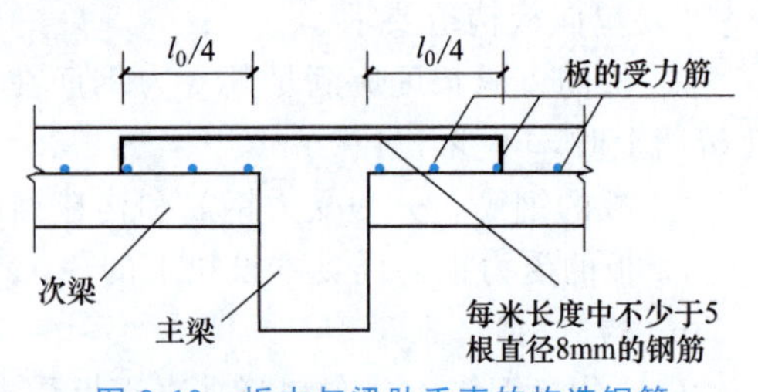

图 3-16 板中与梁肋垂直的构造钢筋

（f）板上孔洞周边的附加钢筋。当孔洞的边长 b（矩形孔）或直径 d（圆形孔）不大于 300mm 时，由于削弱面积较小，可不设附加钢筋，板内受力钢筋可绕过孔洞，不必切断[图 3-17（a）]。当 b（或 d）大于 300mm，但小于等于 1000mm 时，应在洞边每侧配置加强洞口的附加钢筋，其截面面积不小于洞口被切断的受力钢筋截面面积的 1/2，且不小于 2Φ10，并布置在与被切断的主筋同一水平面上[图 3-17（b）]。当 b（或 d）大于 1000mm 时，或孔洞周边有较大集中荷载时，应在洞边设肋梁[图 3-17（c）]。对于圆形孔洞，板中还须配置图 3-17（c）所示的上部和下部钢筋及图 3-17（d）所示的洞口附加环形钢筋和放射钢筋。

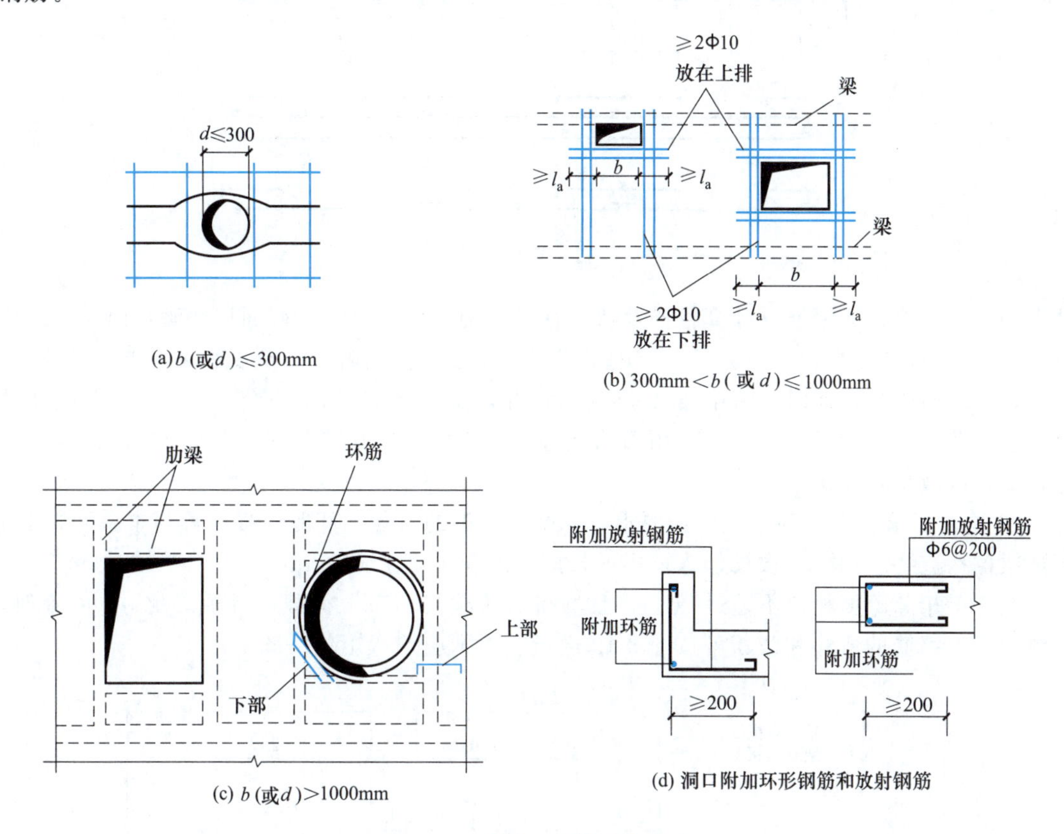

图 3-17　板上开洞的配筋方法

③ 配筋方式。连续板受力钢筋有弯起式和分离式两种配筋方式。弯起式配筋就是先将跨中一部分受力钢筋（常为 1/3～1/2）在支座处弯起，作承担支座负弯矩之用，如不足可另加直钢筋补充。

弯起式配筋的特点是钢筋锚固较好，整体性强，节约钢材，但施工较为复杂，目前已很少采用。

分离式配筋是指在跨中和支座全部采用直钢筋，跨中和支座钢筋各自单独选配。分离式配筋板顶钢筋末端应加直角弯钩直抵模板，板底钢筋末端应加半圆弯钩。分离式配筋的特点是配筋构造简单，但其锚固能力较差，整体性不如弯起式配筋，耗钢量也较多。

等跨连续板内受力钢筋的弯起和截断位置，不必由抵抗弯矩图来确定，而直接按图 3-18 所示弯起点或截断点位置确定即可。但当板相邻跨度差超过 20%，或各跨荷载相差太大时，仍应按弯矩包络图和抵抗弯矩图来确定。

$$\text{当 } q/g \leqslant 3 \text{时，} a=\frac{l_n}{4}\text{；当 } q/g>3 \text{时，} a=\frac{l_n}{3}$$

式中　g，q——板上的恒载和活载设计值；

l_n——板的净跨。

3）次梁的计算要点与构造要求

① 计算要点。次梁的计算步骤如下：初选截面尺寸→荷载计算→按塑性内力重分布法

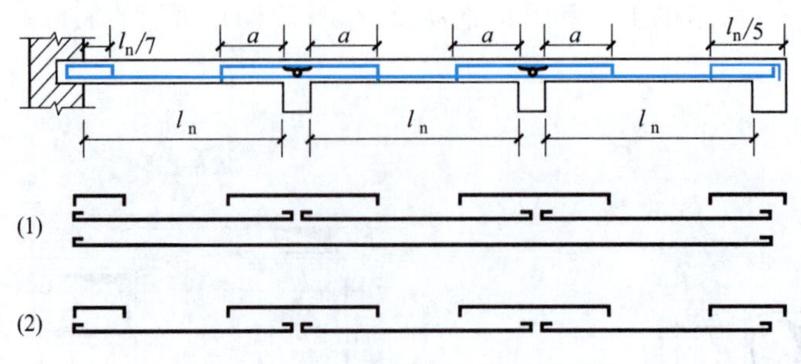

图 3-18 等跨连续板的分离式配筋

计算内力→计算纵向钢筋→计算箍筋及弯起钢筋→确定构造钢筋。截面尺寸满足前述高跨比（1/18～1/12）和宽高比（1/3～1/2）的要求时，不必作使用阶段的挠度和裂缝宽度验算。

计算纵向受拉钢筋时，跨中按 T 形截面计算，支座因翼缘位于受拉区，按矩形截面计算；若荷载、跨度较小，一般只利用箍筋抗剪；当荷载、跨度较大时，宜在支座附近设置弯起钢筋，以减少箍筋用量。

② 构造要求。次梁的一般构造要求，如受力钢筋的直径、间距、根数等与本单元 3.1.1 所述梁的构造要求相同。次梁伸入墙内的长度一般应不小于 240mm。

当次梁相邻跨度相差不超过 20%，且均布活荷载与均布恒荷载设计值之比 $q/g \leqslant 3$ 时，其纵向受力钢筋的弯起和截断可按图 3-19 进行。否则应按弯矩包络图确定。

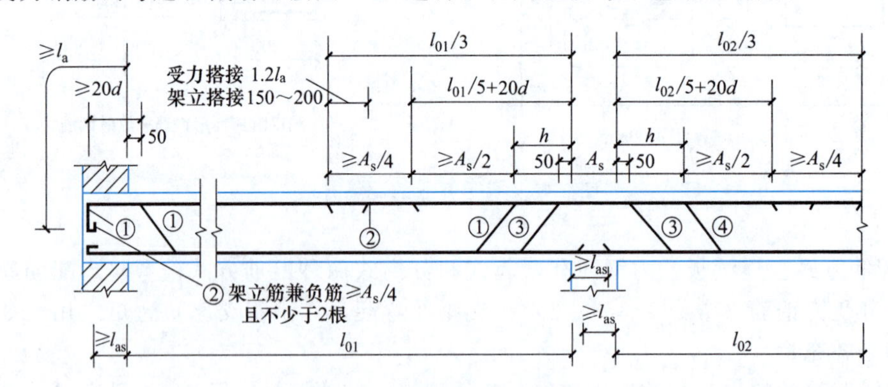

图 3-19 次梁的配筋构造要求

4）主梁的计算要点与构造要求

① 计算要点。主梁的计算步骤：初选截面尺寸→荷载计算→按弹性理论计算内力→计算纵向钢筋、箍筋及弯起钢筋→确定构造钢筋。

主梁主要承受由次梁传来的集中荷载。为简化计算，主梁自重可折算为集中荷载，并假定与次梁的荷载共同作用在次梁支承处（图 3-20）。

正截面承载力计算时，跨中按 T 形截面计算，支座按矩形截面计算。当跨中出现负弯矩时，跨中也按矩形截面计算。

由于支座处板、次梁和主梁的钢筋重叠交错，且主梁负筋位于次梁和板的负筋之下（图 3-21），故截面有效高度在支座处有所减少。此时主梁支座截面有效高度应取：主梁受力钢筋为一排时，$h_0=h-(55\sim60)$；主梁受力钢筋为二排时，$h_0=h-(70\sim80)$。

按弹性理论方法计算主梁内力时，其跨度取支座中心线间的距离，因而最大负弯矩发生在支座中心（即柱中心处），但这并非危险截面。实际危险截面应为支座（柱）边缘

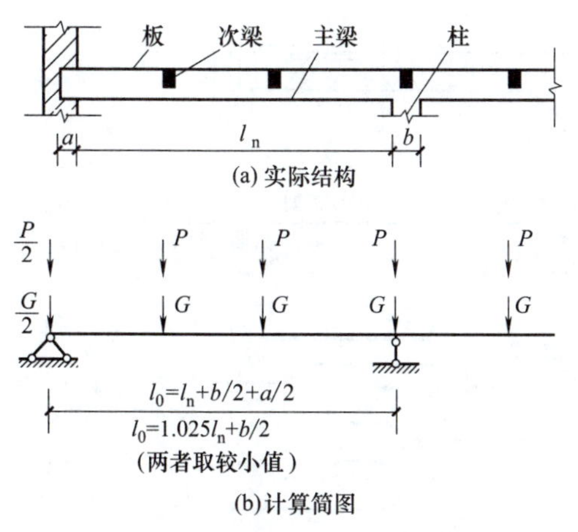

图 3-20 主梁的计算简图

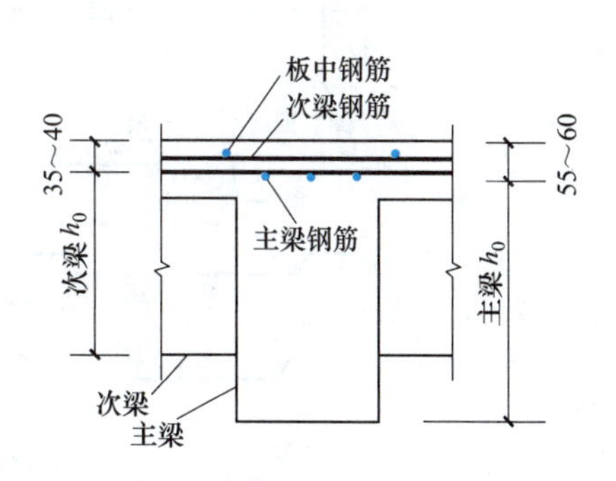

图 3-21 主梁支座处受力钢筋的布置

(图 3-22),故计算弯矩应按支座边缘处取用,此弯矩可近似按下式计算:

$$M_b = M - V_b \frac{b}{2} \tag{3-1}$$

式中 M_b——计算弯矩;

M——支座中心处弯矩;

V_b——按简支梁计算的支座剪力;

b——支座(柱)的宽度。

主梁主要承受集中荷载,剪力图呈矩形。如果在斜截面抗剪承载力计算中,要利用弯起钢筋抵抗部分剪力,则应考虑跨中有足够的钢筋可供弯起,以使抗剪承载力图形完全覆盖剪力包络图。若跨中钢筋可供弯起的根数不多,则应在支座设置专门的抗剪鸭筋(图 3-23)。截面尺寸满足前述高跨比(1/14～1/8)和宽高比(1/3～1/2)的要求时,一般不必作使用阶段挠度和裂缝宽度验算。

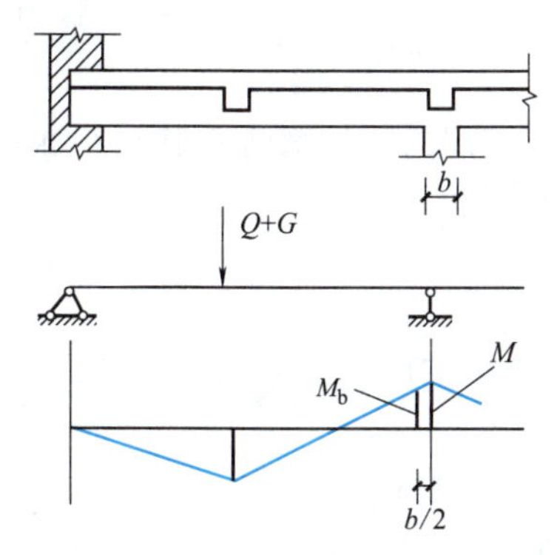

图 3-22 支座中心与支座边缘的弯矩图

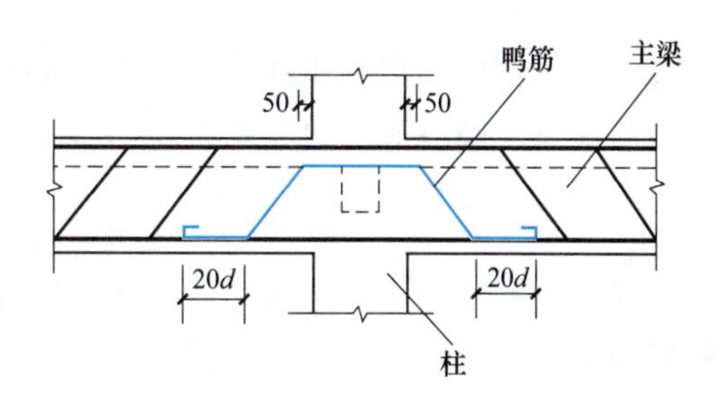

图 3-23 鸭筋的设置

② 构造要求

a. 主梁的一般构造要求与次梁相同。但主梁纵向受力钢筋的弯起和截断,应使其抗弯承载力图形覆盖弯矩包络图,并应满足有关构造要求。

b. 主梁钢筋的组成及布置可参考图 3-24。主梁伸入墙内的长度一般应不小于 370mm。

c. 附加横向钢筋。次梁与主梁相交处,由于主梁承受由次梁传来的集中荷载,其腹部可能出现斜裂缝,并引起局部破坏[图 3-25(a)]。因此位于梁下部或梁截面高度范围内的

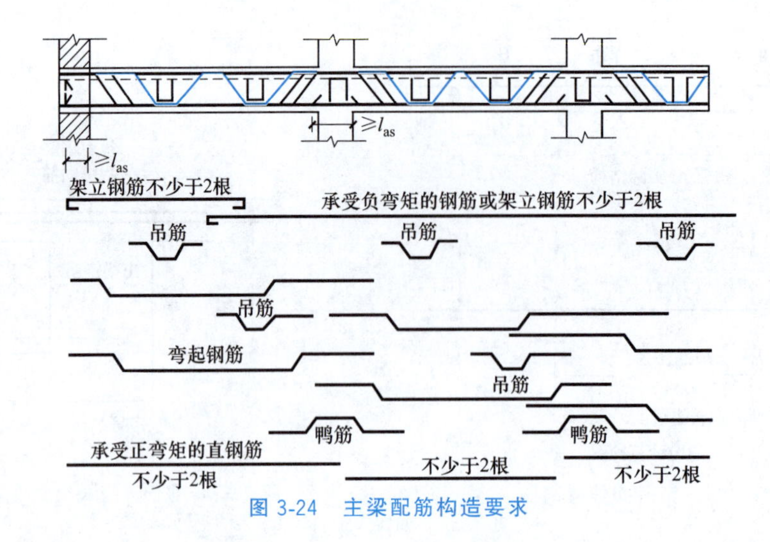

图 3-24 主梁配筋构造要求

集中荷载，应设置附加横向钢筋来承担，以便将全部集中荷载传至梁上部。附加横向钢筋有箍筋和吊筋两种，应优先采用箍筋。附加横向钢筋应布置在如图 3-25（b）、（c）所示的长度范围。第一道附加箍筋离次梁边 50mm。

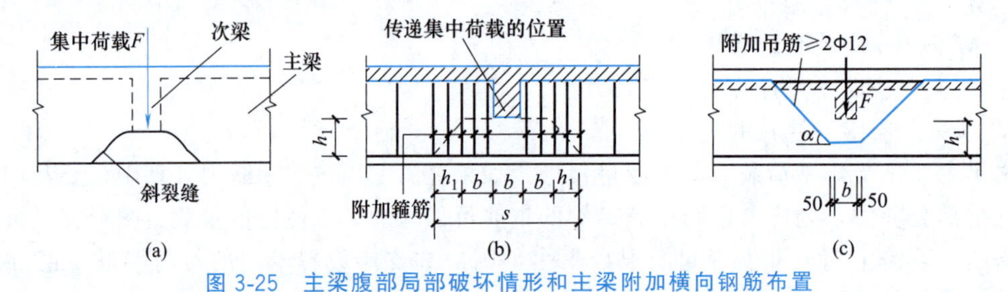

图 3-25 主梁腹部局部破坏情形和主梁附加横向钢筋布置

如集中力全部由附加箍筋承受，则所需附加钢筋的总面积为

$$A_{sv} \geqslant \frac{F}{f_{yv}} \tag{3-2}$$

在选定附加箍筋的直径和肢数后，即可由上式算出 s 范围内附加箍筋的根数。如集中力全部由吊筋承受，则所需吊筋总截面面积为

$$A_{sb} \geqslant \frac{F}{2f_{yv}\sin\alpha} \tag{3-3}$$

在吊筋的直径选定后，即可求得吊筋的根数。如集中力同时由附加箍筋和附加吊筋承受，则应满足：

$$F \geqslant 2f_{yv}A_{sb}\sin\alpha + mnA_{sv1}f_{yv} \tag{3-4}$$

式中 A_{sb}——承受集中荷载所需的附加吊筋的总截面面积；

A_{sv1}——附加箍筋单肢的截面面积；

n——同一截面内附加箍筋的肢数；

m——在 s 范围内附加箍筋的根数；

F——作用在梁的下部或梁截面高度范围内的集中荷载设计值；

f_{yv}——附加横向钢筋的抗拉强度设计值；

α——附加吊筋弯起部分与梁轴线间的夹角，一般取 45°；如梁高 $h>800$mm，取 60°。

3.1.2.3　双向板肋形楼盖

双向板的受力特点前已述及。双向板常用于工业建筑楼盖、公共建筑门厅部分以及横隔墙较多的民用房屋。当民用房屋横隔墙间距较小时（如住宅），可将板直接支承于四周的砖墙上，以减少楼盖的结构高度。

双向板的构造要求如下：

（1）双向板的板厚，一般为80～160mm。为满足板的刚度要求，简支板厚应不小于$l_0/40$，连续板厚不小于$l_0/50$，l_0为短边的计算跨度。

（2）双向板钢筋，跨中两个方向的受力钢筋应根据相应方向跨中最大弯矩计算，沿短跨方向的跨中钢筋放在外侧，沿长跨方向的跨中钢筋放在内侧。双向板的角区如两边嵌固在承重墙内，为防止产生垂直于对角线方向的裂缝，应在板角上部配置附加的双向钢筋网，每一方向的钢筋不少于Φ8@200，伸出长度不小于$l_1/4$（l_1为板的短跨）。

（3）双向板的配筋形式有分离式和弯起式两种，常用分离式。单跨双向板、连续双向板的分离式配筋如图3-26所示。

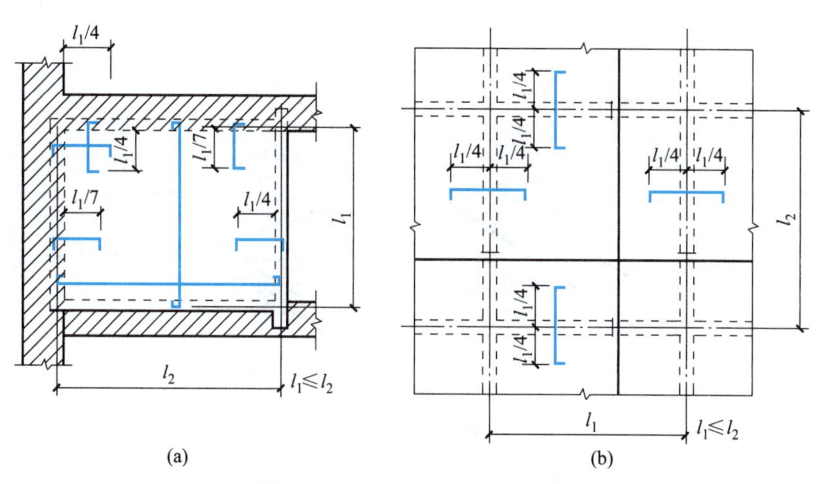

图3-26　双向板的分离式配筋

双向板的其他构造要求同单向板。

3.1.3　楼梯和雨篷

3.1.3.1　楼梯

楼梯是多高层房屋的竖向通道，是房屋的重要组成部分。按建筑形式楼梯可分为单跑、双跑、三跑及其他形式；按材料形式楼梯可分为钢筋混凝土楼梯、钢楼梯和木楼梯；按施工方法不同可以分为现浇整体式和装配式，但预制装配式楼梯整体性较差，现已很少采用。下面主要介绍现浇整体式板式和梁式楼梯。

（1）板式楼梯　现浇板式楼梯的梯段板为表面带有三角形踏步的斜板，板式楼梯外观轻巧、施工方便，模板简单，但斜板较厚，混凝土钢材用量较多，结构自重大，所以当楼梯的使用荷载不大、跨度较小时（一般梯段板的水平投影净跨度≤3m）采用板式楼梯。

板式楼梯由踏步板、平台板、平台梁等组成，如图3-27所示。梯段上的荷载以均布荷载的形式传给斜板，斜板和平台板以均布荷载的形式将荷载传给平台梁，平台梁以集中荷载的形式传给侧面的墙体或梁。平台板一般均属于单向板，有时也可能是双向板。

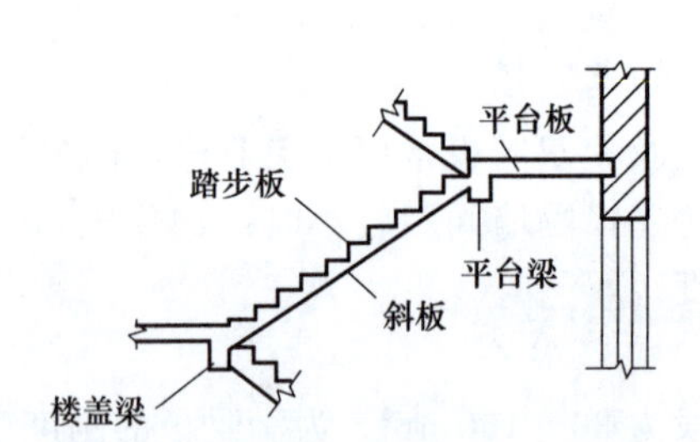

图 3-27　钢筋混凝土板式楼梯结构图

通常将梯段斜板板底的法向最小厚度 h 作为板的计算厚度，h 一般不应小于 $l/30 \sim l/25$。

梯段斜板的配筋方式可采用弯起式或分离式，受力钢筋沿斜向布置；在垂直受力钢筋方向按构造配置分布筋，分布钢筋可采用Φ6 或Φ8，每个踏步板内至少放置 1 根，且放置在受力钢筋的内侧；因梯段斜板与平台板实际上具有连续性，所以在梯段斜板靠平台梁处，应设置板面负筋，其用量应大于一般构造负筋，可按跨中配筋取值，板面负筋伸进梯段斜板 $l_n/4$，l_n 为斜板的水平投影长度（净跨）。如图 3-28 所示。

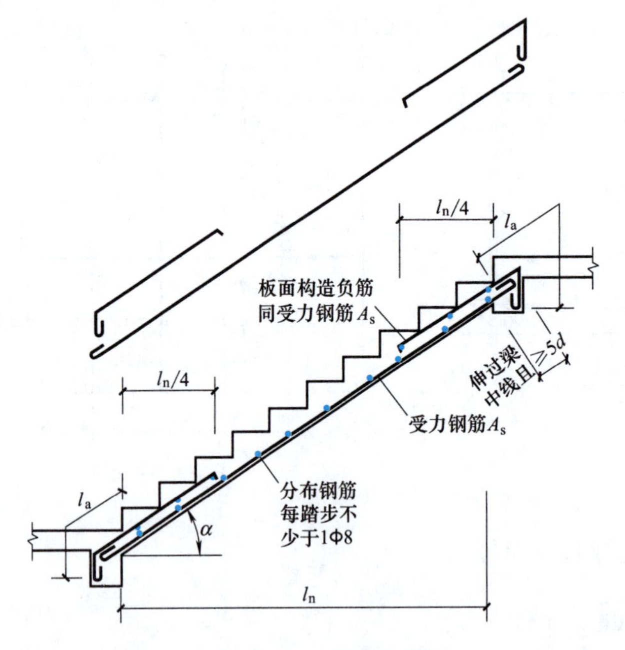

图 3-28　板式楼梯配筋图

3.2　板式楼梯构造

（2）梁式楼梯　当梯段跨度较大（水平投影长度大于 3m），且使用荷载较大时，采用梁式楼梯较为经济。梁式楼梯由踏步板、梯段斜梁、平台板和平台梁组成，如图 3-29 所示。踏步板为两端支承于斜梁上的单向板，其上的荷载以均布荷载的形式传给梯段斜梁，斜梁以集中荷载的形式、平台板以均布荷载的形式将荷载传给平台梁，平台梁以集中荷载的形式再将荷载传给侧墙或框架柱。

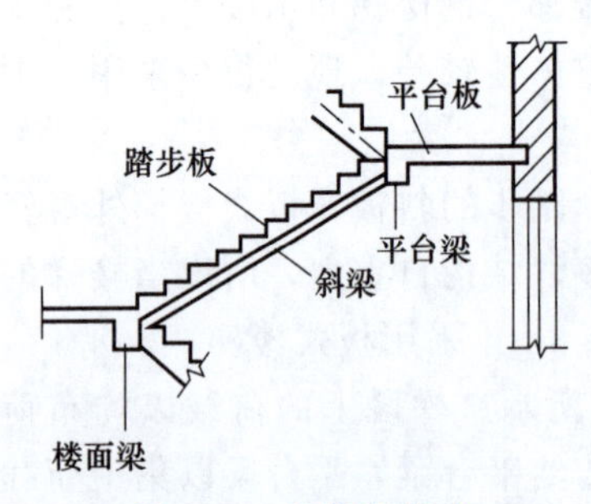

图 3-29　钢筋混凝土梁式楼梯结构图

梁式楼梯的踏步板最小厚度一般取 30～40mm，每个踏步下布置不宜少于 2Φ8 的受力钢筋，由于踏步板与斜梁整浇在一起，板支座处可能出现负弯矩，踏步板内的 2 根受力钢筋宜弯起一根，分布钢筋一般为Φ6@300。如图 3-30 所示。

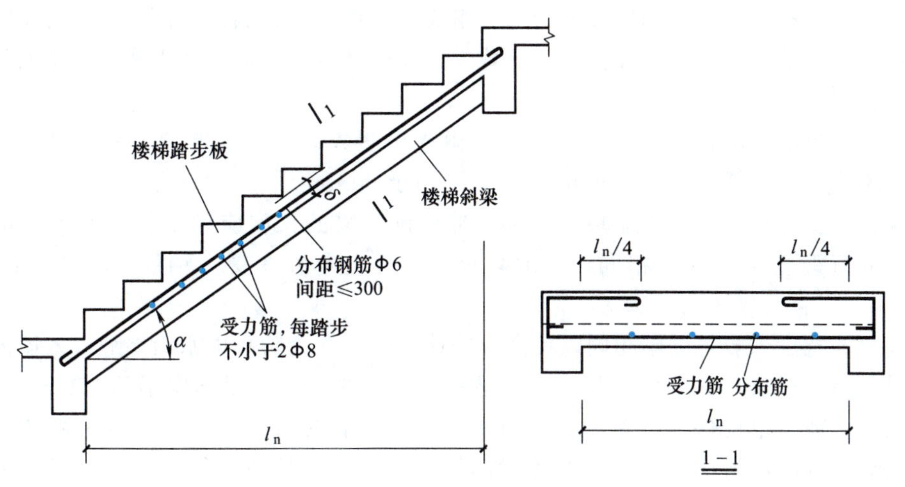

图 3-30 梁式楼梯踏步板的配筋图

梁式楼梯的斜梁、平台梁的配筋构造如图 3-31、图 3-32 所示。

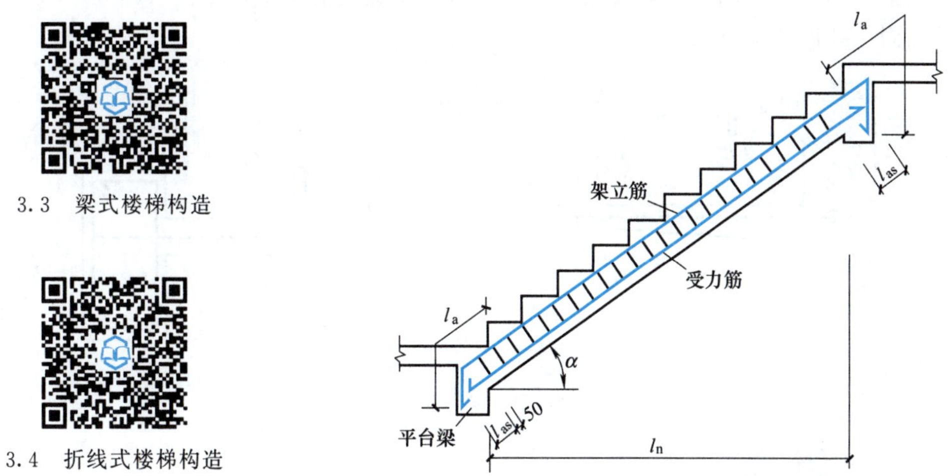

图 3-31 梁式楼梯的斜梁配筋图

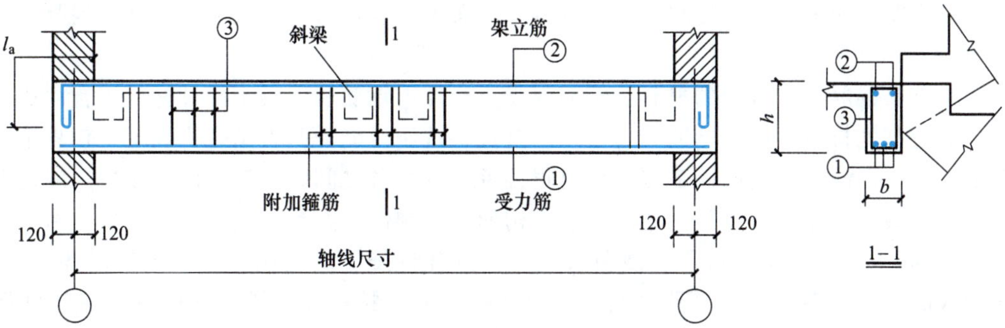

图 3-32 梁式楼梯的平台梁配筋图

3.1.3.2 雨篷

雨篷、阳台、挑檐等均为建筑工程中常见的悬挑构件，与一般梁板结构相比存在倾覆翻倒的危险。

板式雨篷一般由雨篷板和雨篷梁两部分组成，雨篷梁一方面支承雨篷板，另一方面又兼做门过梁，除承受自重及雨篷板传来的荷载外，还承受着上部墙体的重量以及楼面梁、板可能传来的荷载。

一般雨篷板的挑出长度为0.6～1.2m。雨篷板多数做成变厚度的，一般取根部板厚为1/10挑出长度，当悬臂长度$l \leqslant 500$mm时，不小于60mm。

雨篷板的受力钢筋应布置在板的上部，伸入雨篷梁的长度应满足受拉钢筋锚固长度l_a的要求。分布钢筋与一般板相同，宜取Φ6@200且应布置在受力钢筋的内侧，如图3-33所示。

雨篷梁的宽度一般与墙厚相同，梁高应按计算取值。为防止雨水沿墙缝渗入墙内，通常在梁顶设置高过板顶60mm的凸块。雨篷梁嵌入墙内的支承长度不应小于370mm，雨篷梁的配筋按弯、剪、扭构件计算配置纵筋和箍筋，纵筋间距不应大于200mm和梁的短边长度，伸入支座内的锚固长度为l_a，雨篷梁的箍筋必须满足抗扭箍筋要求，末端弯钩应做成135°，弯钩的平直段长度不应小于$10d$。为满足雨篷的抗倾覆要求，通常采用加大雨篷梁嵌入墙内的支承长度或雨篷梁与周围的结构拉结等处理办法。

屋面板或雨篷板周围往往设置檐沟以便能有组织地排泄雨水，檐沟（翻边）的钢筋应有良好的锚固，如图3-34所示。

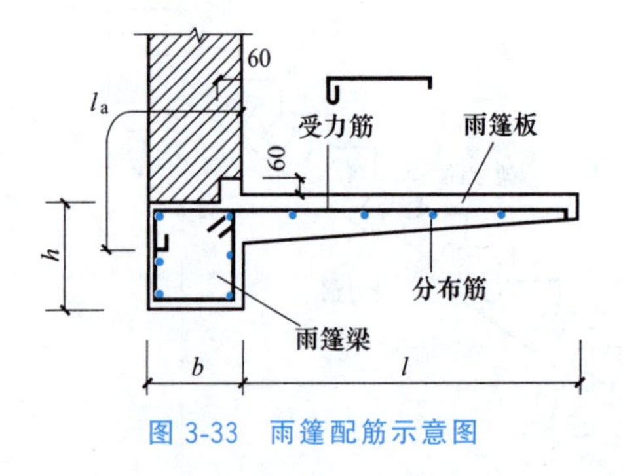

图3-33　雨篷配筋示意图

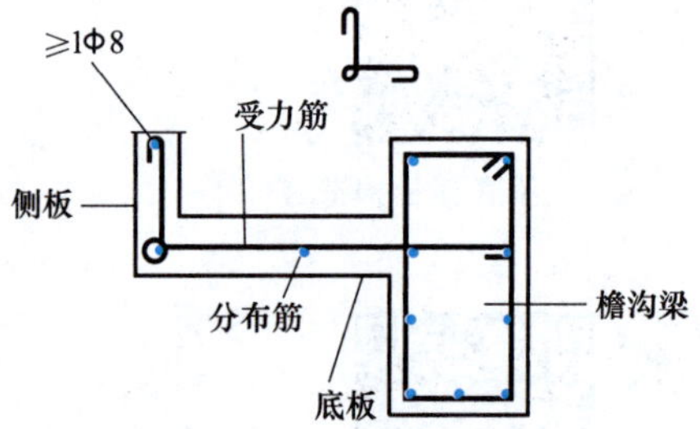

图3-34　檐沟配筋示意图

3.1.4　识图训练

要读懂结构施工图，首先要了解钢筋混凝土结构的基本知识。施工图中楼层结构平面图主要表现主梁、次梁、板、楼梯、雨篷等构件的布置、构件形状及尺寸、钢筋、混凝土材料等内容。

（1）钢筋混凝土结构中的材料　钢筋混凝土构件由钢筋和混凝土两种材料组合而成。混凝土具有较高的抗压强度，钢筋具有良好的抗拉、抗压性能，两者结合，混凝土包裹钢筋使其免受锈蚀，混凝土与钢筋线膨胀系数也很接近，且两者之间具有良好的粘接力，因此两者能够很好地共同工作，所以是主要的建筑结构的承重构件。

1）混凝土　由水泥、石子、砂和水及其他掺合料按一定比例配合，经过搅拌、捣实、养护而成的一种人造石。它是脆性材料，抗压能力好；抗拉能力差，一般仅为抗压强度的1/20～1/10。混凝土的强度等级按《混凝土结构设计规范》(GB 50010—2010)（2015年版）规定分为14个等级：C15、C20、C25、C30、C35、C40、C45、C50、C55、C60、C65、C70、C75、C80，工程上常用C20、C25、C30、C35、C40。

2）钢筋　钢筋是建筑工程中用量最大的钢材品种之一。按钢筋的外观特征可分为：光面钢筋和带肋钢筋。按钢筋的生产加工工艺可分为：热轧钢筋、冷拉钢筋、钢丝和热处理钢筋。按钢筋的力学性能可分为：有明显屈服点钢筋和没有明显屈服点钢筋。

建筑结构中常用热轧钢筋见表 3-6。

表 3-6　热轧钢筋的种类和表示符号

种　类		符号	d/mm
热轧钢筋	HPB300	Φ	6～22
	HRB335	Φ	6～50
	HRB400	Φ	6～50
	RRB400	$Φ^{R}$	6～50

如前所述在钢筋混凝土构件中，钢筋按其所起的作用主要有受力筋（纵向主筋、箍筋）、构造筋（架立筋、腰筋、拉接筋、吊筋等由于构造要求和施工安装需要而配置的钢筋）。为保证构件中钢筋与混凝土粘接牢固，同时保护钢筋不被锈蚀，钢筋的外缘到构件表面应留有一定的厚度作为保护层。

（2）钢筋混凝土构件的图示方法

1）钢筋图例　钢筋混凝土构件图由模板图、配筋图等组成。模板图主要用来表示构件的外形和尺寸以及预埋件、预留孔的大小与位置，它是模板制作和安装的依据。配筋图主要用来表示构件内部钢筋的形状和配置状况。为规范表达钢筋混凝土构件的位置、形状、数量等参数，在钢筋混凝土构件的立面图和断面图上，构件轮廓用细实线画出，钢筋用粗实线及黑圆点表示，图内不画材料图例。一般钢筋的规定画法见表 3-7。

表 3-7　钢筋表示方法

符　号	表示意义	符　号	表示意义
•	钢筋横断面		带丝扣的钢筋端部
	半圆弯钩钢筋端部		无弯钩的钢筋搭接
	无弯钩钢筋及端部		带直钩的钢筋搭接
	长短钢筋重叠时，钢筋端部用45°短划线表示		带半圆钩的钢筋搭接
	带直钩的钢筋端部		套管接头（花篮螺钉）

2）钢筋的标注　钢筋的标注方法有以下两种：

① 钢筋的根数、级别和直径的标注，如图 3-35 所示，常用于表示梁钢筋。

② 钢筋级别、直径和相邻钢筋中心距离的标注，主要用来表示分布钢筋与箍筋，标注方法如图 3-36 所示，常用于表示板钢筋。

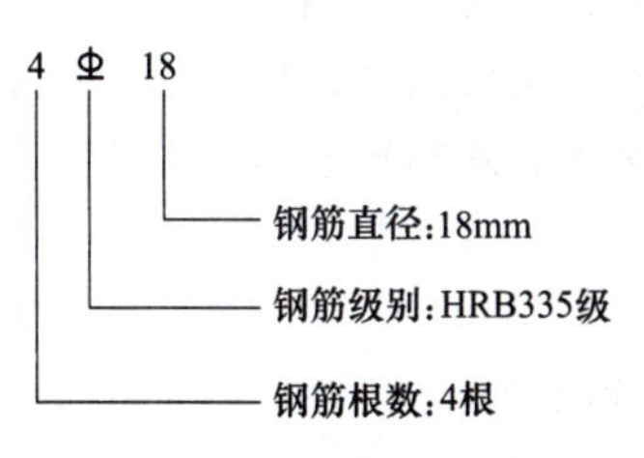

图 3-35　钢筋的标注方法一

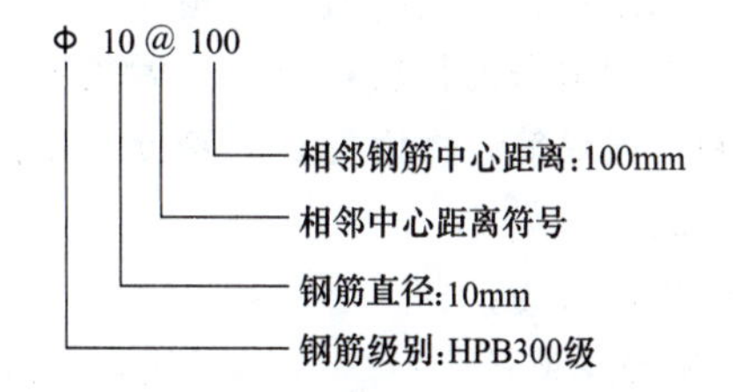

图 3-36　钢筋的标注方法二

（3）常用结构构件代号　建筑结构的基本构件种类繁多，布置复杂，为了便于制图图示、施工查阅和统计，《建筑结构制图标准》（GB/T 50105—2010）对各类构件赋予代号。图示常用构件代号用各构件名称的汉语拼音的第一个字母表示，详见表3-8。

表3-8　常用结构构件代号

序号	名称	代号	序号	名称	代号	序号	名称	代号
1	板	B	19	圈梁	QL	37	承台	CT
2	屋面板	WB	20	过梁	GL	38	设备基础	SJ
3	空心板	KB	21	连系梁	LL	39	桩	ZH
4	槽形板	CB	22	基础梁	JL	40	挡土墙	DQ
5	折板	ZB	23	楼梯梁	TL	41	地沟	DG
6	密肋板	MB	24	框架梁	KL	42	柱间支撑	ZC
7	楼梯板	TB	25	框支梁	KZL	43	垂直支撑	CC
8	盖板或沟盖板	GB	26	屋面框架梁	WKL	44	水平支撑	SC
9	挡雨板或檐口板	YB	27	檩条	LT	45	梯	T
10	吊车安全走道板	DB	28	屋架	WJ	46	雨篷	YP
11	墙板	QB	29	托架	TJ	47	阳台	YT
12	天沟板	TGB	30	天窗架	DJ	48	梁垫	LD
13	梁	L	31	框架	KJ	49	预埋件	M
14	屋面梁	WL	32	刚架	GJ	50	天窗端壁	TD
15	吊车梁	DL	33	支架	ZJ	51	钢筋网	W
16	单轨吊车梁	DDL	34	柱	Z	52	钢筋骨架	G
17	轨道连接梁	DGL	35	框架柱	KZ	53	基础	J
18	车挡	CD	36	构造柱	GZ	54	暗柱	AZ

（4）楼（屋）盖结构识图　除按照《建筑结构制图标准》（GB/T 50105—2010）制图、识图外，目前混凝土结构也可以采用平法表示。平法就是平面整体表示方法制图规则和构造详图的简称，是把结构构件的尺寸和配筋等，按照平面整体表示方法制图规则，整体直接表达在各类构件的结构平面布置图上，再与标准构造详图配合，形成一套完整的结构设计。其包括16G101-1（现浇混凝土框架、剪力墙、梁、板）、16G101-2（现浇混凝土板式楼梯）、16G101-3（独立基础、条形基础、筏形基础及桩基承台）。在实际工程设计中，目前梁、柱及剪力墙应用平法较多，也较方便，板相对较少。

楼（屋）盖结构识图包括楼（屋）盖梁和楼（屋）盖板两方面。梁的识图一般采用平法，具体参见本模块下的3.2内容和平法16G101-1梁的制图规则和构造详图。

这里以梁板结构中的有梁楼盖（相对无梁楼盖）为例做简单介绍。板以梁为支座，梁围合的区域定义为一板块，在结构平面布置图上表达板的尺寸和配筋等，内容包括板块集中标注和板支座原位标注。

集中标注包括板块的编号、板厚、上部贯通纵筋，下部纵筋以及当板面标高不同时的标高高差。相同编号的板块可择其一做集中标注，其他仅注写板块编号。同一编号仅对应相同的板厚和贯通纵筋，板面标高、跨度、平面形状以及板支座上部非贯通纵筋可以不同，其编号见表3-9。

其符号含义为：

h：板的厚度；h＝××/××代表悬挑板根部/端部截面厚度；

B：下部纵筋；T：上部贯通纵筋（不标注则代表板块上部不设贯通纵筋）；

表 3-9　板块编号

板块编号	板类型
LB××	楼面板
WB××	屋面板
XB××	悬挑板

X、Y：X 向和 Y 向贯通纵筋，当两向轴网正交布置时，图面从左至右为 X 向，从下至上为 Y 向。

为了图面简洁，单向板的分布筋一般在图中统一注明。

ϕxx/yy@×××：代表贯通筋采用两种规格钢筋“隔一布一”，直径为 xx 的钢筋和直径为 yy 的钢筋二者之间的间距为×××。

(×××)：括号内数值代表板面标高高差，指相对于结构层楼面标高的高差，无高差不注。

板支座原位标注：板支座（支撑板的梁或墙）处承担负弯矩的上部非贯通纵筋和悬挑板上部受力钢筋，在配置相同跨的第一跨用垂直于板支座（梁或墙）的中粗实线代表。线段上方数值代表钢筋编号、配筋值、横向连续布置的跨数（括号内数值，当为一跨时不注），以及是否横向布置到梁的悬挑端。

线段下方数值代表非贯通钢筋由支座中线向跨内的伸出长度。当只有一侧标注时，代表非贯通钢筋向支座两侧对称伸出。

板的平法标注具体示例见平法图集 16G101-1 第 44 页。钢筋锚固、连接等详细构造见平法 16G101-1 中的构造详图。

梁的标注规则及识读见本模块下的 3.2.4 框架结构识图训练及平法 16G101-1。

识读楼屋盖结构施工图时应注意的事项如下：

① 与基础平面图比对纵横向轴线数量、尺寸。

② 查看梁、板布置情况，找出主梁、次梁定位尺寸，弄清编号、数量。

③ 查看楼（屋）面标高，同一楼层是否有错层出现，高差是多少，尤其要注意卫生间、盥洗室等房间的结构高度变化。

④ 楼（屋）盖是否有洞口，洞口位置、尺寸、数量。

⑤ 建筑物边缘的梁板是否有因立面造型要求而出现的局部变化，如挑檐、窗台等处应认真比对构件详图，不仅要弄清楚形状、尺寸还必须清楚其钢筋形状、数量、尺寸。

(5) 楼梯结构识图　对现浇混凝土板式楼梯，其构件包括梯梁、梯柱、梯板、平台板。其中，梯梁、梯柱、平台板识图见平法 16G101-1，梯板识图主要依据 16G101-2，包括平面注写、剖面注写和列表注写三种，这里以梯板的平面注写为例，其他参见图集。

梯板为斜置的混凝土板，根据其形状、两端的支撑情况及适用结构体系等，区分为 AT～HT 及 ATa、ATb、ATc 等 12 种不同的种类。比如 DT 型由低端平板、踏步板和高端平板组成。

梯板的平面注写是在楼梯平面布置图上注写截面尺寸和配筋具体数值的方式表达楼梯施工图，包括集中标注和外围标注。

3.5　楼梯识图训练

集中标注包括：

① 梯板类型代号与序号，比如 DT××。

② 梯板厚度，h=×××。若平板厚度与梯板不同，平板厚度在括号内以字母 P 打头注明，如 h=130 (P150)，代表梯段板 130mm

厚，两端平板 150mm 厚。

③ 踏步段总高度和踏步级数，之间以“/”分隔。

④ 梯板支座上部、下部纵筋，之间以“；”分隔。

⑤ 梯板分布筋，F 开头。若未注明，则查统一说明。

外围标注主要针对整个楼梯，主要包括楼梯间平面尺寸、楼层结构标高、层间结构标高、楼梯上下方向、梯板的平面尺寸、平台板配筋、梯梁梯柱配筋。

具体标注示例如图 3-37 所示，构造做法详见图集 16G101-2 中第 30 页。

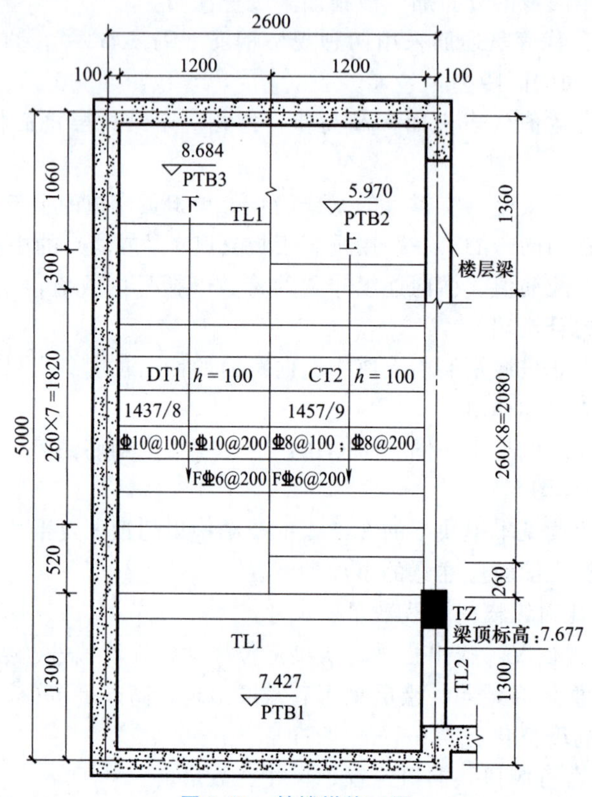

图 3-37　某楼梯施工图

注意事项如下：

① 楼梯的种类。

② 梯梁、梯柱的位置、配筋情况，梯段板、平台板的配筋情况，层间平台板的标高。

③ 踏步数、踏步高、支座的处理。

④ 折板阴角配筋，支座处钢筋的锚固要求。

3.1.5 拓展知识

受弯构件是指外荷载作用的方向与构件的纵轴方向相互垂直，即受横向荷载作用的构件，如梁、板等，即承受弯矩和剪力作用的一类构件。

3.1.5.1 矩形截面受弯构件正截面承载力计算

（1）受弯构件正截面受力特点　梁的某个长度单元在弯矩作用下，由于受拉纤维伸长，受压纤维缩短，使其截面产生转动，从而使梁产生挠曲变形。钢筋混凝土受弯构件中为了充分利用混凝土抗压强度高、抗拉强度低、钢筋抗拉和抗压强度都较高的特点，在受弯构件的受拉区配置钢筋用以承担拉力，受压区的压力主要由混凝土承担。试验研究表明，梁正截面的破坏形式与纵筋配筋率 ρ、钢筋和混凝土的强度等级有关，影响最为明显的是梁内纵向受拉钢筋的含量，可用纵筋配筋率表示：

$$\rho=\frac{A_s}{bh_0} \tag{3-5}$$

3.6　混凝土梁正截面受弯破坏形式

式中，A_s 为受拉钢筋截面面积；h_0 为梁截面有效高度；b 为梁截面的宽度。

根据配筋率 ρ 的不同，可以把钢筋混凝土梁的破坏形式分为以下三类：

① 适筋梁破坏。梁的配筋率适中，$\rho_{min} \leqslant \rho \leqslant \rho_{max}$，受拉混凝土首先开裂，随荷载增大，纵向钢筋应力到达屈服强度，纵向筋屈服并延伸一定长度后，受压区混凝土达到极限压应变，梁完全破坏。梁破坏时，钢筋要经历较大的塑性伸长，并引起裂缝急剧开展和梁挠度的激增，具有明显的破坏预兆，属于塑性破坏，如图 3-38（a）所示。

② 超筋梁破坏。梁配筋率 ρ 很大，即 $\rho > \rho_{max}$，受压区边缘混凝土达到极限压应变而破坏时，钢筋应力尚小于屈服强度，裂缝宽度很小，沿梁高延伸较短，梁的挠度不大，没有明显预兆，属于脆性破坏，如图 3-38（b）所示。此外，超筋梁的受拉钢筋不能充分发挥作用，造成钢材的浪费。设计中不宜采用超筋梁。

③ 少筋梁破坏。梁的配筋率 ρ 很小，即 $\rho < \rho_{min}$，混凝土一旦开裂，受拉钢筋立即到达屈服强度并迅速经历整个流幅而进入强化阶段，裂缝宽度很大，钢筋甚至会被拉断，少筋梁也属于脆性破坏，如图 3-38（c）所示。结构设计中不允许使用少筋梁。

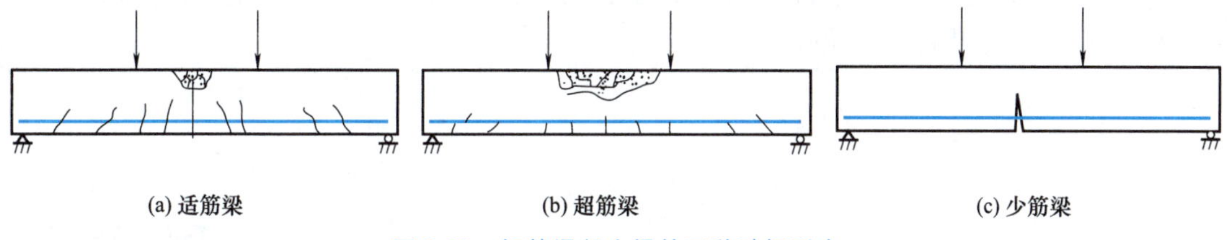

图 3-38　钢筋混凝土梁的三种破坏形态

（2）适筋梁正截面受弯工作的三个阶段

① 第Ⅰ阶段——截面开裂前的弹性工作阶段。当作用在构件上的弯矩很小时，混凝土的拉应力与压应力都很小，混凝土基本处于弹性工作阶段；随着弯矩增大，受拉区混凝土首先表现出塑性特征，弯矩增大至某一数值时，受拉区混凝土边缘纤维达到极限拉应变，截面处在开裂前的临界状态。

② 第Ⅱ阶段——截面开裂至受拉区纵向受力钢筋屈服的带裂缝工作阶段。截面达 I_a 阶段后，弯矩只要稍许增加，截面立即开裂，梁进入第Ⅱ工作阶段，裂缝处混凝土不再承受拉应力，拉应力由钢筋承担，所以钢筋的拉应力突然增大，受压区混凝土出现塑性变形；弯矩继续增加，裂缝进一步开展，钢筋和混凝土的应力不断增大。当荷载增加到某一数值时，受拉区纵向钢筋应力达到屈服强度。

③ 第Ⅲ阶段——破坏阶段。受拉区纵向钢筋屈服后，弯矩继续增加，钢筋塑性变形急速发展，裂缝快速开展，并向受压区延伸，混凝土受压区面积减小，混凝土压应力迅速增大，这是梁工作的第Ⅲ阶段。直至受压区混凝土边缘纤维达到极限压应变，混凝土将被完全压碎。

（3）适筋和超筋破坏的界限条件　比较适筋梁和超筋梁的破坏，可以发现，两者的差异在于：前者受拉钢筋屈服之后受压混凝土才被压碎；后者受拉钢筋未屈服而受压混凝土先被压碎。显然，当钢筋级别和混凝土强度等级确定之后，一根梁总会有一个特定的配筋率，它使得钢筋应力到达屈服强度的同时，受压区边缘纤维应变也恰好到达混凝土极限压应变，这种破坏称为“界限破坏”，即适筋梁与超筋梁的界限。这个特定配筋率实质上就是适筋梁的最大配筋率 ρ_{max}。

混凝土受压区高度 x 与截面有效高度 h_0 之比称为相对受压区高度 ξ，即 $\xi=x/h_0$。界限破坏时混凝土受压区高度 x_b 与截面有效高度 h_0 之比称为界限相对受压区高度 ξ_b，即 $\xi_b=x_b/h_0$，ξ_b 是适筋梁的最大相对受压区高度，当相对受压区高度 $\xi>\xi_b$ 时，属于超筋梁。对不同的钢筋级别和不同混凝土强度等级有着不同的 ξ_b 值，分别取 0.576（HPB300）、0.550（HRB335）和 0.518（HRB400）。

为了避免发生少筋破坏，必须确定构件的最小配筋率 ρ_{min}。

最小配筋率为最小受拉钢筋截面面积 $A_{s,min}$ 与混凝土构件截面面积 bh 的比值，即

$$\rho_{min}=\frac{A_{s,min}}{bh} \tag{3-6}$$

《混凝土结构设计规范》（GB 50010—2010）（2015 年版）在综合考虑温度、收缩应力影响及以往设计经验基础上，规定最小配筋率 ρ_{min} 的取值为 0.2%和 $0.45f_t/f_y$ 中的较大值。

（4）单筋矩形截面受弯构件的正截面承载力计算

1）基本公式。

单筋矩形截面受弯构件是指仅在受拉区配置纵向受力钢筋的矩形截面受弯构件，其正截面承载力计算简图如图 3-39 所示。

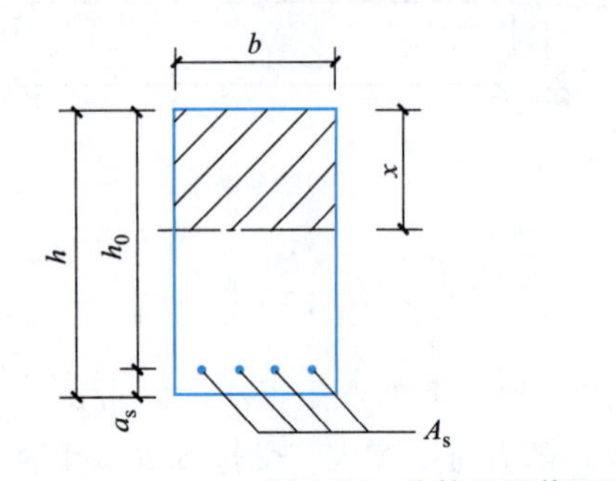

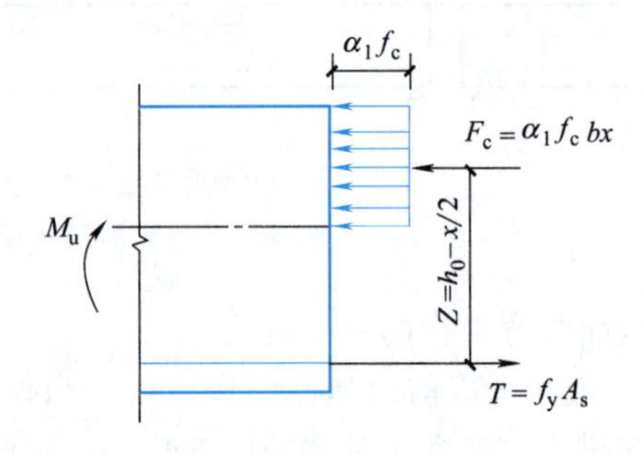

图 3-39　单筋矩形截面正截面受弯承载力计算简图

3.7　单筋矩形截面梁承载力计算

根据隔离体的平衡条件，可列出基本公式

$\sum X=0$
$$\alpha_1 f_c bx=f_y A_s \tag{3-7}$$

$\sum M=0$
$$M\leqslant M_u=f_y A_s\left(h_0-\frac{x}{2}\right)=\alpha_1 f_c bx\left(h_0-\frac{x}{2}\right) \tag{3-8}$$

2）适用条件。

为了防止超筋破坏，保证构件破坏时纵向受拉钢筋首先屈服，应满足

$$\xi=x/h_0\leqslant\xi_b \text{ 或 } x\leqslant\xi_b h_0 \text{ 或 } \rho\leqslant\rho_{max}$$

为了防止少筋破坏，应满足 $A_s\geqslant\rho_{min}bh$。

3）截面设计计算方法。

已知：截面设计弯矩 M、截面尺寸 $b\times h$、混凝土强度等级（f_c）及钢筋级别（f_y）。

求：纵向受拉钢筋截面面积 A_s。

设计步骤：

① 根据混凝土保护层最小厚度 c，假定 a_s，得截面有效高度 h_0。

② 由式（3-8）解一元二次方程式，确定混凝土受压区高度 x，$x=h_0-\sqrt{h_0^2-\dfrac{2M}{\alpha_1 f_c b}}$。

③ 验算是否超筋。若 $\xi>\xi_b$ 或 $x>x_b$，则要加大截面尺寸，或提高混凝土强度等级、或改用双筋矩形截面重新计算，直至满足 $\xi\leqslant\xi_b$ 或 $x\leqslant x_b$。

④ 由式（3-7）解得 $A_s=\dfrac{\alpha_1 f_c bx}{f_y}$。

⑤ 验算是否满足最小配筋率。若 $A_s<\rho_{min}bh$，按 $A_s=\rho_{min}bh$ 配置。

3.1.5.2 矩形截面受弯构件斜截面受剪承载力计算

受弯构件在弯矩和剪力的共同作用下，以剪力为主的区段可能产生斜裂缝，引起斜截面的破坏。为了防止梁沿斜截面破坏，应使梁有一个合适的截面尺寸和混凝土强度等级，并进行斜截面受剪承载力计算，在梁内配置必要的箍筋。

（1）梁的抗剪性能　配置箍筋是提高梁斜截面受剪承载力的有效措施。梁在斜裂缝发生之前，因混凝土变形协调影响，箍筋的应力值很低，当斜裂缝出现之后，与斜裂缝相交的箍筋，就能通过以下几个方面充分发挥其抗剪作用：与斜裂缝相交的箍筋本身能承担很大一部分剪力；箍筋能阻止斜裂缝开展，提高了斜截面上的骨料咬合力，保留了更大的剪压区高度，从而提高混凝土的斜截面受剪承载力；箍筋可限制纵向钢筋的竖向位移，有效地阻止混凝土沿纵筋的撕裂，从而提高纵筋的销栓作用。

梁的斜截面破坏形态也可归纳为斜拉破坏、剪压破坏和斜压破坏三种。影响梁斜截面破坏形态的重要因素是箍筋用量。

① 斜拉破坏。箍筋数量配置很少，斜裂缝一开裂，箍筋的应力会很快达到屈服，不能起到限制斜裂缝开展的作用，若剪跨比较大，就会产生类似无箍筋梁的斜拉破坏。这种破坏无明显预兆，设计中应避免。

② 剪压破坏。箍筋数量配置适当，在斜裂缝出现后，由于箍筋的存在，限制了斜裂缝的开展，使荷载仍能有较大的增长，直到首先箍筋屈服，不能再控制斜裂缝开展，斜裂缝顶端混凝土在剪应力、压应力共同作用下破坏，称为剪压破坏。

③ 斜压破坏。箍筋数量配置很多时，箍筋应力达不到屈服强度，斜裂缝间的混凝土因主压应力过大而发生斜向压坏，这种破坏形态称为斜压破坏。破坏时，斜裂缝较小，混凝土压脆发生突然，属于脆性破坏，而且箍筋强度得不到充分利用，设计中也应避免。

箍筋用量以配箍率 ρ_{sv} 来表示，它反映了梁沿纵向单位水平截面含有的箍筋截面面积。

$$\rho_{sv}=\frac{A_{sv}}{bs}=\frac{nA_{sv1}}{bs} \tag{3-9}$$

式中　A_{sv}——同一截面内的箍筋截面面积；

n——同一截面内箍筋的肢数；

A_{sv1}——单肢箍筋截面面积；

s——沿梁轴线方向箍筋的间距；

b——矩形截面宽度，T形或工字形截面的腹板宽度。

（2）梁的斜截面受剪承载力计算公式及适用条件

① 对矩形截面的一般受弯构件：

$$V \leqslant 0.7 f_t b h_0 + f_{yv} \frac{A_{sv}}{s} h_0 \quad (3\text{-}10)$$

式中 V——构件斜截面上的最大剪力设计值；

f_t——混凝土轴心抗拉强度设计值；

h_0——截面有效高度；

f_{yv}——箍筋抗拉强度设计值。

② 防止斜压破坏：

一般矩形截面，要求： $V \leqslant 0.25 \beta_c f_c b h_0$ （3-11）

式中 V——构件斜截面上的最大剪力设计值；

β_c——混凝土强度影响系数：当混凝土强度等级不超过C50时，取 $\beta_c = 1.0$；

f_c——混凝土轴心抗压强度设计值。

③ 防止斜拉破坏：

$$\rho_{sv} \geqslant \rho_{sv,min} = 0.24 \frac{f_t}{f_{yv}} \quad (3\text{-}12)$$

（3）矩形截面斜截面受剪承载力的计算步骤

① 计算剪力设计值 V。

② 验算是否满足截面尺寸限制条件，若不满足，加大构件截面尺寸或提高混凝土强度等级。

③ 验算是否需要计算配置箍筋。如符合 $V \leqslant 0.7 f_t b h_0$，仅按构造要求设置箍筋，否则按承载力计算配置箍筋。

④ 计算配置箍筋：

$$\frac{A_{sv}}{s} \geqslant \frac{V - 0.7 f_t b h_0}{f_{yv} h_0} \quad (3\text{-}13)$$

计算出 A_{sv}/s 值后，根据箍筋构造要求可选定箍筋肢数 n、直径，计算单肢箍筋截面积 A_{sv1}，然后根据 A_{sv}/s 求出箍筋的间距 s，验算配箍率。

能力训练题

1. 钢筋混凝土楼盖按其施工方法可分为哪几种？

2. 叙述现浇钢筋混凝土肋形楼盖的组成。

3. 叙述现浇单、双向板的区别。

4. 板与板的连接，板与墙、梁的连接构造有哪几种？

5. 叙述图3-40中板的结构布置情况，包括板的受力钢筋、分布钢筋、厚度、标高，并指出其发生变化的位置。

3.8 肋梁楼盖识图工作页

3.9 楼梯识图工作页

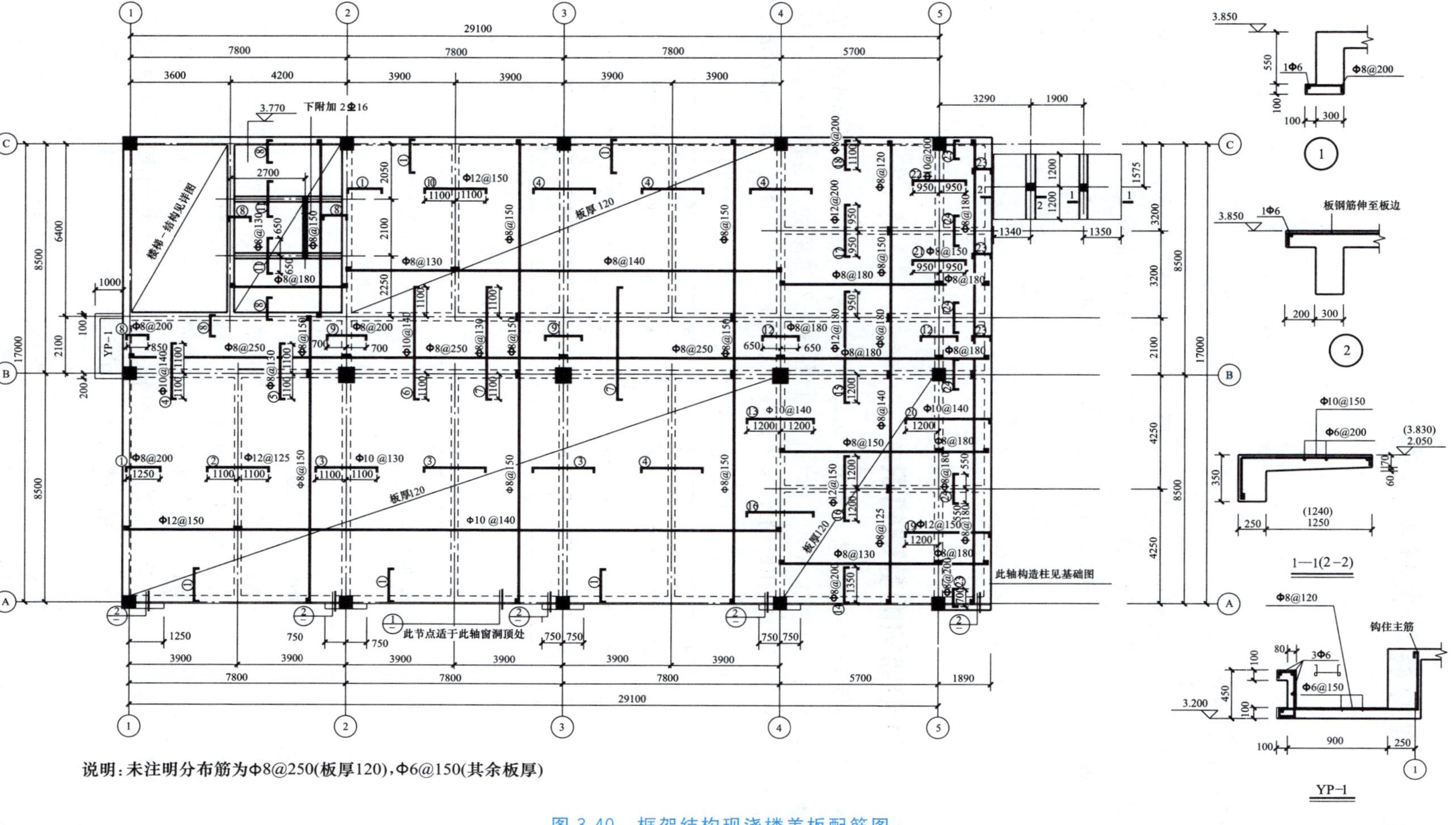

说明：未注明分布筋为Φ8@250(板厚120)，Φ6@150(其余板厚)

图 3-40　框架结构现浇楼盖板配筋图

3.2 现浇混凝土框架结构

学习要点

• 框架结构是多高层建筑的主要结构形式之一，在学习过程中应了解框架结构体系结构布置原则，掌握框架结构抗震设计的一般原则及抗震构造措施，结合实际工程或结构施工图纸进行识图训练，掌握 16G101-1 平法标准中混凝土框架结构中梁柱钢筋表示方法及主要内容

3.2.1 框架结构的基础知识

整个房屋的梁和立柱通过节点连为一体，由梁、柱、节点及基础组成的承重结构体系称为框架结构，如图 3-41（a）所示。框架可以是等跨或不等跨的，也可以是层高相同或不完全相同的，有时因工艺和使用要求，也可能在某层抽柱或某跨抽梁，形成缺梁缺柱的框架，如图 3-41（b）所示。

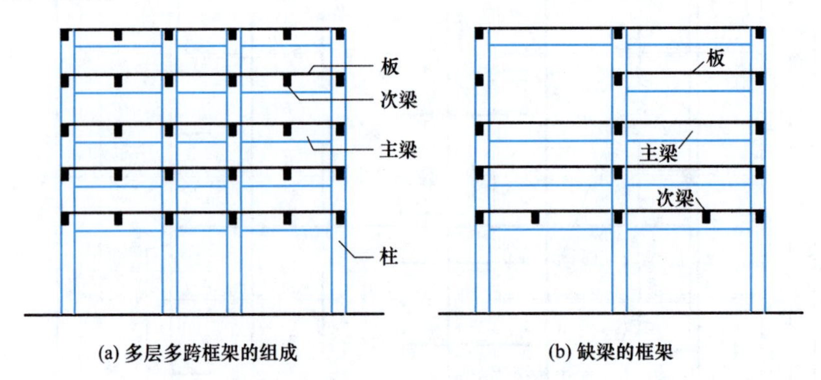

图 3-41 框架结构剖面示意图

3.2.1.1 框架结构的组成特点及类型

（1）组成特点 框架结构由梁、柱、基础三种构件组成，在水平荷载作用下位移较大，亦称柔性结构，因而其高度受到限制。框架的变形特点是：杆件的变形是以弯曲为主，框架整体的变形却是剪切型。所以它具有如下特点：空间布置灵活，且能形成较大的空间；构件简单，施工简便，较经济；抗侧刚度小，侧移较大；对支座不均匀沉降比较敏感。

（2）框架结构的分类 框架结构根据施工方法的不同可分为整体式、装配式和装配整体式。

1）整体式框架 又称现浇式框架。全部在现场浇筑故整体性好，抗震性好。不足之处是现场施工的工作量大、工期长，并需要大量的模板。

2）装配式框架　指梁、柱、楼板均为预制，然后通过焊接拼装连接成整体的框架结构。由于所有构件均为预制，可实现标准化、工厂化、机械化生产，施工现场速度快；但需要大量的运输和吊装工作，而且这种结构整体性较差，抗震能力弱，不宜在地震地区应用。

3）装配整体式框架　是指梁、柱、楼板均为预制，在吊装就位后，焊接或绑扎节点区钢筋，通过后浇混凝土，形成框架节点，并使各构件连成整体的框架结构。兼有整体式和装配式框架的特点，具有良好的整体性和抗震能力，只是节点区现场浇筑混凝土的施工较为复杂。

3.2.1.2　框架结构布置

（1）结构平面布置　结构选型和结构布置在结构设计中起着至关重要的作用。结构选型好，布置合理，不但使用方便，而且受力性能好，施工简便，造价低。进行结构布置时，应满足以下一般原则：平面长度不宜过长，突出部分长度不宜过大，限值应满足表3-10和图3-42的要求，凹角处应采取加强措施。

表3-10　L 的限值

设防烈度	L/B	l/B_{max}	l/b
6度、7度	≤6.0	≤0.35	≤2.0
8度、9度	≤5.0	≤0.30	≤1.5

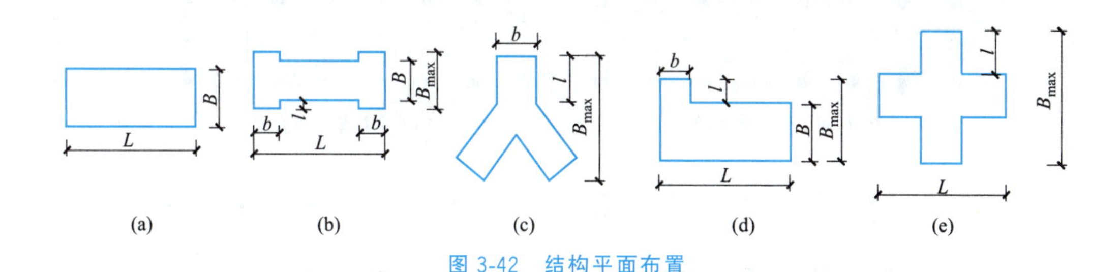

图3-42　结构平面布置

结构应尽可能简单、规则、均匀、对称，构件类型少；妥善处理温度、地基不均匀沉降以及地震等因素对建筑的影响；施工简便，经济合理，造价低。

除以上布置的一般原则外，还应满足下列原则。

1）柱网布置　平面布置首先是确定柱网。所谓柱网，就是柱在平面上的位置，因其常形成矩形网格而得名。框架结构的柱网布置既要满足建筑平面布置和生产工艺的要求，又要使结构受力合理，构件种类少，施工方便。此外，柱网布置应力求避免凹凸曲折和高低错落。

2）承重框架布置　柱网布置好后，用梁把柱连起来即形成框架结构。结构平面的长边方向称为纵向，短边方向称为横向。一般情况下，柱在纵、横两个方向均应有梁拉结。这样就构成了纵向和横向框架，二者共同构成空间受力体系。

按框架布置方案和传力路线的不同，框架的布置方案有横向框架承重方案、纵向框架承重方案和纵横向框架双向承重方案三种。

① 横向框架承重方案。横向框架承重方案是在横向布置框架主梁，而在纵向布置连系梁，如图3-43（a）所示。框架在横向承受全部竖向荷载和横向水平荷载，纵向框架只承受纵向水平荷载。横向框架往往跨数少，主梁沿横向布置有利于提高横向抗侧刚度。而纵向框架则往往跨数较多，所以在纵向仅需按构造要求布置连系梁。这有利于房屋室内的采光与通风。

② 纵向框架承重方案。纵向框架承重方案是在纵向布置框架主梁，在横向上布置连系梁，如图 3-43（b）所示。框架纵向为主框架，承受全部竖向荷载和纵向水平荷载，横向框架只承受横向水平荷载。因为楼面荷载由纵向梁传给柱子，所以横梁高度较小，可获得较高的室内净空。另外，当地基土的物理力学性能在房屋纵向有明显差异时，可利用纵向框架的刚度来调整房屋的不均匀沉降。纵向框架承重方案的缺点是房屋的横向刚度较差。

③ 纵横向框架双向承重方案。纵横向框架双向承重方案是在两个方向均需布置框架主梁以承受楼面荷载，相应地，楼盖的荷载可传递到纵、横两个方向的框架上，此时纵、横两个方向的框架均为承重框架。当采用预制板楼盖时，其布置如图 3-43（c）所示；当采用现浇板楼盖时，其布置如图 3-43（d）所示。两个方向的框架均同时承受竖向荷载和水平荷载。当楼面上作用有较大荷载，或当柱网布置为正方形或接近正方形时，常采用这种承重方案，楼面常采用现浇双向楼板或井式梁楼板。纵横框架双向承重方案具有较好的整体工作性能，框架柱均为双向偏心受压构件，为空间受力体系。

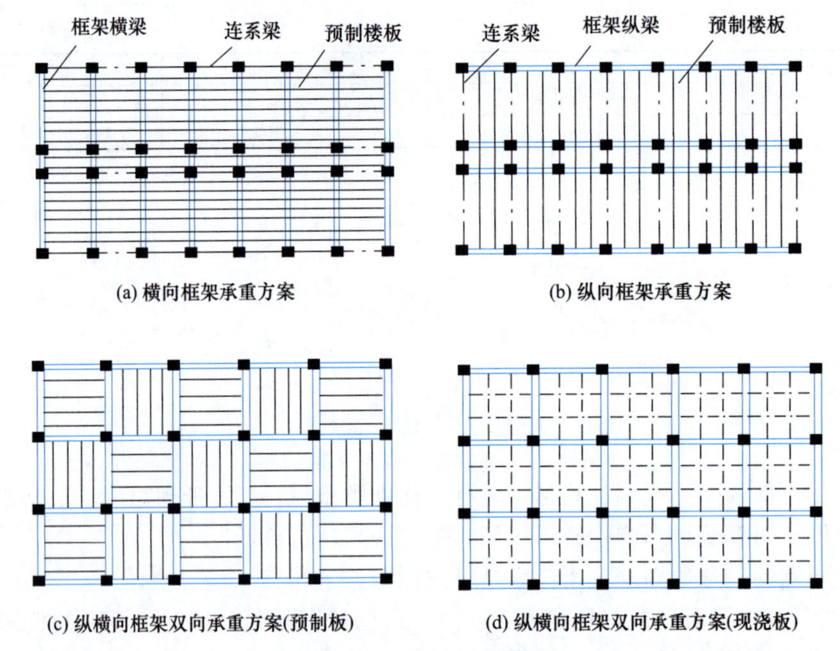

图 3-43　承重框架布置方案

3）变形缝布置　变形缝有伸缩缝、沉降缝、防震缝三种。当平面面积较大或形状不规则时，应适当设缝。但对于多层和高层结构，则应尽量少设缝或不设缝，这可简化构造、方便施工、降低造价、增强结构的整体性和空间刚度。所以，在建筑设计时，应采取调整平面形状、尺寸、体型等措施；在施工方面，应通过分析阶段施工、设置后浇带、做好保温隔热层等措施，来防止由于温度变化、不均匀沉降等因素引起的结构或非结构的损坏。

① 沉降缝。沉降缝是为了避免地基不均匀沉降在房屋构件中引起裂缝而设置的。当房屋因上部荷载不同或因地基存在差异而有可能产生过大的沉降，如果沉降是均匀的，则不会引起房屋开裂；如果沉降不均匀且超过一定量值，房屋便有可能开裂，应设沉降缝将建筑物从基础至屋顶全部分开，使得各部分能够自由沉降，不致在结构中引起过大内力，避免混凝土构件出现裂缝。沉降缝可利用挑梁或搁置预制板、预制梁的办法做成，如图 3-44 所示。有抗震设防要求时，不宜采用搁板式沉降缝。

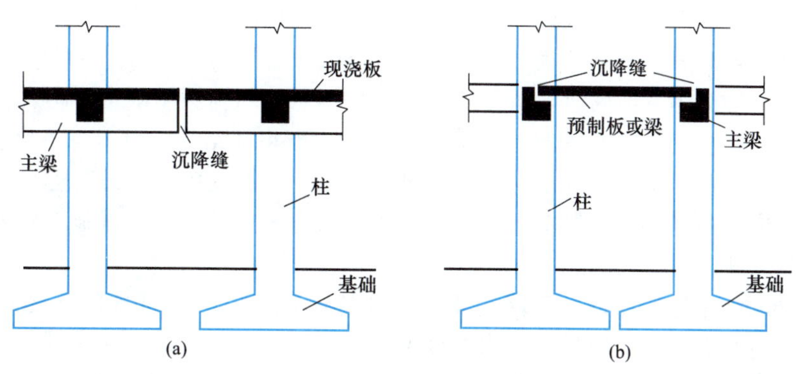

图 3-44 沉降缝做法

② 伸缩缝。伸缩缝是为了避免温度应力和混凝土收缩应力使房屋产生裂缝而设置的。如果房屋长度过大，当气温发生变化时，埋在土下部分温度变化较小且受到基础制约，伸缩变形较小；而上部结构暴露在大气中，直接受到日照作用，伸缩变形较大。两者伸缩程度不一致时，会在结构中引起较大的内力，严重的可使房屋产生裂缝；构件受到约束，温度变化时不能自由伸缩也会使房屋产生裂缝。此外，新浇混凝土在结硬过程中会产生收缩应力并可能引起结构开裂。为减少温度应力和收缩应力对结构造成的危害，常根据施工经验和实践效果，由构造措施来解决。即每隔一定的距离设置一道伸缩缝，将上部结构分成若干个温度区段，伸缩缝仅将上部结构从基础顶面断开，并留有一定宽度的缝隙，使各温度区段的结构在气温变化时，可以沿水平方向自由变形。在未采取措施的情况下，伸缩缝的间距不宜超出表 3-11 的限制。当有充分依据、采取有效措施时，表中的数值可以放宽。

表 3-11 伸缩缝的最大间距

结构体系	施工方法	最大间距/m
框架结构	现浇	55
剪力墙结构	现浇	45

注：1. 框架-剪力墙的伸缩缝间距可根据结构的具体布置情况取表中框架结构与剪力墙结构之间的数值。
2. 当屋面无保温或隔热措施、混凝土的收缩较大或室内结构因施工外露时间较长时，伸缩缝间距应适当减少。
3. 位于气候干燥地区、夏季炎热且暴雨频繁地区的结构，伸缩缝的间距宜适当减小。

目前已建成的许多高层建筑结构，由于采取了充分有效的措施，并进行合理的施工，伸缩缝的间距已超出了表 3-11 的限制。当采取以下构造和施工措施减少温度和收缩应力时，可适当增大伸缩缝的间距。

a. 顶层、底层、山墙、纵墙端开间等受温度变化影响较大的部位提高配筋率。

b. 顶层加强保温隔热措施，外墙设置外保温层。

c. 每 30～40m 间距留出后浇带，带宽 800～1000mm，钢筋采用搭接接头，后浇带混凝土宜在 45 天后浇筑；留出后浇带后，施工过程中混凝土可以自由收缩，从而大大减少了收缩应力。混凝土的抗拉强度可以大部分用来抵抗温度应力，提高结构抵抗温度变化的能力。

d. 采用收缩小的水泥，减少水泥用量，在混凝土中加入适宜的外加剂。

e. 提高每层楼板的构造配筋率或采用部分预应力结构。

③ 防震缝。地震区为防止房屋或结构单元在发生地震后相互碰撞设置的缝，称为防震缝。当房屋平面复杂、立面高差悬殊、各部分质量和刚度截然不同时，在地震作用下会产生扭转振动加重房屋的破坏，或在薄弱部位产生应力集中导致过大变形，为避免上述现象发生，必须设置防震缝。抗震设计的高层建筑在下列情况下宜设防震缝：平面长度和外伸长度

尺寸超出了规程限值而又没有采取加强措施；各部分结构刚度相差较远，采取不同材料和不同结构体系时；各部分质量相差很大时；各部分有较大错层时。

防震缝两侧结构体系不同时，防震缝宽度应按不利的结构类型确定；防震缝两侧的房屋高度不同时，防震缝宽度应按较低的房屋高度确定；当相邻结构的基础存在较大沉降差时，宜增大防震缝的宽度；防震缝宜沿房屋全高设置；地下室、基础可不设防震缝，但与防震缝对应处应加强构造和连接；结构单元之间或主楼与裙房之间如无可靠措施不应采用牛腿托梁的做法设置防震缝。

防震缝应尽可能与伸缩缝、沉降缝重合。在抗震设计时，建筑各部分之间的关系应明确：如分开，则彻底分开；如相连，则连接牢固。

防震缝最小宽度应符合下列规定。

a. 框架房屋，高度不超过 15m 时不应小于 100mm；高度超过 15m 的部分，6 度、7 度、8 度、9 度相应增加 5m、4m、3m 和 2m，宜加宽 20mm。

b. 框架-剪力墙结构房屋的防震缝宽度不应小于上项规定数值的 70%，剪力墙结构房屋的防震缝宽度不应小于上项规定数值的 50%，且均不宜小于 100mm。

c. 防震缝两侧结构类型不同时，宜按需要较宽防震缝的结构类型和较低房屋高度确定缝宽。

（2）结构竖向布置　高层建筑的竖向布置应规则、均匀、对称，使结构的刚心和质量中心尽量重合，避免有大的外挑或内收；结构的承载力和侧向刚度宜下大上小，均匀变化，避免抗侧力结构的侧向刚度和承载力突变。为保证高层建筑有良好的抗震性能，宜设置地下室。

往往沿竖向分段改变构件截面尺寸和混凝土强度等级，这种改变使结构刚度自下而上递减。从施工角度来看，分段改变不宜太多；但从结构受力角度来看，分段改变却宜多而均匀。实际工程设计中，一般沿竖向变化不超过 4 段；每次改变，梁、柱尺寸减小 100～150mm；墙厚减小 50mm；混凝土强度降低一个等级；而且一般尺寸改变与强度改变错开楼层布置，避免楼层刚度产生较大突变。

沿竖向刚度突变还由于下述两个原因产生：

1）结构的竖向体型突变　由于竖向体型突变而使刚度变化，一般有下面几种情况。

① 建筑顶部内收形成搭接。顶部小塔楼因鞭鞘效应而放大地震作用，塔楼的质量和刚度越小，则地震作用放大越明显。在可能的情况下，宜采用阶段逐级内收的立面。

② 楼层外挑内收。结构刚度和质量变化大，地震作用下易形成较薄弱环节。

2）结构体系的变化　抗侧力结构布置改变在下列情况下发生。

① 剪力墙结构或框筒结构的底部大空间需要，底层或底部若干层剪力墙不落地，可能产生刚度突变。这时应尽量增加其他落地剪力墙、柱或筒体的截面尺寸，并适当提高相应楼层混凝土等级，尽量使刚度的变化减小。

② 中部楼层部分剪力墙中断。如果建筑功能要求必须取消中间楼层的部分墙体，则取消的墙不宜多于 1/3，不得超过半数，其余墙体应加强配筋。

③ 顶层设置空旷的大空间，取消部分剪力墙或内柱。由于顶层刚度削弱，高振型影响会使地震力加大。顶层取消的剪力墙也不宜多于 1/3，不得超过半数。框架取消内柱后，全部剪力应由外柱箍筋承受，顶层柱子应全长加密配箍。

当上下层结构轴线布置或者结构形式发生变化时，要设置结构转换层，如图 3-45 所示。目前常见的转换形式有厚板转换和箱形梁转换等。厚板转换层厚度可达 2m 以上。

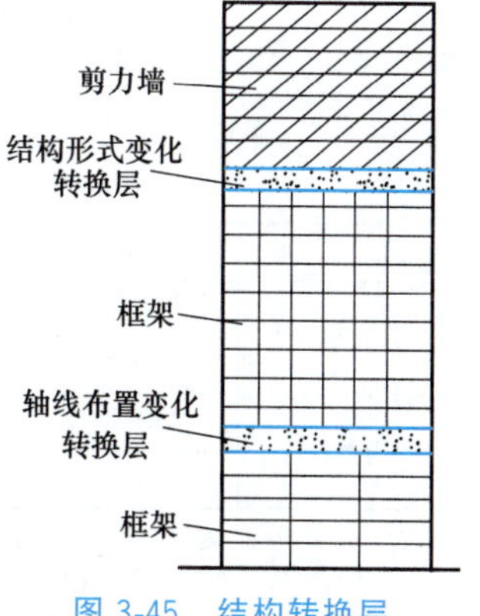

图 3-45　结构转换层

抗震设计时，当结构上部楼层收进部位到室外地面的高度 H_1 与房屋高度 H 之比大于 0.2 时，上部楼层收进后的水平尺寸 B_1 不宜小于下部楼层水平尺寸 B 的 0.75 倍，如图 3-46（a）、（b）所示；当上部结构楼层相对于下部楼层外挑时，上部楼层的水平尺寸 B_1 不宜大于下部楼层水平尺寸 B 的 1.1 倍，且水平外挑尺寸 a 不宜大于 4m。如图 3-46（c）、（d）所示。

高层建筑结构宜设地下室，设置地下室有如下结构功能。

① 利用土体的抗侧压力防止水平力作用下结构的滑移、倾覆；

② 减小土的重量，降低地基的附加压应力；

③ 提高地基土的承载能力；

④ 减少地震作用对上部结构的影响。

震害表明，有地下室的建筑物震害明显减轻。同一结构单元应全部设置地下室，不宜采用部分地下室，且地下室应当有相同的埋深。

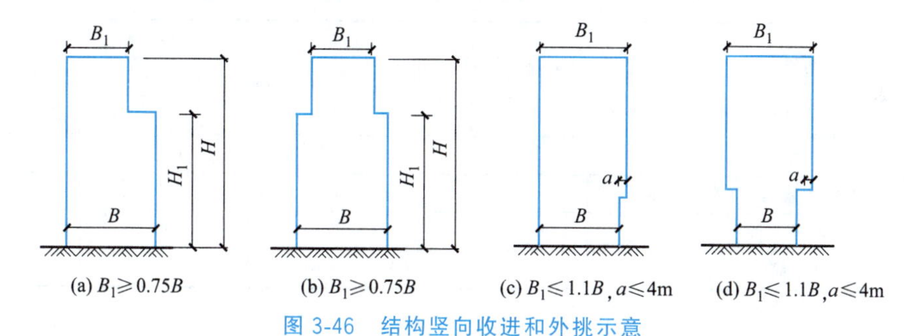

图 3-46　结构竖向收进和外挑示意

（3）高层建筑的高宽比及适用高度　钢筋混凝土高层建筑结构的最大适用高度和高宽比应分为 A 级和 B 级。B 级高度高层建筑结构的最大适用高度和高宽比可较 A 级适当放宽，其结构抗震等级、有关的计算和构造措施应相应加严。A 级高度钢筋混凝土乙类和丙类高层建筑的最大适用高度应符合表 3-12 的规定。框架-剪力墙、剪力墙和筒体结构高层建筑，其高度超过表 3-12 规定时为 B 级高度高层建筑。B 级高度钢筋混凝土乙类和丙类高层建筑的最大适用高度应符合表 3-13 的规定。

表 3-12　A 级高度钢筋混凝土高层建筑的最大适用高度　　单位：m

结构体系		非抗震设计	抗震设防烈度				
			6 度	7 度	8 度		9 度
					0.2g	0.3g	
框架		70	60	50	40	35	24
框架-剪力墙		150	130	120	100	80	50
剪力墙	全部落地剪力墙	150	140	120	100	80	60
	部分框支剪力墙	130	120	100	80	50	不应采用
筒体	框架-核心筒	160	150	130	100	90	70
	筒中筒	200	180	150	120	100	80
板柱-剪力墙		110	80	70	55	40	不应采用

注：1. 表中框架不含异形柱框架结构。

2. 部分框支剪力墙结构指地面以上有部分框支剪力墙的剪力墙结构。

3. 甲类建筑，6 度、7 度、8 度时宜按本地区抗震设防烈度提高一度后符合本表的要求，9 度时应专门研究。

4. 框架结构、板柱-剪力墙结构以及 9 度抗震设防的表列其他结构，当房屋高度超过本表数值时，结构设计应有可靠依据，并采取有效措施。

表 3-13 B 级高度钢筋混凝土高层建筑的最大适用高度 单位：m

结构体系		非抗震设计	抗震设防烈度			
			6 度	7 度	8 度	
					0.2g	0.3g
框架-剪力墙		170	160	140	120	100
剪力墙	全部落地剪力墙	180	170	150	130	110
	部分框支剪力墙	150	140	120	100	80
筒体	框架-核心筒	220	210	180	140	120
	筒中筒	300	280	230	170	150

注：1. 部分框支剪力墙结构指地面以上有部分框支剪力墙的剪力墙结构。
2. 甲类建筑，6 度、7 度时宜按本地区设防烈度提高一度后符合本表的要求，8 度时应专门研究。
3. 当房屋高度超过表中数值时，结构设计应有可靠依据，并采取有效措施。

钢筋混凝土高层建筑结构的高宽比不宜超过表 3-14 的数值。高宽比大于 5 的高层建筑应进行整体稳定验算和抗倾覆验算。

表 3-14 钢筋混凝土高层建筑结构适用的高宽比

结构体系	非抗震设计	抗震设防烈度		
		6 度、7 度	8 度	9 度
框架	5	4	3	—
板柱-剪力墙	6	5	4	—
框架-剪力墙、剪力墙	7	6	5	4
框架-核心筒	8	7	6	4
筒中筒	8	8	7	5

3.2.2 框架结构构造要求

3.2.2.1 框架梁构造要求

(1) 梁截面形状和尺寸 框架梁的截面形状在整浇式楼盖中以 T 形［图 3-47 (a)］为主。在装配式楼盖中常做成矩形［图 3-47 (b)］、T 形［图 3-47 (c)］。在装配整体式楼盖中常做成花篮形［图 3-47 (d)、(e)］。连系梁的截面形状，常用倒 L 形［图 3-47 (f)］或 T 形截面［图 3-47 (g)］。

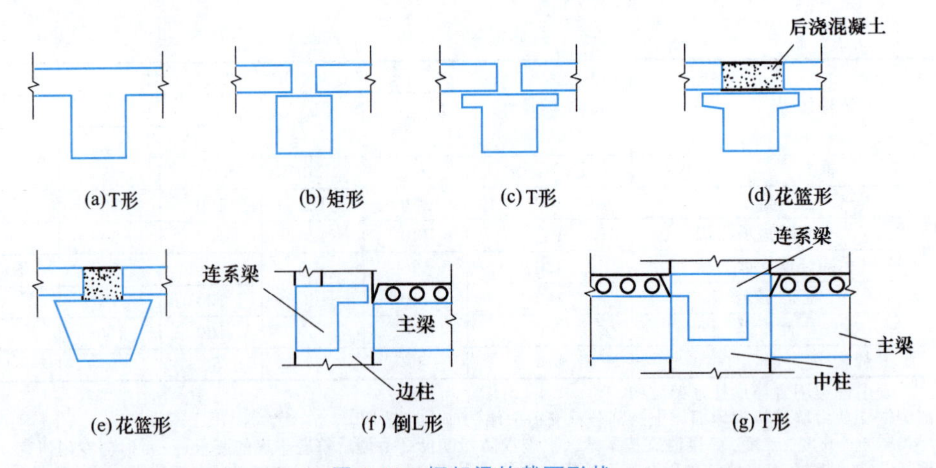

图 3-47 框架梁的截面形状

试验证明框架梁的高宽比 h/b 过大（或因梁高过大、或因梁宽偏小），梁截面的抗剪能力下降。同时梁高增大会使梁的刚度增加构成强梁，不利于形成梁铰型破坏机构；梁宽过小也不利于梁对节点核芯区的约束。所以，按抗震要求框架梁的截面宽度不宜小于 200mm，且不宜小于柱宽的一半，梁的截面高宽比不宜大于 4。

另外，还要求梁计算跨度与截面高度之比（跨高比）不宜小于 5。在水平地震作用下，延性框架设计要求梁端产生塑性铰且具有较大的转动能力，若梁跨高比过小，则梁易产生脆性的剪切破坏，降低梁的延性。框架梁的截面尺寸可参考已有的设计资料，主梁截面高度可取 $h_b=(1/14\sim1/10)l_b$（l_b 为主梁的计算跨度），且 h_b 不宜大于 $l_n/4$（l_n 为净跨）。主梁截面宽度可取 $b_b=(1/4\sim1/2)h_b$，且 b_b 不宜小于 $h_b/4$ 和 200mm，如图 3-48 所示。

当采用叠合梁时，叠合主梁的预制部分截面高度 h_{b1} 不宜小于 $l_b/15$，后浇部分的截面高度不宜小于 100mm（不包括板面整浇层的厚度），如图 3-49 所示。

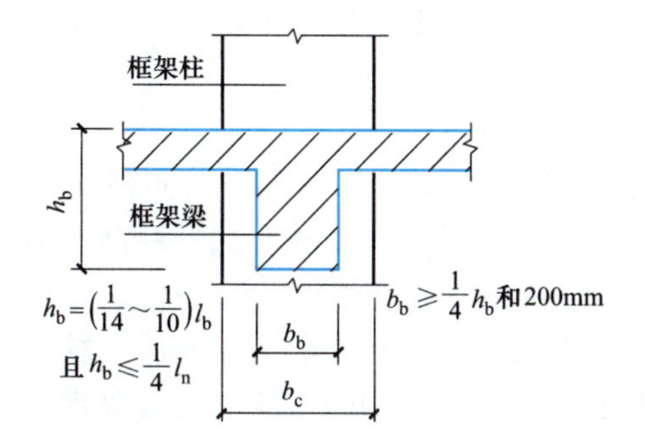

图 3-48　框架梁的截面尺寸

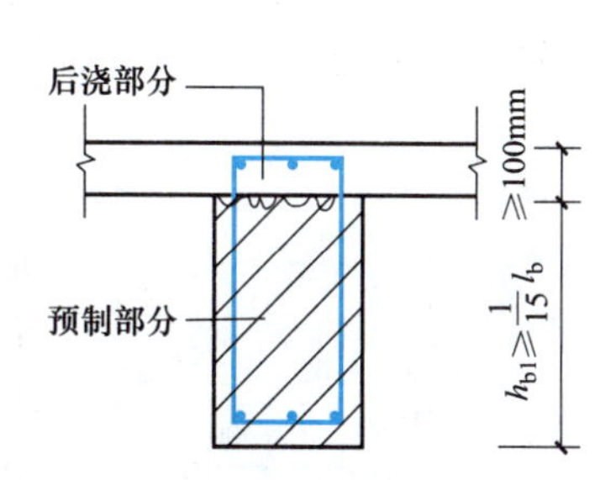

图 3-49　叠合梁的截面尺寸

（2）框架梁纵向钢筋　梁纵向受拉钢筋的最小配筋率，非抗震时不应小于 0.2% 和 $0.45f_t/f_y$ 两者中的较大值，有抗震设防要求时不应小于表 3-15 的规定。

表 3-15　纵向受拉钢筋最小配筋率　　单位：%

抗震等级	梁中位置	
	支座	跨中
一级	0.4 和 $80f_t/f_y$	0.3 和 $65f_t/f_y$
二级	0.3 和 $65f_t/f_y$	0.25 和 $55f_t/f_y$
三级、四级	0.25 和 $55f_t/f_y$	0.2 和 $45f_t/f_y$

有抗震设防要求时梁端纵向受拉钢筋的配筋率不宜大于 2.5%，梁端截面的底面和顶面纵向钢筋的比值，除按计算确定外，一级不应小于 0.5%，二级、三级不应小于 0.3%。

由于地震作用的不确定性，框架梁的反弯点位置可能有变化，沿梁全长顶面和底面应设置通长钢筋，一级、二级不应少于 2Φ14，且分别不应少于梁两端顶面和底面纵向配筋中较大截面面积的 1/4，三级、四级不应少于 2Φ12。梁内贯通中柱的每根纵向钢筋直径，不宜大于柱在该方向截面尺寸的 1/20。

（3）框架梁箍筋　梁的箍筋沿梁全长范围内设置，第一排箍筋一般设置在距离节点边缘 50mm 处。有抗震设防要求时必须在梁端设置箍筋加密区，且箍筋应做成封闭式，加密区长度、箍筋最大间距和箍筋最小直径，应按表 3-16 的规定取用。当梁端纵向受拉钢筋配筋率大于 2%时，表中箍筋最小直径应增大 2mm。

表 3-16　梁端箍筋加密区的长度、箍筋的最大间距和最小直径

抗震等级	加密区长度（采用较大值）/mm	箍筋最大间距（采用最小值）/mm	箍筋最小直径/mm
一级	$2h_b$,500	$h_b/4$,$6d$,100	10
二级	$1.5h_b$,500	$h_b/4$,$8d$,100	8
三级		$h_b/4$,$8d$,150	8
四级		$h_b/4$,$8d$,150	6

注：1. d 为纵向钢筋直径；h_b 为梁截面宽度。

2. 箍筋直径大于 12mm、数量不少于 4 肢且肢距不大于 150mm 时，一级、二级的最大间距应允许适当放宽，但不得大于 150mm。

梁箍筋加密区长度内的箍筋肢距，一级抗震等级不宜大于 200mm 及 $20d$（箍筋直径较大者）；二级、三级抗震等级不宜大于 250mm 及 $20d$，四级抗震等级不宜大于 300mm。非加密区的箍筋最大间距不宜大于加密区箍筋间距的 2 倍。

3.2.2.2　框架柱构造要求

(1) 柱截面尺寸　框架柱多采用长方形或正方形截面。柱截面高度 h_c 可取为（1/15～1/10）柱高，不宜小于 400mm，柱截面宽度 b_c 可取为（1/3～1/2）h_c，不宜小于 350mm；圆柱截面直径不宜小于 350mm。柱净高与截面长边尺寸之比宜大于 4，小于 4 时按短柱处理，见图 3-50。

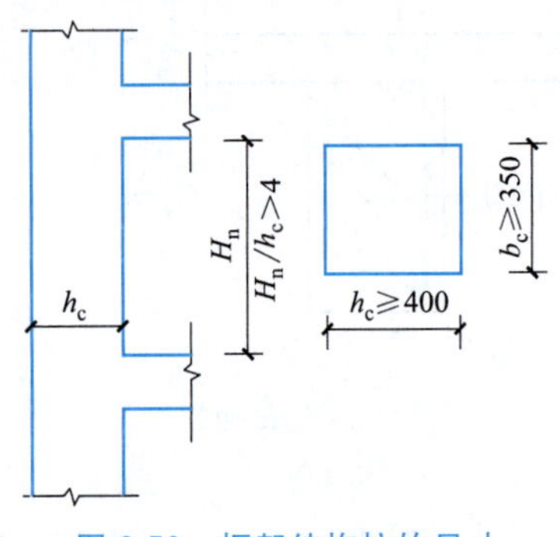

图 3-50　框架结构柱的尺寸

在有地震作用时，通过控制柱的轴压比来保证柱具有一定的延性，轴压比是指柱组合的轴压力设计值与柱全截面面积和混凝土轴心抗压强度设计值乘积之比。柱轴压比限值见表 3-17。其中表 3-17 中的抗震等级可由表 3-18 来确定。

表 3-17　柱轴压比限值

类别	抗震等级			
	一级	二级	三级	四级
框架柱	0.65	0.75	0.85	0.90

表 3-18　现浇钢筋混凝土房屋的抗震等级

<table>
<tr><th colspan="2" rowspan="2">结构体系与类型</th><th colspan="10">设防烈度</th></tr>
<tr><th colspan="2">6 度</th><th colspan="3">7 度</th><th colspan="3">8 度</th><th colspan="2">9 度</th></tr>
<tr><td rowspan="3">框架结构</td><td>高度/m</td><td>≤24</td><td>>24</td><td>≤24</td><td colspan="2">>24</td><td colspan="2">≤24</td><td>>24</td><td colspan="2">≤24</td></tr>
<tr><td>框架</td><td>四级</td><td>三级</td><td>三级</td><td colspan="2">二级</td><td colspan="2">二级</td><td>一级</td><td colspan="2">一级</td></tr>
<tr><td>大跨度框架</td><td colspan="2">三级</td><td colspan="3">二级</td><td colspan="3">一级</td><td colspan="2">一级</td></tr>
<tr><td rowspan="3">框架-抗震墙结构</td><td>高度/m</td><td>≤60</td><td>>60</td><td>≤24</td><td>25～60</td><td>>60</td><td>≤24</td><td>25～60</td><td>>60</td><td>≤24</td><td>25～50</td></tr>
<tr><td>框架</td><td>四级</td><td>三级</td><td>四级</td><td>三级</td><td>二级</td><td>三级</td><td>二级</td><td>一级</td><td>二级</td><td>一级</td></tr>
<tr><td>抗震墙</td><td colspan="2">三级</td><td>三级</td><td colspan="2">二级</td><td>二级</td><td colspan="2">一级</td><td colspan="2">一级</td></tr>
<tr><td rowspan="2">抗震墙结构</td><td>高度/m</td><td>≤80</td><td>>80</td><td>≤24</td><td>25～80</td><td>>80</td><td>≤24</td><td>25～80</td><td>>80</td><td>≤24</td><td>25～60</td></tr>
<tr><td>抗震墙</td><td>四级</td><td>三级</td><td>四级</td><td>三级</td><td>二级</td><td>三级</td><td>二级</td><td>一级</td><td>二级</td><td>一级</td></tr>
</table>

续表

<table>
<tr><th colspan="3" rowspan="2">结构体系与类型</th><th colspan="9">设防烈度</th></tr>
<tr><th colspan="2">6 度</th><th colspan="3">7 度</th><th colspan="3">8 度</th><th>9 度</th></tr>
<tr><td rowspan="4">部分框支抗震墙结构</td><td colspan="2">高度/m</td><td>≤80</td><td>>80</td><td>≤24</td><td>25～80</td><td>>80</td><td>≤24</td><td>25～80</td><td rowspan="4">—</td><td rowspan="4">—</td></tr>
<tr><td rowspan="2">抗震墙</td><td>一般部位</td><td>四级</td><td>三级</td><td>四级</td><td>三级</td><td>二级</td><td>三级</td><td>二级</td></tr>
<tr><td>加强部位</td><td>三级</td><td>二级</td><td>三级</td><td>二级</td><td>一级</td><td>二级</td><td>一级</td></tr>
<tr><td colspan="2">框支层框架</td><td colspan="2">二级</td><td colspan="2">二级</td><td>一级</td><td colspan="2">一级</td></tr>
<tr><td rowspan="2">框架-核心筒</td><td colspan="2">框架</td><td colspan="2">三级</td><td colspan="3">二级</td><td colspan="3">一级</td><td>一级</td></tr>
<tr><td colspan="2">核心筒</td><td colspan="2">二级</td><td colspan="3">二级</td><td colspan="3">一级</td><td>一级</td></tr>
<tr><td rowspan="2">筒中筒</td><td colspan="2">外筒</td><td colspan="2">三级</td><td colspan="3">二级</td><td colspan="3">一级</td><td>一级</td></tr>
<tr><td colspan="2">内筒</td><td colspan="2">三级</td><td colspan="3">二级</td><td colspan="3">一级</td><td>一级</td></tr>
<tr><td rowspan="3">板柱-抗震墙结构</td><td colspan="2">高度/m</td><td>≤35</td><td>>35</td><td colspan="2">≤35</td><td>>35</td><td colspan="2">≤35</td><td>>35</td><td rowspan="3">—</td></tr>
<tr><td colspan="2">板柱的柱</td><td>三级</td><td>二级</td><td colspan="2">二级</td><td>二级</td><td colspan="3">一级</td></tr>
<tr><td colspan="2">抗震墙</td><td>二级</td><td>二级</td><td colspan="2">二级</td><td>一级</td><td colspan="2">二级</td><td>一级</td></tr>
</table>

注：1. 建筑场地为Ⅰ类时，除 6 度外可按表内降低一度所对应的抗震等级采取抗震构造措施，但相应的计算要求不应降低。

2. 接近或等于高度分界时，应允许结合房屋不规则程度及场地、地基条件确定抗震等级。

3. 大跨度框架指跨度不小于 18m 的框架。

4. 高度不超过 60m 的框架-核心筒结构按框架-抗震墙的要求设计时，应按表中框架-抗震墙结构的规定确定其抗震等级。

（2）框架柱纵向钢筋 框架可能受到来自两个方向的水平荷载作用，框架柱的纵向钢筋宜采用对称钢筋。框架柱纵筋的最小直径不应小于 12mm，全部纵向钢筋的最小配筋率见表 3-19，同时应满足每一侧配筋率不小于 0.2％的要求；全部纵向钢筋的最大配筋率不应大于 5％。

表 3-19 框架柱纵向钢筋的最小配筋率

柱类型	抗震等级			
	一级	二级	三级	四级
框架中柱、边柱/％	1.0	0.8	0.7	0.6
框架角柱、框支柱/％	1.1	0.9	0.8	0.7

注：1. 钢筋强度标准值小于 400MPa 时，表中数值应增加 0.1，钢筋强度标准值为 400MPa 时，表中数值应增加 0.05。

2. 当混凝土强度等级大于 C60 时，表中数值应增加 0.1。

为了对柱截面核芯混凝土形成良好的约束，减少箍筋自由长度，纵向钢筋的间距不应大于 350mm；为了保证纵向钢筋有较好的粘接能力，纵筋之间的净距不应小于 50mm。截面尺寸大于 400mm 的柱，纵向钢筋的间距不宜大于 200mm。柱纵向钢筋宜对称配置。

（3）框架柱箍筋 箍筋应为封闭式，箍筋间距不应大于 400mm，且不应大于柱短边尺寸；同时，在绑扎骨架中，箍筋间距不应小于 $d/4$，且不应小于 6mm。当柱中全部纵向受力钢筋的配筋率超过 3％时，箍筋直径不应小于 8mm，间距不应大于 $10d$，且不应大于 200mm，最好焊接成封闭式。柱箍筋形式见图 3-51。

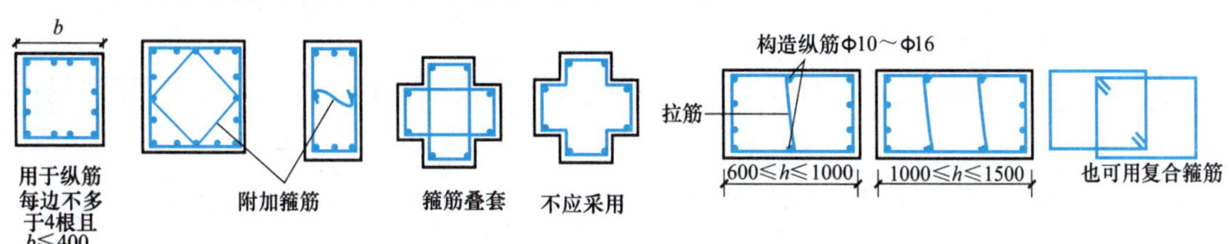

图 3-51 柱箍筋形式

当柱每侧纵向钢筋多于3根时，应设置复合箍筋；但当柱的短边不大于400mm，且纵筋根数不多于4根时，可不设复合箍筋。

柱纵向钢筋搭接长度范围内，当纵筋受力时，箍筋间距不应大于$10d$，且不应大于200mm；当纵筋受拉时，箍筋间距不应大于$5d$，且不应大于100mm。箍筋弯钩要适当加长，以绕过搭接的2根纵筋。

箍筋的设置直接影响到柱子延性。在满足承载力要求的基础上对柱采取箍筋加密措施，可以增强箍筋对混凝土的约束作用，提高柱的抗震能力。

① 框架柱端箍筋加密区长度。取矩形截面长边尺寸（圆柱直径）、层间柱净高的1/6和500mm三者中的最大值。底层柱，柱根不小于柱净高的1/3；有刚性地面时，除柱端外，尚应取刚性地面上下各500mm范围内；剪跨比不大于2的短柱和一级、二级抗震等级的角柱，应在柱全高范围内加密箍筋。

② 加密区箍筋间距和直径。在地震力的反复作用下，柱端钢筋保护层往往首先脱落，如无足够的箍筋约束，纵筋就会向外屈曲；同时箍筋对柱的核芯混凝土起着约束作用，其阻止混凝土横向变形的能力与箍筋间距和直径有关。

框架柱端箍筋加密区箍筋最大间距和最小直径应符合表3-20要求，并应满足：剪跨比不大于2的柱和一级、二级抗震等级的角柱箍筋间距不大于100mm，四级抗震等级框架柱柱根或当框架柱剪跨比小于2时，箍筋直径不宜小于$\phi 8$。

表3-20 柱箍筋加密区的箍筋最大间距和最小直径

抗震等级	箍筋最大间距(采用较小值)/mm	箍筋最小直径/mm
一级	$6d$,100	10
二级	$8d$,100	8
三级	$8d$,150(柱根100)	8
四级	$8d$,150(柱根100)	6(柱根8)

注：d为柱纵筋最小直径；柱根指底层柱下端箍筋加密区。

③ 柱箍筋加密区体积配箍率。提高柱的配筋率可以显著提高受压混凝土的极限压应变，从而增加柱的延性。框架柱箍筋加密区箍筋的最小体积配筋率，应符合下式要求：

$$\rho_v = \lambda_v f_c / f_{yv} \tag{3-14}$$

式中 ρ_v——按箍筋范围以内的核芯截面计算的体积配筋率，计算复合箍筋中的箍筋体积配筋率时，应扣除重叠部分的箍筋体积；

λ_v——最小配箍特征值，按表3-21采用。

表3-21 框架柱箍筋加密区的箍筋最小配箍特征值λ_v

抗震等级	箍筋形式	轴压比								
		≤0.3	0.4	0.5	0.6	0.7	0.8	0.9	1.0	1.05
一级	普通箍、复合箍	0.10	0.11	0.13	0.15	0.17	0.20	0.23	—	—
	螺旋箍、复合或连续复合螺旋箍	0.08	0.09	0.11	0.13	0.15	0.18	0.21	—	—
二级	普通箍、复合箍	0.08	0.09	0.11	0.13	0.15	0.17	0.19	0.22	0.24
	螺旋箍、复合或连续复合螺旋箍	0.06	0.07	0.09	0.11	0.13	0.15	0.17	0.20	0.22
三级	普通箍、复合箍	0.06	0.07	0.09	0.11	0.13	0.15	0.17	0.20	0.22
	螺旋箍、复合或连续复合螺旋箍	0.05	0.06	0.07	0.09	0.11	0.13	0.15	0.18	0.20

注：1. 普通箍指单个矩形箍和单个圆形箍；复合箍指由矩形、多边形、圆形箍或拉筋组成的箍筋；复合螺旋箍指由螺旋箍与矩形、多边形、圆形箍或拉筋组成的箍筋；连续复合矩形螺旋箍指全部螺旋箍为同一根钢筋加工而成的箍筋。

2. 计算复合螺旋箍的体积配箍率时，其非螺旋箍的箍筋体积应乘以换算系数0.8。

3. 混凝土强度等级高于C60时，箍筋宜采用复合箍、复合螺旋箍或连续复合矩形螺旋箍，当轴压比不大于0.6时，其加密区的最小配箍特征值宜按表中数值增加0.02；当轴压比大于0.6时，宜按表中数值增加0.03。

框支柱宜采用复合螺旋箍或井字复合箍，其最小配箍特征值应比表内数值增加 0.02，且体积配箍率不应小于 1.5%。

剪跨比不大于 2 的柱宜采用复合螺旋箍或井字复合箍，其体积配箍率不应小于 1.2%，9 度时不应小于 1.5%。

对一级、二级、三级、四级抗震等级的框架柱，其箍筋和加密区箍筋最小体积配筋率分别不应小于 0.8%、0.6%、0.4%、0.4%。

④ 柱箍筋加密区长度内的箍筋肢距，一级抗震等级不宜大于 200mm；二级、三级抗震等级不宜大于 250mm 和 20 倍箍筋直径的较大值；四级抗震等级不宜大于 300mm，且每隔一根纵向钢筋宜在两个方向有箍筋约束。对于剪跨比不大于 2 的柱和其他要求较高的柱，沿柱全高宜采用复合螺旋箍或井字复合箍。

⑤ 各种形式的箍筋都必须做成封闭式，箍筋末端应做 135°弯钩，弯钩的平直部分不应小于箍筋直径的 10 倍，以使箍筋能在核芯混凝土中锚固。当采用拉筋组合箍时，拉筋宜紧靠纵向钢筋并勾住封闭箍。

⑥ 非加密区箍筋配置。在箍筋加密区长度以外，箍筋的体积配筋率不宜小于加密区配筋率的一半；对一级、二级抗震等级，箍筋间距不应大于 $10d$；对三级、四级抗震等级，箍筋间跨不应大于 $15d$；d 为纵向钢筋直径。

3.2.2.3　梁、柱连接节点构造要求

在水平地震力作用下，节点核芯区可能因箍筋不足或纵筋发生粘接滑移而破坏。为了确保节点破坏不先于构件的破坏，除应对节点进行受剪承载力计算外，框架节点核芯区的箍筋和纵筋的配置尚应符合下列要求，以使节点核芯区具有较高的强度和延性。

（1）节点核芯区箍筋　数量不小于柱端加密区的实际配筋量，对一级、二级、三级抗震等级的框架节点核芯区，其箍筋最小配箍特征值分别不宜小于 0.12、0.10、0.08；柱剪跨比不大于 2 的框架节点核芯区配箍特征值不宜小于节点上、下柱端较大的配箍特征值。

（2）梁、柱纵向钢筋　框架节点核芯区处于剪压复合受力状态，为了保证节点具有较好的延性和足够的抗剪承载力，柱的纵向钢筋不应在节点中切断。

框架梁、柱的纵向钢筋在框架节点区的锚固和搭接要求应符合《高层建筑混凝土结构技术规程》(JGJ 3—2010) 规定。

① 非抗震设计时，框架梁、柱的纵向钢筋在框架节点区的锚固和搭接（图 3-52）应符合下列要求。

顶层中节点柱纵向钢筋和边节点柱内侧纵向钢筋应伸至柱顶；当从梁底边计算的直线锚固长度不小于 l_a 时，可不必水平弯折，否则应向柱内或梁、板内水平弯折，当充分利用柱纵向钢筋的抗拉强度时，其锚固段弯折前的竖直投影长度不应小于 $0.5l_{ab}$，弯折后的水平投影长度不宜小于 12 倍的柱纵向钢筋直径。此处，l_{ab} 为钢筋基本锚固长度，应符合现行国家标准《混凝土结构设计规范》(GB 50010—2010)（2015 年版）的有关规定。

顶层端节点处，在梁宽范围以内的柱外侧纵向钢筋可与梁上部纵向钢筋搭接，搭接长度不应小于 $1.5l_a$，在梁宽范围以外的柱外侧纵向钢筋可伸入现浇板内，其伸入长度与伸入梁内的相同。当柱外侧纵向钢筋的配筋率大于 1.2%时，伸入梁内的柱纵向钢筋宜分两批截断，其截断点之间的距离不宜小于 20 倍的柱纵向钢筋直径。

梁上部纵向钢筋伸入端节点的锚固长度，直线锚固时不应小于 l_a，且伸过柱中心线的长度不宜小于 5 倍的梁纵向钢筋直径；当柱截面尺寸不足时，梁上部纵向钢筋应伸至节点对边并向下弯折，弯折水平段的投影长度不应小于 $0.4l_{ab}$，弯折后竖直投影长度不应小于 15

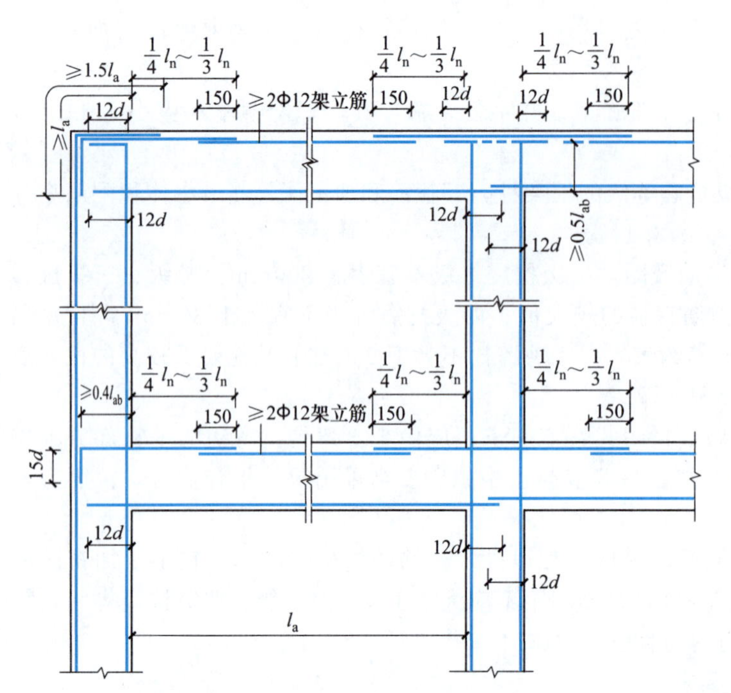

图 3-52 非抗震设计框架梁、柱纵向钢筋在框架节点区的锚固和搭接示意

3.10 框架结构梁节点配筋

倍纵向钢筋直径。

当计算中不利用梁下部纵向钢筋的强度时，其伸入节点内的锚固长度应取不小于 12 倍的梁纵向钢筋直径。当计算中充分利用梁下部钢筋的抗拉强度时，梁下部纵向钢筋可采用直线方式或向上 90°弯折方式锚固于节点内，直线锚固时的锚固长度不应小于 l_a；弯折锚固时，弯折水平段的投影长度不应小于 $0.4l_{ab}$，弯折后竖直投影长度不应小于 15 倍纵向钢筋直径。

当采用锚固板锚固措施时，钢筋锚固构造应符合现行国家标准《混凝土结构设计规范》(GB 50010—2010)（2015 年版）的有关规定。

② 抗震设计时，框架梁、柱的纵向钢筋在框架节点区的锚固和搭接（图 3-53）应符合下列要求。

顶层中节点柱纵向钢筋和边节点柱内侧纵向钢筋应伸至柱顶。当从梁底边计算的直线锚固长度不小于 l_{aE} 时，可不必水平弯折，否则应向柱内或梁内、板内水平弯折，锚固段弯折前的竖直投影长度不应小于 $0.5l_{abE}$，弯折后的水平投影长度不宜小于 12 倍的柱纵向钢筋直径。此处，l_{abE} 为抗震时钢筋的基本锚固长度，一级、二级取 $1.15l_{ab}$，三级、四级分别取 $1.05l_{ab}$ 和 $1.00l_{ab}$。

顶层端节点处，柱外侧纵向钢筋可与梁上部纵向钢筋搭接，搭接长度不应小于 $1.5l_{aE}$，且伸入梁内的柱外侧纵向钢筋截面面积不宜小于柱外侧全部纵向钢筋截面面积的 65%；在梁宽范围以外的柱外侧纵向钢筋可伸入现浇板内，其伸入长度与伸入梁内的相同。当柱外侧纵向钢筋的配筋率大于 1.2%时，伸入梁内的柱纵向钢筋宜分两批截断，其截断点之间的距离不宜小于 20 倍的柱纵向钢筋直径。

梁上部纵向钢筋伸入端节点的锚固长度，直线锚固时不应小于 l_{aE}，且伸过柱中心线的长度不应小于 5 倍的梁纵向钢筋直径；当柱截面尺寸不足时，梁上部纵向钢筋应伸至节点对边并向下弯折，锚固段弯折前的水平投影长度不应小于 $0.4l_{abE}$，弯折后的竖直投影长度应取 15 倍的梁纵向钢筋直径。

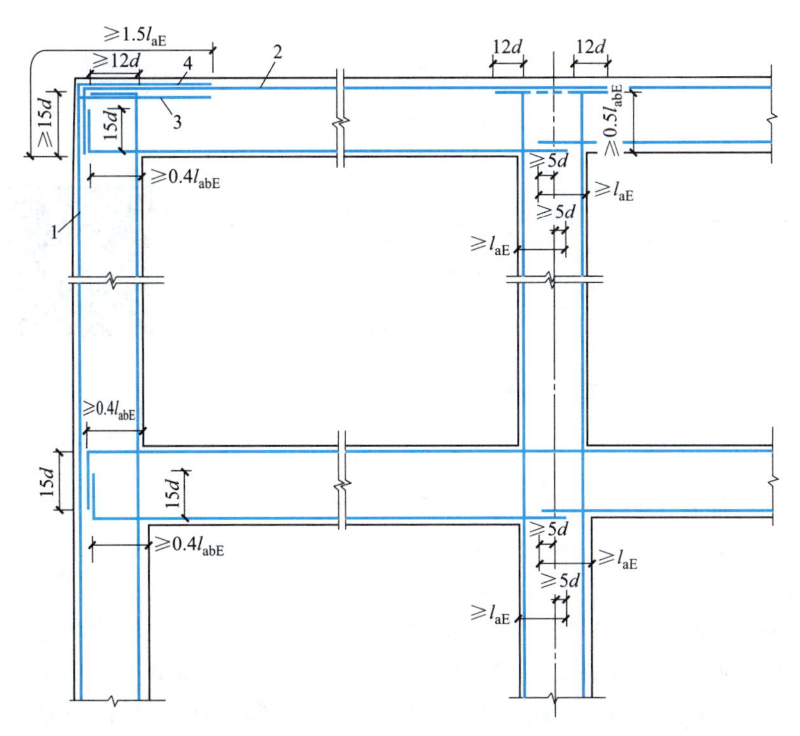

图 3-53　抗震设计框架梁、柱纵向钢筋在框架节点区的锚固和搭接示意

1—柱外侧纵向钢筋；2—梁上部纵向钢筋；3—伸入梁内的柱外侧纵向钢筋；
4—不能伸入梁内的柱外侧纵向钢筋，可伸入板内

3.11　框架结构柱配筋（加密区、柱顶、柱根）

梁下部纵向钢筋的锚固与梁上部纵向钢筋相同，但采用 90°弯折方式锚固时，竖直段应向上弯入节点内。

（3）装配式及装配整体式框架节点　装配式及装配整体式框架节点是结构的薄弱部位，在设计和施工中应采取有效措施保证梁柱在节点形成刚结，使得框架结构能够整体受力。常用的节点连接方法有钢筋混凝土明牛腿或暗牛腿刚性连接、齿槽式刚性连接、预制梁现浇柱整体式刚性连接。

3.2.3　混凝土框架结构基础

混凝土框架结构基础主要有柱下独立基础、柱下条形基础、十字交叉梁基础、筏板基础、桩基础等。

3.2.3.1　柱下独立基础

无论现浇柱基础还是预制柱基础，柱下钢筋混凝土独立基础主要包括锥形基础和阶梯形基础。

基础顶部做成平台，每边从柱边缘放出不少于 50mm 的距离。锥形基础的边缘高度不宜小于 200mm，阶梯形基础的每阶高度宜为 300～500mm。基础高度 $h \leqslant 350$mm 用一阶，$350\text{mm} < h \leqslant 900$mm 用二阶，$h > 900$mm 用三阶。阶梯尺寸宜用整数，一般在水平及垂直方向均用 50mm 的倍数。如图 3-54 所示。

通常在底板下浇筑一层素混凝土垫层，垫层的厚度不宜小于 70mm，混凝土的强度等级为 C10。

柱下钢筋混凝土基础底板受力钢筋直径不应小于 10mm，间距不应大于 200mm，也不应

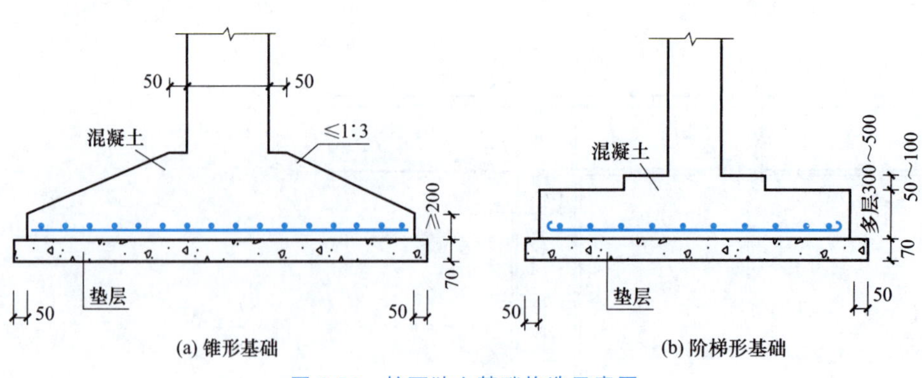

图 3-54 柱下独立基础构造示意图

3.12 框架结构基础平面图及独立柱基础配筋

小于 100mm；沿长边方向的钢筋置于板的底层，沿短边方向的钢筋置于上层。当柱下钢筋混凝土基础底板的边长大于或等于 2500mm 时，底板受力钢筋的长度可取板长的 0.9 倍并交错布置。如图 3-55 所示。

现浇柱基础与柱一般不同时浇筑，在基础内需预留插筋，其规格和数量应与柱的纵向受力筋相同。插筋的锚固和搭接应满足《混凝土结构设计规范》（GB 50010—2010）（2015 年版）的要求，当基础高度在 900mm 以内时，插筋应伸至基础底部的钢筋网中，并在端部做成直弯钩如图 3-56 所示。当柱为轴心受压或小偏心受压，基础高度大于等于 1200mm；或柱为大偏心受压，基础高度大于等于 1400mm 时，可仅将四角的插筋伸至底板钢筋网上，其余插筋锚固在基础顶面。

预制钢筋混凝土柱独立基础如图 3-57 所示。

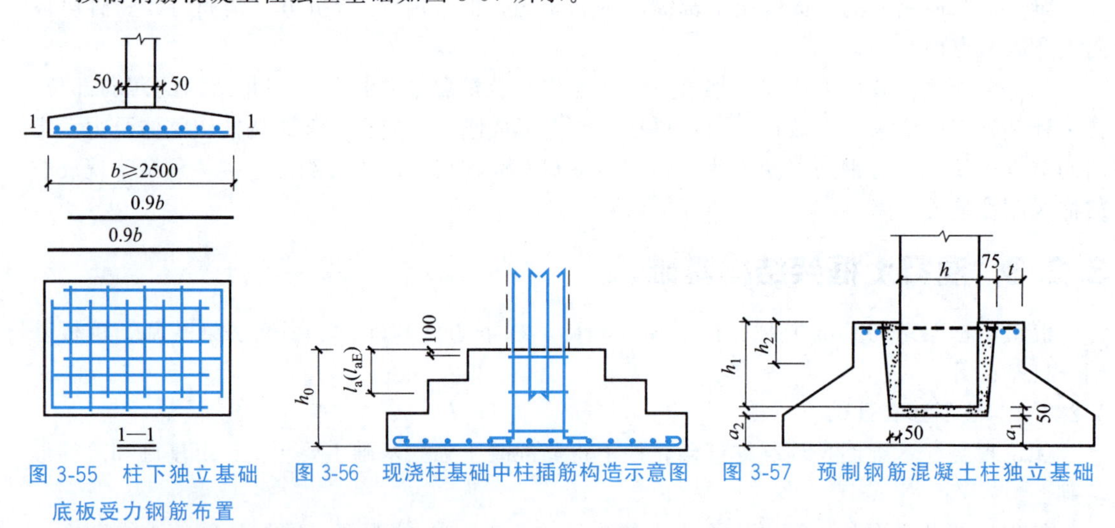

图 3-55 柱下独立基础底板受力钢筋布置

图 3-56 现浇柱基础中柱插筋构造示意图

图 3-57 预制钢筋混凝土柱独立基础

插筋长度范围内均应设置箍筋。插筋伸出基础的长度，根据柱子的受力情况及钢筋规格来确定。

3.2.3.2 十字交叉梁基础

对于高层框架结构采用柱下钢筋混凝土条形基础仍不能满足要求时，常采用十字交叉梁基础，以增强整个建筑物的刚度，使各柱间的沉降比较均匀。十字交叉梁基础由肋梁及其横向外伸的翼板组成。由于肋梁的截面相对较大，且配置一定数量的纵筋和腹筋，因而具有较强的抗剪及抗弯能力，如图 3-58 所示。

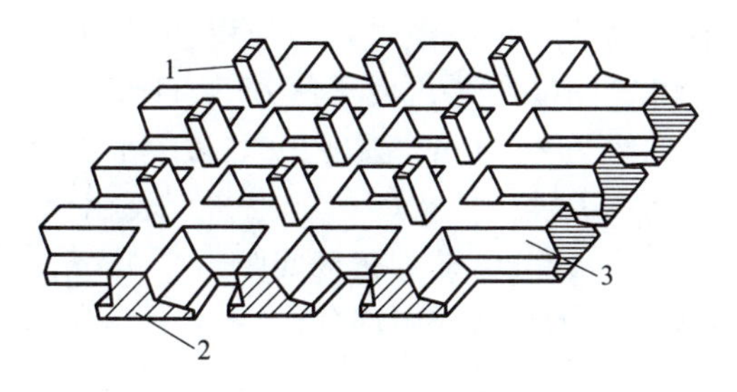

图 3-58　柱下十字交叉梁基础

1—柱；2—底板；3—肋梁

3.13　十字交叉梁基础配筋

十字交叉梁基础构造，应符合下列要求：

(1) 条形基础的两端宜伸出柱边之外约 1/4 边跨柱距，既可增大基础底面积，又可使基底反力分布比较均匀、基础内力分布比较合理。

一般柱下条形基础沿纵向取等截面，肋梁高度由计算确定，宜为柱距的 1/8～1/4。翼板厚度不应小于 200mm；当翼板厚度为 200～250mm 时，宜用等厚度翼板；当翼板厚度大于 250mm 时，宜用变厚度翼板，其坡度小于或等于 1∶3。

(2) 条形基础肋梁顶面和底面的纵向受力钢筋除满足计算要求外，顶面钢筋宜全部贯通，底面通长钢筋截面面积不得少于总面积的 1/3。

(3) 柱下钢筋混凝土条形基础的混凝土强度等级不应低于 C20，基底垫层、钢筋保护层厚度、底板钢筋的部分构造要求可参考扩展基础的规定。

3.2.4　识图训练

这里主要介绍 16G101-1 平法标准关于混凝土框架结构中梁柱钢筋表示方法。柱施工图表示方法有列表注写方式、截面注写方式；梁施工图表示方法有平面注写方式、截面注写方式。

3.2.4.1　柱的平法施工图表示方法

(1) 柱列表注写方式

① 柱构件代号

KZ——框架柱；ZHZ——转换柱；XZ——芯柱；LZ——梁上柱；QZ——剪力墙上柱。

② 各段起止标高，自基础顶面标高往上以变截面位置或截面未变但配筋改变处为界分段注写。

③ 柱截面尺寸及与轴线关系的具体数值，必须对应于各段柱分别注写。对于矩形柱，注写截面尺寸 $b \times h$ 及与轴线关系的几何参数代号 b_1、b_2 和 h_1、h_2 的具体数值，其中 $b=b_1+b_2$，$h=h_1+h_2$；对于圆柱用直径 d 表示，圆柱截面与轴线关系也用 b_1、b_2 和 h_1、h_2 表示，并使 $d=b_1+b_2=h_1+h_2$。

④ 柱纵筋。柱纵筋分角筋、截面宽度 b 边中部筋和截面高度 h 边中部筋三项分别注写。对于对称配筋的矩形截面柱，可仅注写一侧中部筋，对称边省略不注；当柱纵筋直径相同，各边根数也相同时，将纵筋注写在“全部纵筋”中。

⑤ 箍筋的类型号及箍筋肢数。对所设计的各种箍筋类型图及箍筋复合的具体方式，应在图中表示出来，并标出与表中相对应的 b、h 和编上类型号。对有抗震要求的，确定箍筋肢数时要满足对柱纵筋“隔一拉一”以及箍筋肢距的要求。

⑥ 柱箍筋。柱箍筋包括钢筋级别、直径与间距。当为抗震设计时，用斜线“/”区分箍筋加密区与非加密区间距；当箍筋沿柱全高为一种间距时，不使用“/”线；当圆柱采用螺旋箍筋时，需在箍筋前加“L”。例如Φ10@100/200，表示箍筋为HPB300级钢筋，直径ϕ10，加密区间距为100mm，非加密区间距为200mm；Φ8@100，表示箍筋为HPB300级钢筋，直径ϕ8，间距为100mm，沿柱全高加密。LΦ8@100/200，表示采用螺旋箍筋，HPB300级钢筋，直径ϕ8，加密区间距为100mm，非加密区间距为200mm。对有抗震要求的箍筋加密区范围可参见16G101-1平法标准的构造详图部分。

(2) 柱截面注写方式

截面注写方式是在分标准层绘制的柱平面布置图的柱截面上，分别从相同编号的柱中选择一个截面，按另一种比例原位放大绘制柱截面配筋图，并在各个配筋图上注写截面尺寸$b\times h$、角筋或全部纵筋（当纵筋采用一种直径且能够图示清楚时）、箍筋的具体数值，以及在柱截面配筋图上标注柱截面与轴线关系b_1、b_2、h_1、h_2的具体数值；当纵筋采用两种直径时，须再注写截面各边中部筋的具体数值（对于采用对称配筋的矩形截面柱，可仅在一侧注写中部筋）。柱截面注写方式如图3-59所示。

3.2.4.2 梁的平法施工图表示方法

在梁平面布置图上采用平面注写方式或截面注写方式表达，就是梁的平法施工图。在梁的平面布置图上可按照梁的不同结构层绘制，与此同时还应该注上各结构层的顶面标高、结构层号，以及它们与轴线间的关系。

3.14 梁的平法制图规则讲解

(1) 梁的平面注写方式

梁的平面注写方式是在梁平面布置图上，分别在不同编号的梁中各选一根梁，在其上注写截面尺寸和配筋具体数值的方式来表达梁平法施工图。

梁的平面注写方式包括集中标注与原位标注。集中标注表达梁的通用数值，原位标注表达梁的特殊数值。施工时，原位标注取值优先。

梁集中标注可以从梁的任意一跨引出，标注内容包括5项必注值和1项选注值，分别如下。

① 梁的编号。梁的编号由梁类型代号、序号、跨数及有无悬挑代号组成，见表3-22。

表3-22 梁编号

梁类型	代号	序号	跨数及是否带有悬挑
楼层框架梁	KL	××	(××)、(××A)或(××B)
楼层框架扁梁	KBL	××	(××)、(××A)或(××B)
屋面框架梁	WKL	××	(××)、(××A)或(××B)
框支梁	KZL	××	(××)、(××A)或(××B)
托柱转换梁	TZL	××	(××)、(××A)或(××B)
非框架梁	L	××	(××)、(××A)或(××B)
悬挑梁	XL	××	(××)、(××L)或(××B)
井字梁	JZL	××	(××)、(××A)或(××B)

注：(××A)为一端有悬挑，(××B)为两端有悬挑，悬挑不计入跨数。

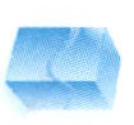

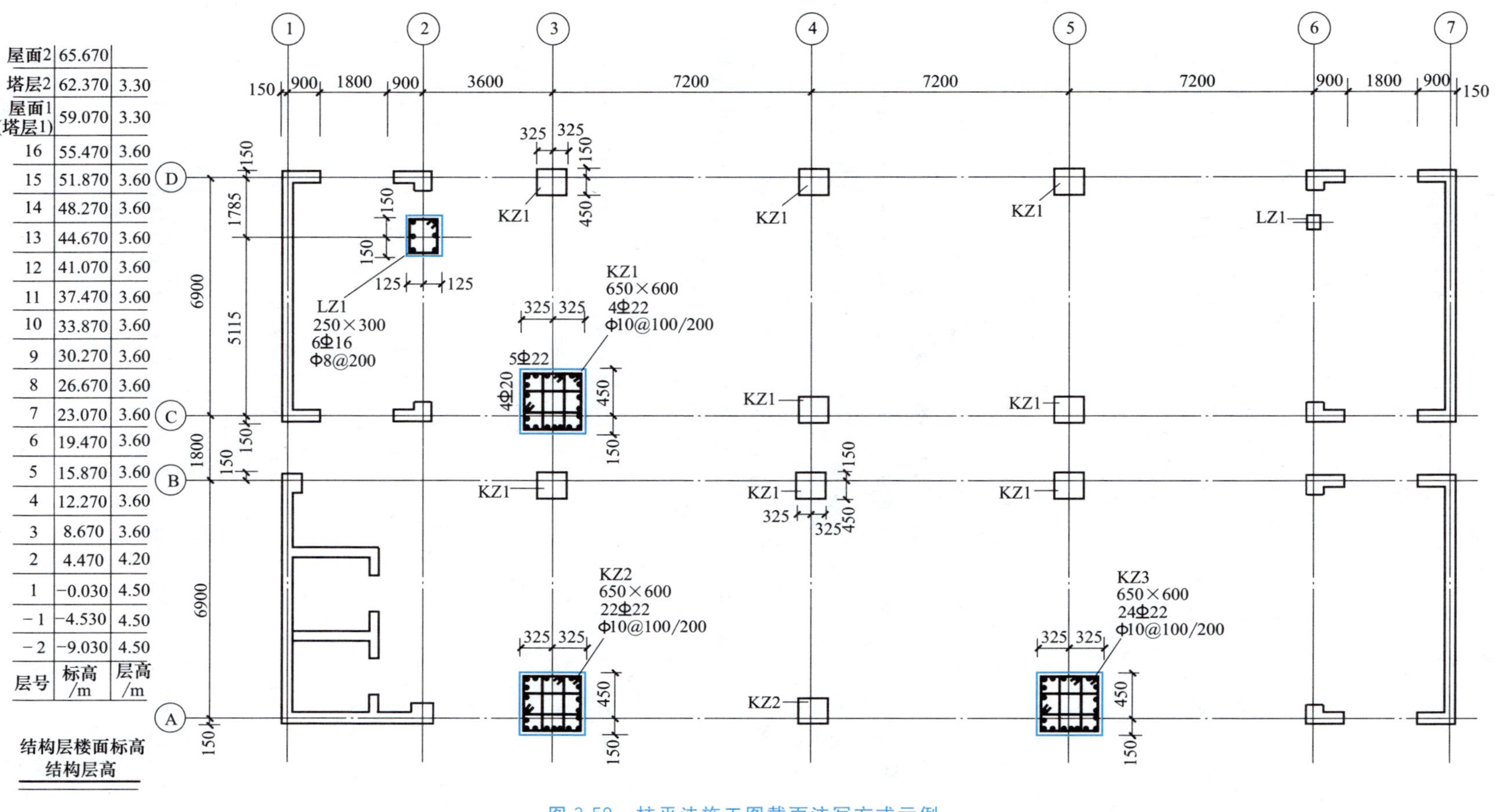

层号	标高/m	层高/m
屋面2	65.670	
塔层2	62.370	3.30
屋面1(塔层1)	59.070	3.30
16	55.470	3.60
15	51.870	3.60
14	48.270	3.60
13	44.670	3.60
12	41.070	3.60
11	37.470	3.60
10	33.870	3.60
9	30.270	3.60
8	26.670	3.60
7	23.070	3.60
6	19.470	3.60
5	15.870	3.60
4	12.270	3.60
3	8.670	3.60
2	4.470	4.20
1	-0.030	4.50
-1	-4.530	4.50
-2	-9.030	4.50

结构层楼面标高
结构层高

图 3-59　柱平法施工图截面注写方式示例

② 梁截面尺寸。当为等截面梁时，用 $b \times h$ 表示；当为加腋梁时，用 $b \times h$ Y$C_1 \times C_2$ 表示，其中 C_1 为腋长，C_2 为腋高；当有悬挑梁且根部和端部的高度不同时，用 $b \times h_1/h_2$ 表示，其中 h_1、h_2 分别表示悬挑梁根部和端部的高度。例如 300×750 Y500×250，350×750/500。

③ 梁箍筋。梁箍筋包括钢筋级别、直径、加密区与非加密区间距及肢数。箍筋加密区与非加密区的不同间距及肢数用斜线“/”分隔；当梁箍筋为同一种间距及肢数时，则不需用斜线；当加密区与非加密区的箍筋肢数相同时，则将肢数注写一次；箍筋肢数应写在括号内。例如Φ8@100/200（4），表示箍筋为 HPB300 级钢筋，直径 $\phi 8$，加密区间距为 100mm，非加密区间距为 200mm，均为四肢箍。Φ10@100(4)/150(2)，表示箍筋为 HPB300 级钢筋，直径 $\phi 10$，加密区间距为 100mm，四肢箍；非加密区间距为 150mm，双肢箍。

当抗震结构中的非框架梁、悬挑梁、井字梁以及非抗震结构中的各类梁，采用不同的箍筋间距及肢数时，也用斜线“/”将其分隔开来。注写时，先注写梁支座端部的箍筋（包括箍筋的箍数、钢筋级别、直径、间距与肢数），在斜线后注写梁跨中部分的箍筋间距及肢数。例如，13Φ10@150/200(4)，表示箍筋为 HPB300 级钢筋，直径 $\phi 10$，梁的两端各有 13 个四肢箍，间距为 150mm，梁跨中部分间距为 200mm，四肢箍。18Φ12@150(4)/200(2)，表示箍筋为 HPB300 级钢筋，直径 $\phi 12$，梁的两端各有 18 个四肢箍，间距为 150mm，梁跨中部分间距为 200mm，双肢箍。

④ 梁上部通长筋（通长筋可为相同直径或不同直径采用搭接连接、机械连接或对焊连接的钢筋）或架立筋配置。所注规格与根数应根据结构受力要求及箍筋肢数等构造要求而定。当同排纵筋中既有通长筋又有架立筋时，应用加号“＋”相连，角筋写在“＋”的前面，架立筋写在“＋”后面的括号内（当全部采用架立筋时则将其写在括号内）；当梁的上部纵筋和下部纵筋为全跨相同，且多数跨配筋相同时，此项可加注下部纵筋的配筋值，用“；”将上部与下部纵筋的配筋值分开，少数跨不同者按原位标注。例如，2Φ22＋(4Φ14) 用于六肢箍，其中 2Φ22 为通长筋，4Φ14 为架立筋。3Φ22；3Φ20 表示梁的上部配置 3Φ22 的通长筋，梁的下部配置 3Φ20 的通长筋。

⑤ 梁侧面纵向构造钢筋或受扭钢筋配置。分别用 G 或 N 打头，接续注写设置在梁两侧的总配筋值，且对称配置。例如 G4Φ14，表示梁的两侧共配置 4Φ14 的纵向构造钢筋，每侧各配置 2Φ14。N6Φ18，表示梁的两侧共配置 6Φ18 的受扭纵向钢筋，每侧各配置 3Φ18。

⑥ 选注值为梁顶面标高高差。梁顶面标高高差是指相对于结构层楼面标高的高差值。有高差时，须将其写入括号内，无高差时不注写。当某梁的顶面高于所在结构层的楼面标高时，其标高高差为正值，反之为负值。例如，某结构层的楼面标高为 40.950m 和 45.550m，当某梁的梁顶面标高高差注写为（－0.050）时，表明该梁顶面标高分别相对于 40.950m 和 45.550m 低 0.05m。

（2）梁原位标注方式

梁原位标注的内容如下。

① 梁支座上部纵筋。该部位含通长筋在内的所有纵筋。当梁上部纵筋多于一排时，用

斜线“/”将各排纵筋自上而下分开。例如，梁支座上部纵筋注写为6Φ20 4/2，表示上一排纵筋为4Φ20，下一排纵筋为2Φ20。当同排纵筋有两种直径时，用加号“+”将两种直径的纵筋相联，注写时将角部纵筋写在前面。例如，梁支座上部有四根纵筋，2Φ20放在角部，2Φ18放在中部，在梁支座上部应注写为2Φ20+2Φ18。当梁中间支座两边的上部纵筋不同时，须在支座两边分别标注，当梁中间支座两边的上部纵筋相同时，可仅在支座的一边标注配筋值，而另一边省去不注。

设计时需要注意：对于支座两边不同配筋值的上部纵筋，尽可能选用直径相同的纵筋，即使根数不同也可以，使该纵筋贯穿支座，避免支座两边出现不同直径的上部纵筋在支座内锚固的情况；对那些以边柱、角柱为端支座的屋面框架梁，当满足配筋或截面要求时，梁的上部钢筋应尽可能只配置一层，用来避免出现纵筋在顶处因层数过多、密度过大导致不方便施工和影响混凝土浇筑质量的情况。

② 梁下部纵筋。当梁下部纵筋多于一排时，用斜线“/”将各排纵筋自上而下分开。例如，梁下部纵筋注写6Φ20 2/4，表示上一排纵筋为2Φ20，下一排纵筋为4Φ20。当同排纵筋有两种直径时，用加号“+”将两种直径的纵筋相联，注写时将角筋写在前面。当梁下部纵筋不全部伸入支座时，将梁支座下部纵筋减少的数量写在括号内。

③ 附加箍筋或吊筋。附加箍筋或吊筋直接画在平面图中的主梁上，用线引注总配筋值(附加箍筋的肢数注在括号内)，当多数附加箍筋或吊筋相同时，可在梁平法施工图上统一注明，少数与统一注明值不同时，再原位引注。施工时应注意，附加箍筋或吊筋的几何尺寸应按照标准构造详图，结合其所在位置的主梁和次梁截面尺寸而定。

梁平面注写方式的示例见图3-60。

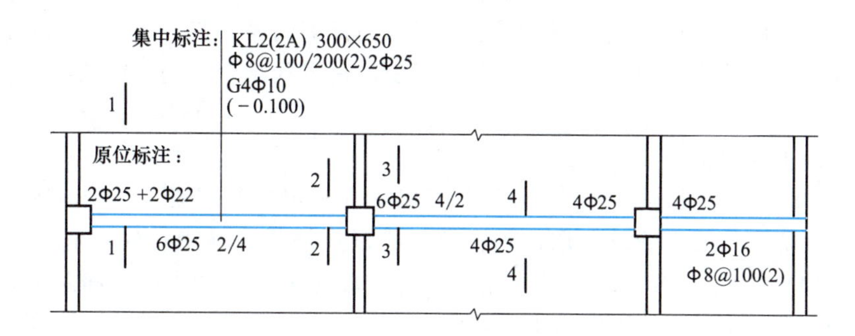

图3-60　梁平面注写方式示例

从梁集中标注可知，该梁编号为楼层框架梁（KL2），有两跨，一端带悬挑（右边悬挑），梁截面尺寸$b \times h$=300mm×650mm；梁内配有Φ8的双肢箍筋，箍筋间距在梁加密区与非加密区分别是100mm和200mm，梁上部通长筋为2Φ25；梁两侧面腰部配有纵向构造钢筋4Φ10；该梁顶面标高比该结构层楼面标高低100mm。

从梁原位标注可知，梁上部钢筋：该梁在支座负筋为2Φ25+2Φ22，其中2Φ25就是集中标注中所指的2根梁角部的上部通长筋，2Φ22是另配的受力筋，该钢筋按16G101-1的规定，在该跨l_n/3处截断；该梁中间支座负筋为6Φ25，上一排4根，下一排2根，除位于第一排的2根通长钢筋外，其余4根钢筋在该支座两边均需要按照16G101-1中的规定截断；

该梁右支座负筋为4Φ25，除两根通长钢筋外，另外2Φ25钢筋的构造是：在该支座左边（第二跨内）$l_n/3$处截断，在该支座右边（悬挑部分）全部伸至悬挑端部。

梁下部钢筋：第一跨6Φ25，上一排2根，下一排4根；第二跨4Φ25；悬挑部分2Φ16。第一跨和第二跨内箍筋按构造要求加密；悬挑部分箍筋全长加密，均配置Φ8@100双肢箍。为方便看图，给出KL2的传统的截面配筋详图3-61，可与图3-60相对比。

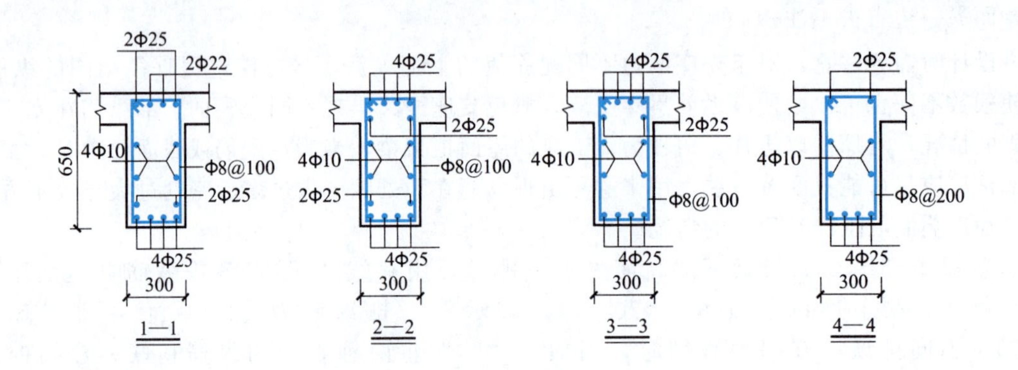

图3-61　梁的截面配筋图（详图法）

（3）梁的截面注写方式

梁截面注写方式是在分标准层绘制的梁平面布置图上对所有梁按照表3-22的规定进行编号，从相同编号的梁中选择一根梁，先将“单边截面号”画在该梁上，再将截面配筋详图画在本图或其他图上，并在截面配筋详图上注写截面尺寸$b \times h$、上部筋、下部筋、侧面构造筋或受扭筋以及箍筋的具体数值，其表达方式与平面注写方式相同。当梁的顶面标高与结构层的楼面标高不同时，应在其梁编号后注写梁顶面标高高差，其注写方式与平面注写方式相同。梁截面注写方式既可单独使用，也可与平面注写方式结合使用。梁的截面注写方式如图3-62所示。

（4）梁支座上部纵筋长度的规定

① 为方便施工，凡框架梁所有支座和非框架梁（不包括井字梁）的中间支座上部纵筋的延伸长度值在标准构造图中统一取值为：第一排通长筋从柱（梁）延伸至$l_n/3$位置；第二排通长筋延伸至$l_n/4$位置。l_n取值规定为：对于端支座，l_n为本跨的净跨值，对于中间支座，l_n为支座两边较大一跨的净跨值。

② 悬挑梁（包括其他类型的悬挑部分）的第一排纵筋延伸至梁端头并下弯，第二排延伸至$3l/4$位置，l为自柱（梁）边算起的悬挑净长。当具体工程需将悬挑的部分上部纵筋从悬挑梁根部开始斜向下弯时，应由设计者另作注明。

③ 井字梁的端部支座和中间支座上部纵筋延伸长度取a值，应由设计者在原位加注具体数值予以注明，当采用平面注写方式时，则在原位标注的支座上部纵筋后括号内加注具体延伸长度值（如图3-63所示）；当为截面注写时，则在梁端截面配筋图上注写的上部纵筋后面括号内加注具体延伸长度值。

设计时应当注意：当井字梁连续设置在两片或多片网格区域时，才具有上面描述的井字梁中间支座；当某根井字梁端支座与其所在网格区域之外的非框架梁相对该位置上部钢筋的连续布置方式须由设计者注明。

层号	标高/m	层高/m
屋面2	65.670	
塔层2	62.370	3.30
屋面1(塔层1)	59.070	3.30
16	55.470	3.60
15	51.870	3.60
14	48.270	3.60
13	44.670	3.60
12	41.070	3.60
11	37.470	3.60
10	33.870	3.60
9	30.270	3.60
8	26.670	3.60
7	23.070	3.60
6	19.470	3.60
5	15.870	3.60
4	12.270	3.60
3	8.670	3.60
2	4.470	4.20
1	−0.030	4.50
−1	−4.530	4.50
−2	−9.030	4.50

结构层楼面标高
结构层高

4Φ16
N2Φ16
Φ8@200
6Φ22 2/4
1—1
300×550

2Φ16
N2Φ16
Φ8@200
6Φ22 2/4
2—2
300×550

2Φ14
Φ8@200
3Φ18
3—3
250×450

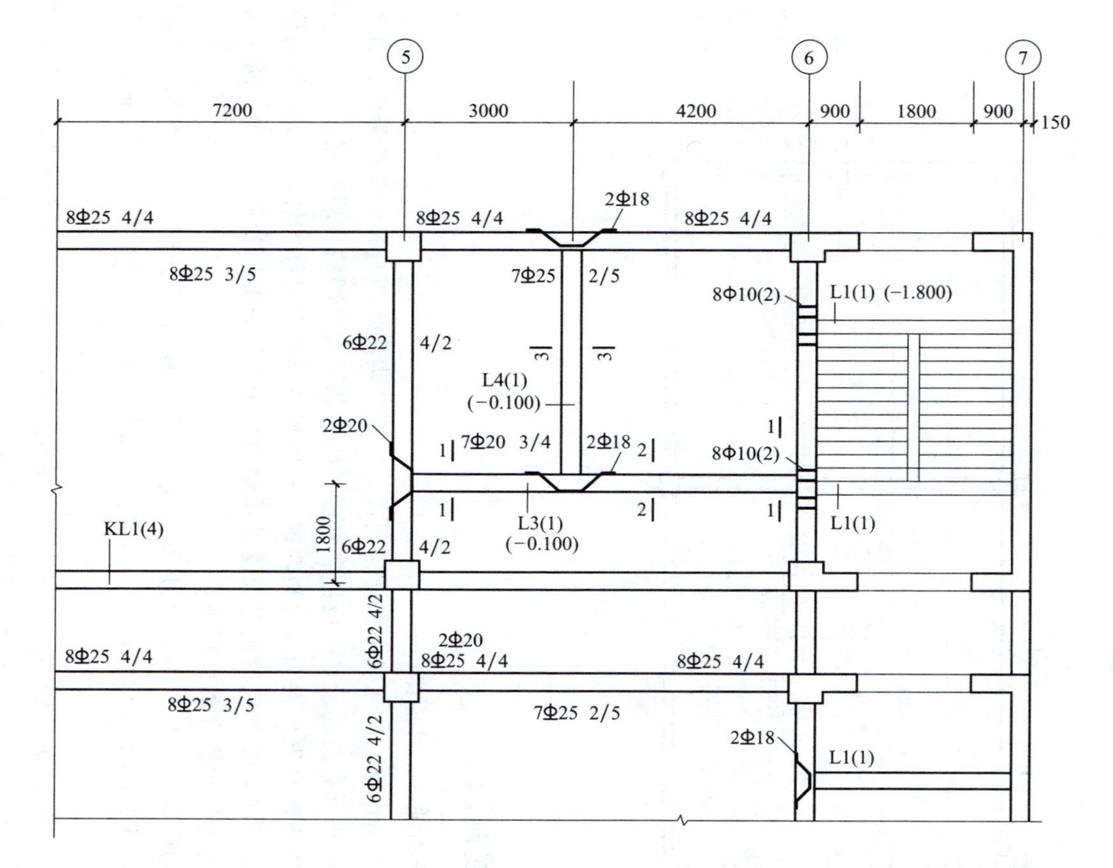

15.870～26.670梁平法施工图(局部)

图 3-62　梁的截面注写方式示例

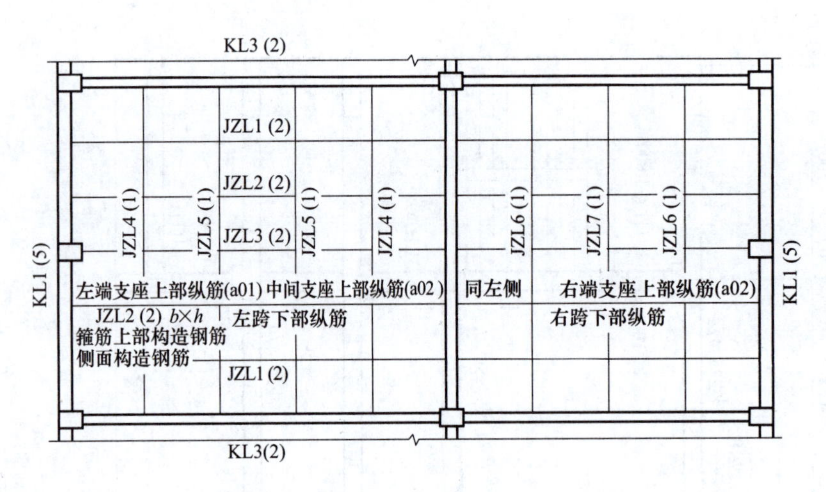

图 3-63 井字梁支座纵筋平面注写示例

3.2.5 拓展知识

3.2.5.1 框架结构抗震设计原则

框架结构体系是由梁、柱通过节点连接而成，抗震结构构件应具备必要的强度、适当的刚度、良好的延性和可靠的连接，并应注意强度、刚度和延性之间的合理匹配。

框架梁设计中应控制先在梁端出现塑性铰，并使塑性铰具有足够的转动能力；同时应遵循“强剪弱弯”的原则，要求梁的斜截面受剪承载力高于梁的正截面受弯承载力，防止梁端在延性的弯曲破坏前出现脆性的剪切破坏。

框架柱设计中应遵循“强柱弱梁”的原则，避免或推迟柱端出现塑性铰；还应满足“强剪弱弯”的要求，防止过早发生剪切破坏；为提高框架柱的延性，尚应控制柱的轴压比不要太大。

框架节点是结构抗震的薄弱部位，在水平地震力作用下，框架节点受到梁、柱传来的弯矩、剪力和轴力作用，节点核芯区处于复杂应力状态。地震时，一旦节点发生破坏，难以修复和加固，因此应根据“强节点”的设计要求，使得节点核芯区的承载力强于与之相连的杆件的承载力。

结构抗震设计一方面应按现行设计规范对结构进行必要的计算，满足承载力和变形要求；另一方面还要采取正确的构造措施，提高结构延性，防止结构倒塌。

混凝土强度等级不宜过高，否则将降低构件的延性；混凝土强度等级也不能过低，过低则会减弱混凝土与钢筋的粘接作用，导致钢筋在反复荷载下产生滑移。

有抗震设防要求的混凝土结构的混凝土强度等级应符合下列要求：设防烈度为 9 度时，混凝土强度等级不宜超过 C60；设防烈度为 8 度时，混凝土强度等级不宜超过 C70。当按一级的抗震等级设计时，混凝土强度等级不应低于 C30；当按二级、三级抗震等级设计时，混凝土强度等级不应低于 C20。

钢筋的变形性能直接影响结构构件在地震作用下的延性，为了使得构件中产生的塑性铰具有良好的变形能力来吸收和消耗地震能量，结构构件中应采用延性较好的钢筋。普通纵向受力钢筋宜采用 HRB335、HRB400 级热轧钢筋；箍筋宜采用 HPB300、HRB335、HRB400 级热轧钢筋。在施工中，不宜任意采用较高强度等级的钢筋来代替原设计中的纵向受力钢筋，以免降低构件延性。

为了使得结构出现塑性铰以后截面具有足够的转动能力，钢筋不致过早拉断，按一级、二级抗震等级设计中，要求纵向受力钢筋的强屈比大于1.25，即要求钢筋的抗拉强度实测值比屈服强度的实测值至少高出25%。为了实现“强柱弱梁”“强剪弱弯”的设计原则，对一级、二级抗震等级的框架结构，要求钢筋实际的屈服强度不能超过钢筋强度的标准值过大，钢筋屈服强度实测值与强度标准值的比值不应大于1.3。

3.2.5.2　框架结构受力分析及配筋计算

（1）框架结构承受的荷载

框架结构承受的作用包括竖向荷载、水平荷载和地震作用。竖向荷载包括自重及楼（屋）面活荷载，一般为分布荷载，有时有集中荷载；水平荷载为风荷载，沿建筑物高度按均匀分布荷载考虑，并将其折算成作用于楼层节点位置的水平集中力；地震作用主要是水平地震作用，在抗震设防烈度6度以上时需考虑。对一般房屋结构而言，只需考虑水平地震作用，而在8度以上的大跨结构、高耸结构中才考虑竖向地震作用。

（2）框架结构的计算简图

框架结构是横向框架和纵向框架组成的一个空间结构体系。设计中为简化起见，常忽略结构的空间联系，将纵向、横向框架分别按平面框架进行分析和计算，如图3-64（a）所示，他们分别承受纵向和横向水平荷载，分别承受阴影范围内的水平荷载，如图3-64（b）所示。竖向荷载的传递方式则根据楼（屋）面布置方式而定。现浇平板楼（屋）面的荷载主要向距离较近的梁上传递，而预制板楼盖荷载则向支撑板的梁上传递。

框架结构的计算简图是通过梁、柱轴线来确定的。其中梁、柱等各杆件均用轴线表示，杆件之间的连接用节点表示，杆件长度用节点间的距离表示。除装配式框架外，一般可将梁、柱节点看成刚性节点，认为柱固结于基础顶面，所以框架结构多为高次超静定结构，如图3-64（c）、（d）所示。

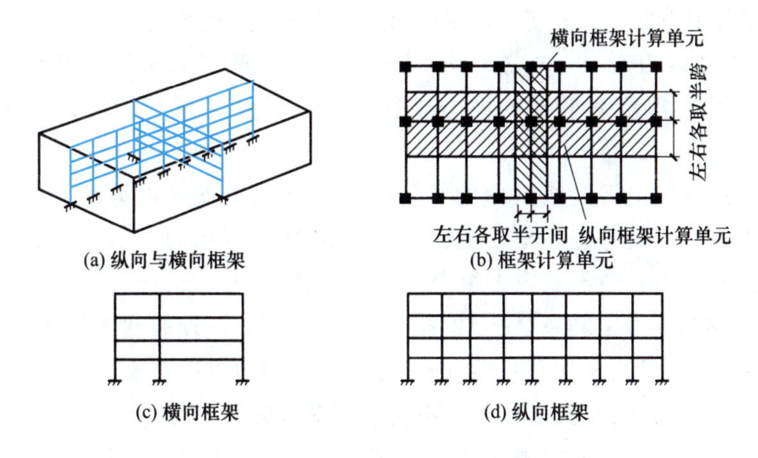

图3-64　框架结构计算单元

（3）框架结构在荷载作用下的内力

1）竖向、水平荷载作用下的内力。图3-65（a）所示为某一3层3跨框架，同时在竖向均布荷载和水平集中力作用下的计算简图以及框架内力图，如图3-65（b）、（c）所示。

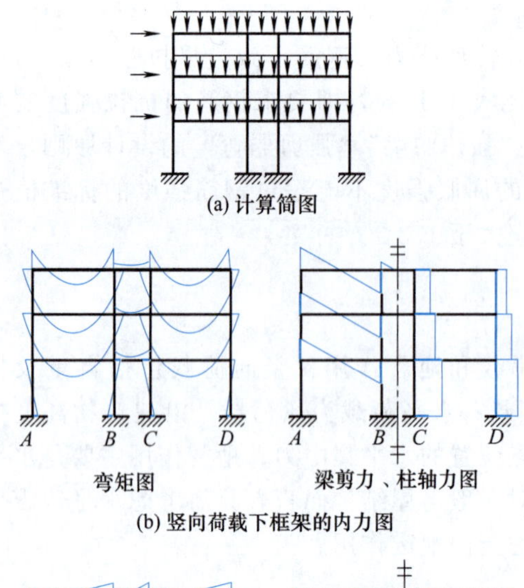

(a) 计算简图

弯矩图　　梁剪力、柱轴力图

(b) 竖向荷载下框架的内力图

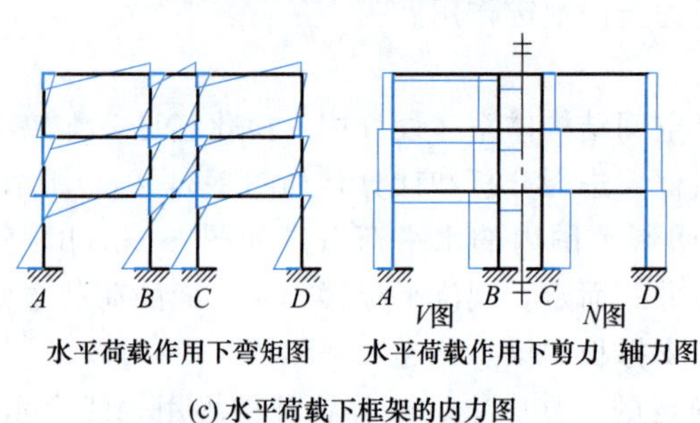

水平荷载作用下弯矩图　　水平荷载作用下剪力　轴力图

(c) 水平荷载下框架的内力图

图 3-65　竖向及水平荷载下框架的计算简图和内力图

其中图 3-65（b）为框架在竖向荷载作用下的内力图（弯矩图、剪力图和轴力图）。从图中可以看出，在竖向荷载作用下，框架梁、柱截面均产生弯矩，其中框架梁的弯矩呈抛物线形变化，跨中截面产生最大的正弯矩（梁截面下侧受拉），框架梁的支座截面产生最大的负弯矩（梁截面上侧受拉）。柱的弯矩沿柱长线性变化，弯矩最大的位置换位于柱的上、下端截面；剪力沿框架梁长呈线性变化，最大剪力出现在梁的端部支座截面处；同时，在竖向荷载作用下框架柱截面上还产生轴力。

框架在水平荷载作用下的内力图如图 3-65（c）所示。从图中可以看出，左侧作用水平荷载时，在框架梁、柱截面上均产生线性变化的弯矩，在梁、柱支座端截面处分别产生最大的正弯矩和最大的负弯矩，并且在同一根柱中，柱端弯矩由下至上逐层减小。剪力图中反映出剪力在梁的各跨长度范围内呈均匀分布。框架柱的轴力图在同一根柱中由下至上轴力逐层减小。由于水平荷载作用的方向是任意的，故水平集中力还可能是反向作用。当水平集中力的方向改变时，相应的内力也随之发生变化。

2）控制截面及内力组合。框架结构同时承受竖向荷载和水平荷载作用。为保证框架结构的安全可靠，需根据框架的内力进行框架梁、柱的配筋计算以及加强节点的连接构造。

控制截面就是杆件中需要按其内力进行设计计算的截面，内力组合的目的就是为了求出各构件在控制截面处对截面配筋起控制作用的最不利内力，以作为梁、柱配筋的依据。对于某一控制截面，最不利内力组合可能有多种。

① 框架梁。梁的内力主要为弯矩 M 和剪力 V。框架梁的控制截面是梁的跨中截面和梁端支座截面，跨中截面产生最大正弯矩（$+M_{max}$），有时也可能出现负弯矩；支座截面产生最大负弯矩（$-M_{max}$）、最大正弯矩（$+M_{max}$）和最大剪力（V_{max}）。

需要按梁跨中的 $+M_{max}$ 计算确定梁的下部纵向受力钢筋；按 $-M_{max}$、$+M_{max}$ 计算确定梁端上部及下部的纵向受力钢筋；按 V_{max} 计算确定梁中的箍筋及弯起钢筋。同时必须符合相应的构造要求。

② 框架柱。框架柱的内力主要是弯矩 M 和轴力 N。框架柱的控制截面是柱的上、下端截面，其中弯矩最大值出现在柱的两端，而轴力最大值位于柱的下端。一般的柱都是偏心受压构件。根据柱的 M_{max} 和 N_{max}，确定出柱中纵向受力钢筋的数量，并配置相应的箍筋。

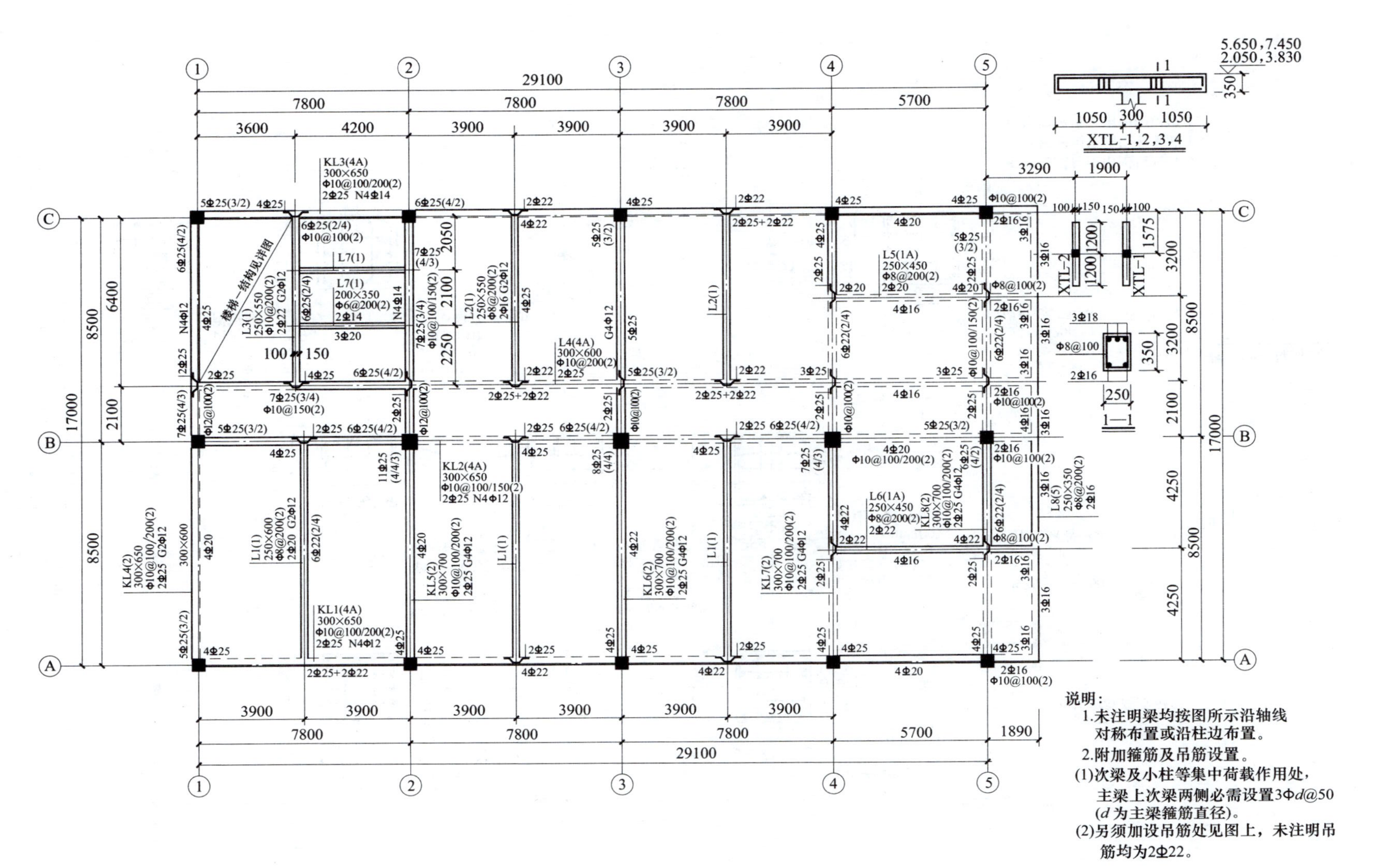

图 3-66　框架结构现浇楼盖梁结构平面布置图

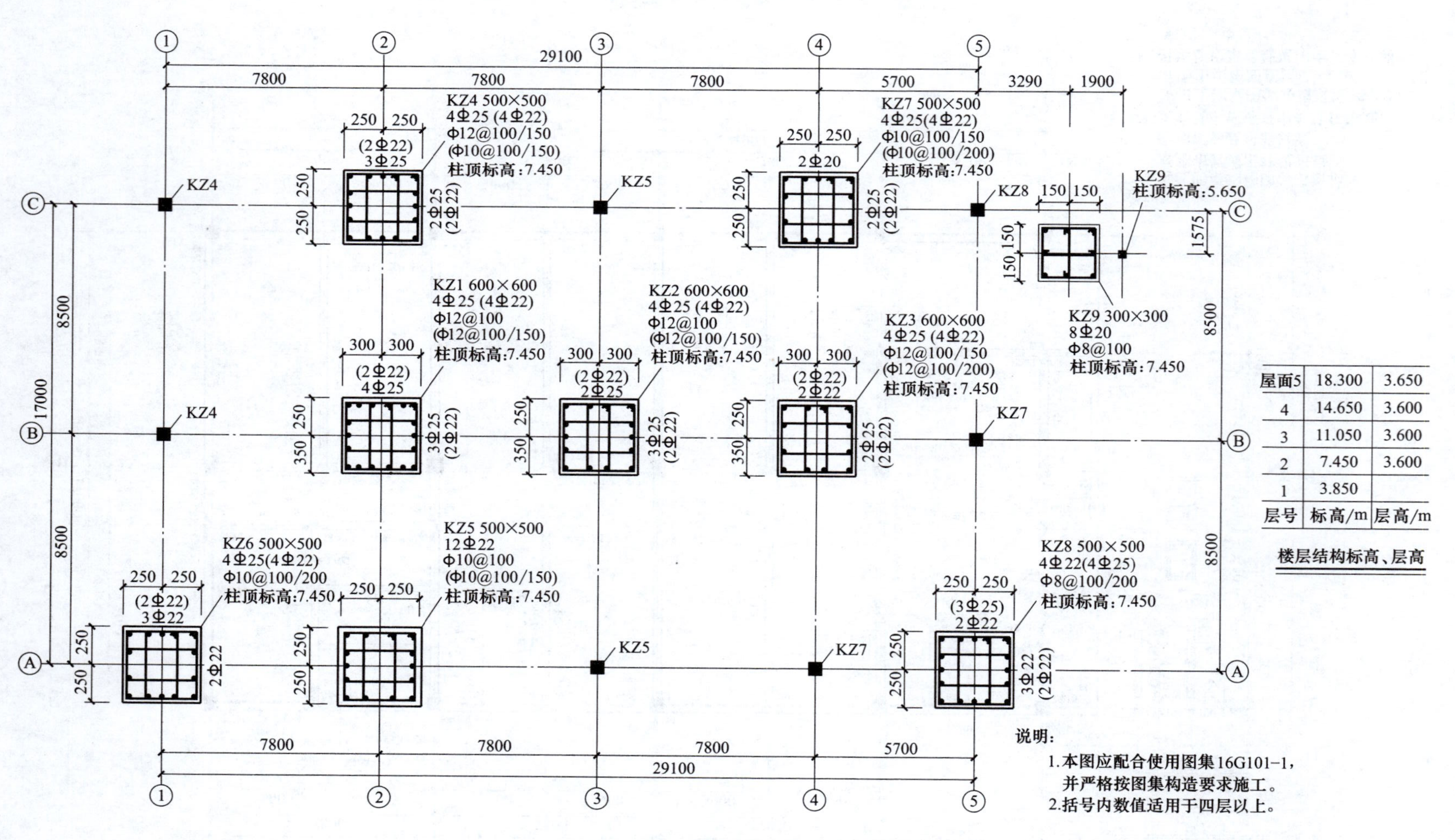

屋面5	18.300	3.650
4	14.650	3.600
3	11.050	3.600
2	7.450	3.600
1	3.850	
层号	标高/m	层高/m

楼层结构标高、层高

说明：

1.本图应配合使用图集16G101-1，并严格按图集构造要求施工。

2.括号内数值适用于四层以上。

图 3-67 框架结构柱平法施工图

能力训练题

1. 柱平法施工图表示方法有哪几种？

2. 注写各段柱的起止标高，应该注意哪些问题？

3. 对于矩形柱，要注写哪些值？圆形柱要注写哪些值？芯柱注写哪些值？

4. 注写柱纵筋要注意哪些问题？

5. 什么是柱的截面注写方式？当柱的分段截面尺寸和配筋截面相同时，该怎么办？

6. 什么是梁的平面注写方式？梁的平面注写包括哪几种标注方法？

7. 梁集中标注时，有哪几项必须标注的内容？梁原位标注中应该注意的事项有哪些？

8. 分析并叙述图 3-66 中两根以上梁的具体情况，包括钢筋的种类、型号、长度、根数、编号以及梁截面尺寸、标高、所用材料等。

9. 分析并叙述图 3-67 中两根以上柱的具体情况，包括钢筋的种类、型号、长度、根数、编号以及柱截面尺寸、标高、所用材料等。

10. 结合图 2-20（a）、（b），分析并叙述基础施工图中平面布置情况以及基础的具体配筋情况。

3.15　条形、十字交叉梁基础识图工作页

3.16　独立基础识图工作页

3.17　框架结构识图工作页

3.3　剪力墙结构和框架-剪力墙结构

学习要点

• 剪力墙结构与框架-剪力墙结构是高层建筑的主要结构形式。在学习过程中应了解剪力墙、框架-剪力墙结构体系结构布置原则，掌握结构抗震设计的一般原则及抗震构造措施，掌握 16G101 平法制图图集中结构表示方法及主要内容，能够正确识读建筑结构施工图纸

3.3.1　剪力墙结构的基础知识

3.3.1.1　基本概念

剪力墙是指房屋从基础顶到建筑物顶端均为实体钢筋混凝土的墙体，楼（屋）盖直接支撑在该墙体上。剪力墙结构是由剪力墙组成的承受竖向和水平作用的结构，如图 3-68 所示。

墙体承受的竖向荷载主要来自墙体厚度方向两侧的楼（屋）盖及墙体自身的重量引起的轴心或偏心压力。如图 3-69 所示。

在竖向轴心力作用下，水平截面上承担均布压应力；在楼（屋）盖传递的墙体平面外弯矩作用下，沿墙体厚度方向一侧受压，一侧受拉。轴心力与弯矩两者叠加后，一般墙体水平截面为梯形受压，设计考虑该压应力主要由混凝土承担。竖向分布筋主要是提高墙体的延性，避免墙体的脆性破坏。各截面越向下所需要承担的压应力越大，因此，剪力墙一般底部墙体厚度偏大，混凝土强度较高。

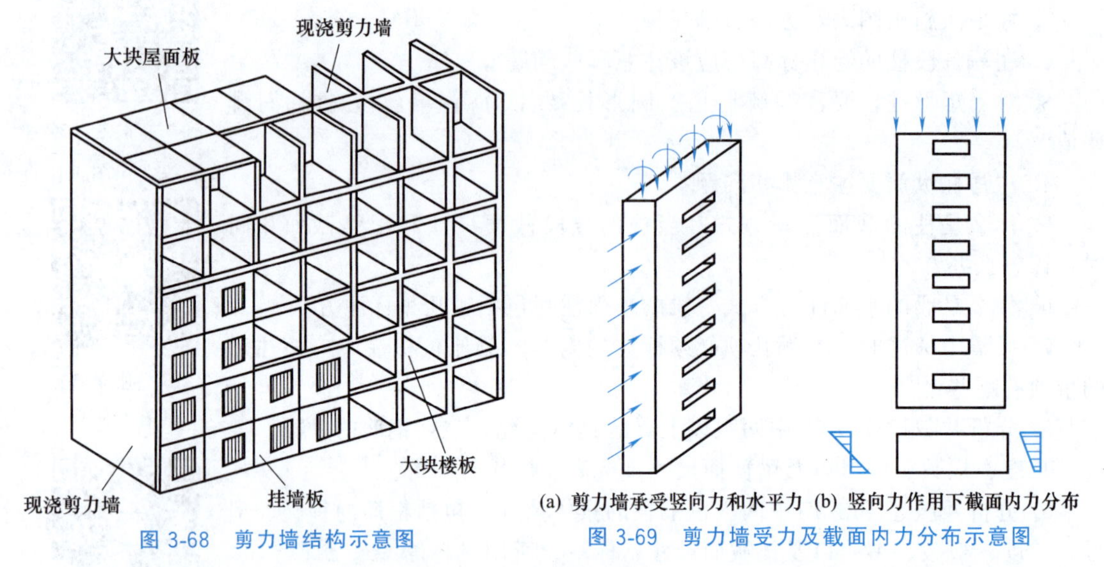

图 3-68　剪力墙结构示意图

图 3-69　剪力墙受力及截面内力分布示意图

墙体承受的水平作用主要是风荷载和水平地震作用。

由于建筑使用功能要求，剪力墙上一般会开设一定的洞口，无论洞口稍小还是较大，沿墙体高度方向底部弯矩较大，向上弯矩逐渐减小；墙体一端受拉，一端受压。如图 3-70 所示。

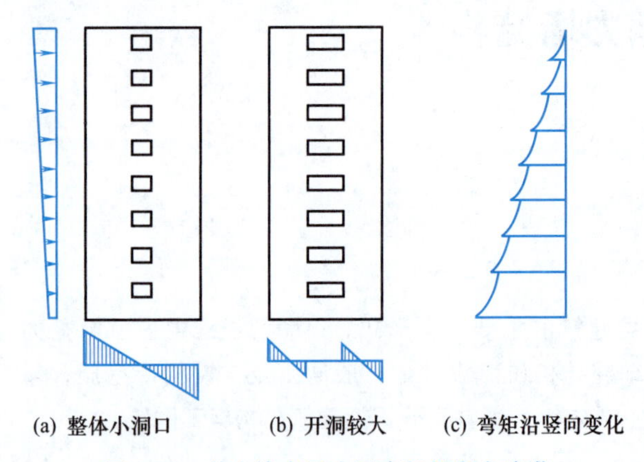

图 3-70　剪力墙水平力下弯矩沿竖向变化及水平截面内力分布示意图

当洞口较大时，以洞口为界，将墙体分为双肢或多肢墙，每片墙肢两端分别承担拉、压应力。相邻的墙肢之间通过上下洞口之间的连梁连接，共同承担水平作用，使得各墙肢分担的力更均匀[图 3-70 中（b）情况相对（a）情况]。

墙体底部弯矩、剪力较大，截面应力较大，故底部一般设加强区，墙体厚度相应也较大，混凝土强度较高。抵抗拉压应力的竖向纵筋配筋率比较高；抗剪的水平分布纵筋配筋率和箍筋配箍率也较高。

剪力墙结构整体性好、刚度大，在水平荷载作用下侧向变形很小，抗震性能好（在抗震设计中称作抗震墙）。墙体的承载面积大，承载力较易满足，但结构自重较大，适宜于建造 10～50 层范围的高层建筑。另外，可采用滑升模板及大模板等先进的施工工艺，施工速度快，可减少建造工期。剪力墙结构受楼板跨度的限制间距较小，平面布置不灵活，因此剪力墙结构适用于房屋开间较小的住宅、公寓、旅馆等。

3.3.1.2　剪力墙结构中包含的构件

剪力墙中的构件包含墙身、墙柱和墙梁三种构件，即一种墙身、两种墙柱、三种墙梁，简称“一墙、二柱、三梁”。

剪力墙就是一道钢筋混凝土墙，结构洞口将墙体分割为不同的墙肢。在剪力墙水平面内，墙肢中间区域应力较小，称为墙身；墙肢两端区域应力较大，需要加强，形成剪力墙的边缘构件，墙身与两端边缘构件构成单独墙肢。相邻的不同的墙肢再通过连梁联系在一起，共同抵抗水平风荷载和地震作用。

竖向方面，剪力墙底部区域弯矩、剪力较大，因此，为提高单片墙体抵抗水平地震力的能力，在底部一定范围内根据具体受力情况进行加强，形成底部加强区，该区域的边缘构件一般为约束边缘构件。约束边缘构件又包括约束边缘暗柱、约束边缘端柱、约束边缘翼墙、约束边缘转角墙，如图 3-71 所示。

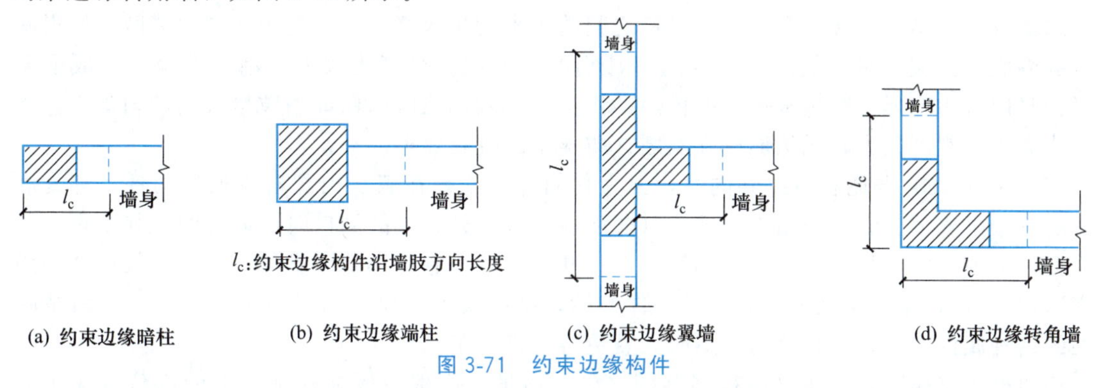

(a) 约束边缘暗柱　(b) 约束边缘端柱　(c) 约束边缘翼墙　(d) 约束边缘转角墙

图 3-71　约束边缘构件

其中，约束边缘端柱要求阴影区的长宽尺寸要大于等于两倍墙厚，其配筋与框架柱更接近。约束边缘构件阴影区相对墙身，具有更高的配箍率以提高抗剪承载力并约束竖向钢筋的弯曲变形；更高的竖向纵筋配筋率，以抵抗更高的拉压应力，提高平面内外抗弯承载力。非阴影区介于阴影区和墙身之间，一般竖向纵筋与墙身相同，配箍率为阴影区的一半。

3.18　剪力墙结构构造（翼墙、暗梁等）

上部弯矩、剪力较小，墙肢边缘一般为构造边缘构件，包括构造边缘暗柱、构造边缘端柱、构造边缘翼墙、构造边缘转角墙，具体如图 3-72 所示。

墙身沿墙厚一般至少配置两排钢筋网。墙身内外侧竖向分布钢筋用于抵抗楼（屋）盖传递的沿竖向弯曲的平面外弯矩、协助混凝土抗压以提高结构构件延性；水平分布筋用于抵抗剪力，以及四周约束形成的沿水平向弯曲的平面外弯矩。

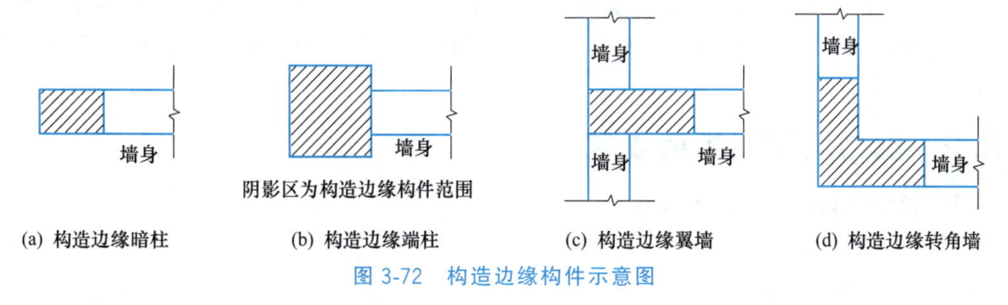

(a) 构造边缘暗柱　(b) 构造边缘端柱　(c) 构造边缘翼墙　(d) 构造边缘转角墙

图 3-72　构造边缘构件示意图

对于更厚的超过 400mm 的墙也可以配置三排及以上的钢筋网。增加的中间排竖向钢筋主要是抵抗水平向作用引起的平面内弯矩，中间排水平钢筋用于抗剪。

内外侧钢筋及中间排钢筋通过拉筋联系，以约束竖向分布筋在竖向压力下的横向变形。

非边缘构件包括非边缘暗柱和扶壁柱。非边缘暗柱是位于墙身内、非墙肢边缘的、与墙身同厚的局部加强柱，主要承担楼（屋）盖传递的集中力和平面外弯矩。扶壁柱与非边缘暗柱的区别在于其截面较大，凸出墙身。具体如图 3-73 所示。

剪力墙梁包括连梁（LL）、暗梁（AL）和边框梁（BKL）。连梁（LL）其实是一种特

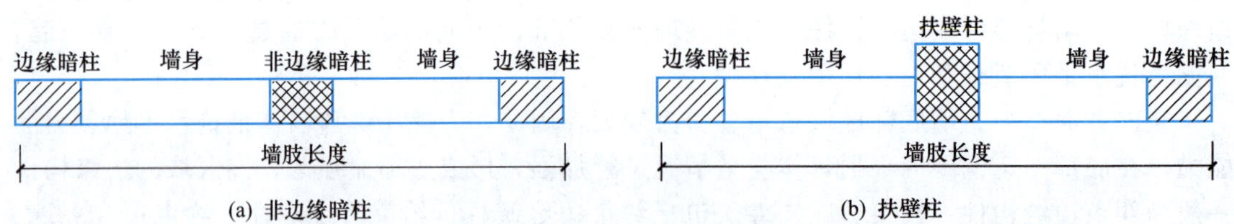

图 3-73 非边缘暗柱与扶壁柱

殊的墙身，它是上下楼层窗（门）洞口之间的水平的窗槛墙。连梁连系两端的墙肢，使得两端的墙肢截面应力尽可能均匀，因此，其刚度应适中。跨高比太大，刚度太小，形成框架梁，竖向弯曲变形会影响水平力的传递，无法协调两端墙肢以保证墙肢尽可能均匀受力。跨高比太小，刚度太大，无法形成强墙肢、弱连梁的抗震要求。

暗梁（AL）与暗柱有些共同性，因为它们都是隐藏在墙身内部看不见的构件，都是墙身的一个组成部分。一般用于在墙身（非墙肢边缘）开较大的洞口时对墙身的补强处理。事实上，剪力墙的暗梁和砖混结构的墙梁有些共同之处，它们都是墙身的一个水平线性“加强带”。如果说，梁的定义是一种受弯构件的话，则圈梁不是梁，暗梁也不是梁。认识清楚暗梁的这种属性，在研究暗梁的构造时，就更容易理解了。

边框梁（BKL）与暗梁有很多共同之处：边框梁一般设置在楼板以下的部位，连接剪力墙墙肢两端的端柱，与两端端柱形成框架，共同提高墙肢的水平抵抗能力。

边框梁的配筋按照断面图所标注的钢筋截面全长贯通布置，这与框架梁有上部非贯通纵筋和箍筋加密区，存在着极大的差异。

3.3.1.3 结构布置

剪力墙应在建筑物的长边和短边双向设置，形成双向抗侧力体系，结构两主轴方向均应布置剪力墙，剪力墙宜分散、均匀、对称地布置在建筑物的周边附近。内外剪力墙应尽量拉通、对直。当平面形状凹凸较大，宜在凸出部分的端部附近布置剪力墙。

剪力墙宜贯通建筑物全高，避免出现刚度突变。

剪力墙开洞时，洞口宜上下对齐，成列布置，以形成明确的墙肢和连梁，且各墙肢的宽度不宜相差悬殊。

为防止楼板在自身平面内变形过大，保证水平力在剪力墙之间的合理分配，横向剪力墙的间距必须满足要求。纵横向剪力墙宜布置成 L 形、T 形和十字形等，以使纵墙（横墙）可以作为横墙（纵墙）的翼缘，从而提高承载力和刚度。当设有防震缝时，宜在缝两侧垂直防震缝处设置墙。

3.3.2 剪力墙结构构造要求

3.3.2.1 剪力墙结构构造基本要求

（1）剪力墙结构混凝土强度等级不应低于 C20。

（2）墙厚度要求见表 3-23。

实际工程中，剪力墙厚度一般在 150～300mm 之间，常用的厚度有 150mm、200mm、250mm 等。

（3）抗震设计时，一级抗震不应采用错洞墙，二级、三级不宜采用错洞墙。剪力墙上的门窗孔洞应尽量上、下对齐，布置均匀，横墙与纵墙的连接要有一定的整体性，洞口边到墙边的距离不要太小。在内纵墙与内横墙交叉处，要避免在四边墙上集中开洞，避免造成十字形柱头的薄弱环节。

（4）每个独立墙段的总高度与其截面高度之比不应小于 2。墙肢的截面高度与墙厚度之比不宜小于8，避免短肢剪力墙比例过高。

(5) 剪力墙厚度大于140mm时，其竖向和水平分布钢筋应采用双排钢筋，双排分布筋之间的拉筋间距不应大于600mm，且直径不应小于6mm。在底部加强部位，边缘构件以外的墙体中，拉筋间距应适当加密。

表3-23　剪力墙截面最小厚度

抗震等级	部位	有端柱或翼墙(取大值)	无端柱或翼墙
一、二级	底部加强部位	$H/16$,200mm	$H/12$,200mm
	其他部位	$H/20$,160mm	$H/15$,180mm
三、四级	底部加强部位	$H/20$,160mm	H/20,160mm
	其他部位	$H/25$,160mm	H/20,160mm
非抗震	—	$H/25$,140mm	H/25,140mm

(6) 剪力墙的水平和竖向分布钢筋的配置，应符合表3-24规定。

表3-24　剪力墙分布钢筋最小配筋率

抗震等级	最小配筋率	最大间距/mm	最小直径/mm	最大直径/mm
一、二、三级	0.25%	300	8	$h_w/10$
四级、非抗震	0.20%	300	8	$h_w/10$

竖向分布筋最小配筋率是为防止墙体在受弯裂缝出现后立即达到极限抗弯承载力。

水平分布筋最小配筋率是为防止斜裂缝出现后发生脆性的剪拉破坏。

最大直径要求是保证钢筋与混凝土之间足够的握裹力。h_w 为墙体厚度。

(7) 各排分布筋之间的拉结筋可按照表3-25设置。

表3-25　拉结筋间距　　单位：mm

剪力墙部位	抗震等级			
	一级	二级	三、四级	非抗震
底部加强部位	400	500	600	600
其他部位	500	600	600	600

(8) 剪力墙两端及洞口两侧应设置边缘构件，并应符合下列要求：

一级、二级抗震等级的剪力墙底部加强部位及其上一层墙肢端部应设置约束边缘构件；一级、二抗震等级剪力墙的其他部位，三级、四级抗震等级，非抗震设计的剪力墙墙肢端部，设置构造边缘构件。

3.3.2.2　剪力墙结构构造详图

该部分内容详见平法标准16G101-1。

3.3.3　剪力墙结构识图训练

这里主要介绍16G101-1平法标准关于剪力墙结构的表示方法、注写方式及注写内容。剪力墙平法施工图系在剪力墙平面布置图上采用列表注写方式或截面注写方式表达。剪力墙平面布置图可采用适当比例单独绘制，也可与柱或梁平面布置图合并绘制。当剪力墙较复杂或采用截面注写方式时，应按标准层分别绘制剪力墙平面布置图。

3.19　剪力墙结构识图工作页

3.3.3.1　列表注写方式

(1) 为表达清晰、简洁，剪力墙可以被看作由剪力墙柱、剪力墙身和剪力墙梁三类构件构成。列表注写方式是分别在剪力墙墙柱表、剪力墙墙身表和剪力墙墙梁表中，对应于剪力墙平面布置图上的编号，用绘制截面配筋图与配筋具体数值的方式，来表达剪力墙平法施工图。如图3-74～图3-78所示。

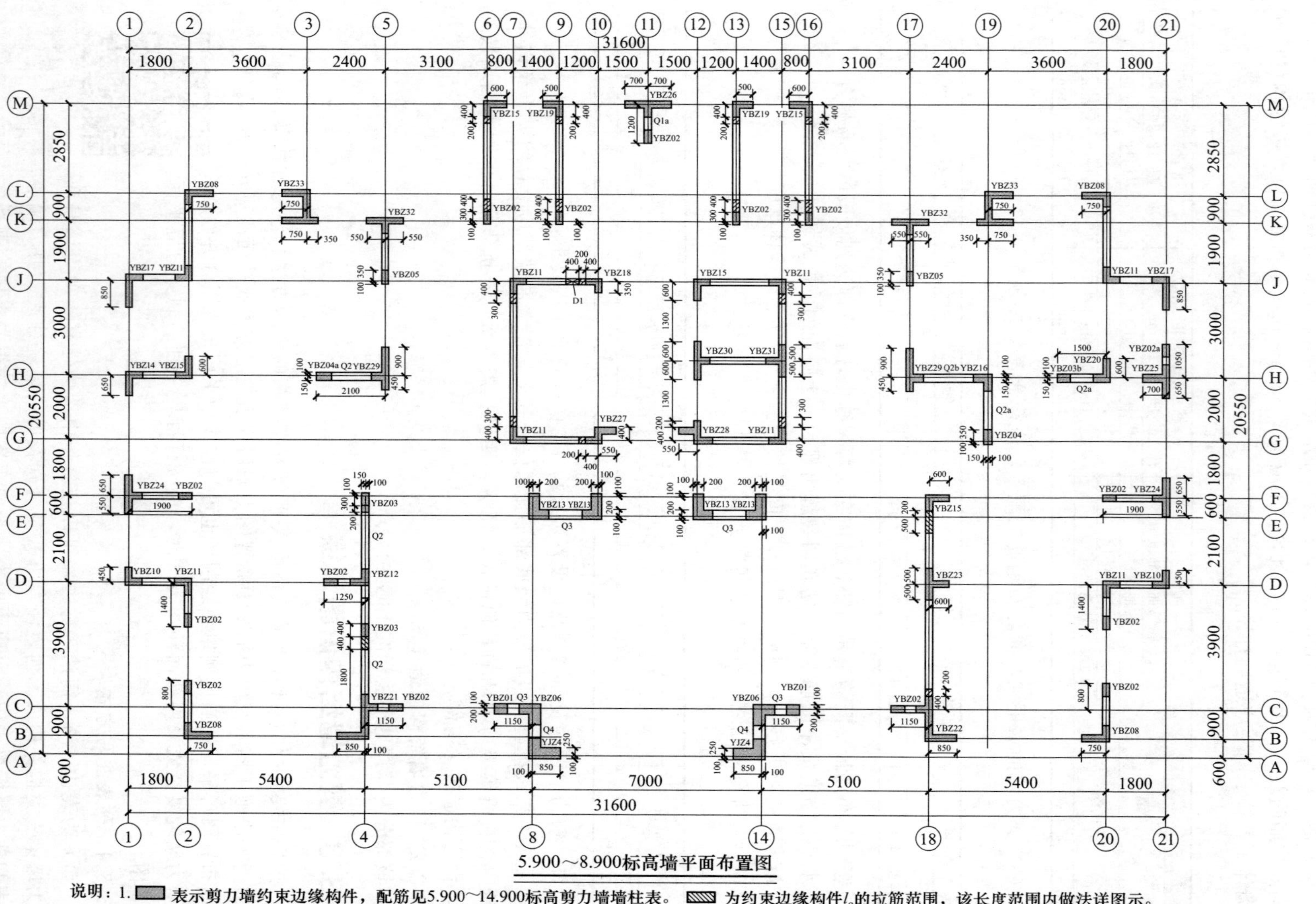

5.900～8.900标高墙平面布置图

说明：1. ▬ 表示剪力墙约束边缘构件，配筋见5.900～14.900标高剪力墙墙柱表。▨ 为约束边缘构件l_c的拉筋范围，该长度范围内做法详图示。

2.未注明编号的墙为Q1，墙厚度均为200mm，沿轴线居中。

最高处墙顶	103.800	
电梯机房顶	99.700	4100
电梯机房地面	96.700	3000
屋面	94.900	1800
31	91.900	3000
30	88.900	3000
29	85.900	3000
28	82.900	3000
27	79.900	3000
26	76.900	3000
25	73.900	3000
24	71.900	3000
23	68.900	3000
22	65.900	3000
21	62.900	3000
20	59.900	3000
19	56.900	3000
18	53.900	3000
17	50.900	3000
16	47.900	3000
15	44.900	3000
14	41.900	3000
13	38.900	3000
12	35.900	3000
11	32.900	3000
10	29.900	3000
9	26.900	3000
8	23.900	3000
7	20.900	3000
6	17.900	3000
5	14.900	3000
4	11.900	3000
3	8.900	3000
2	5.900	3000
1	−0.200	6100
−1	−3.430	3230
−2	−6.630	3200
基础顶	−9.830	3170
层号	标高/m	层高/mm

结构楼层标高
结构层高

底部加强范围标高:−0.200～11.900
约束构件范围标高:−3.430～14.900

剪力墙身表

编号	墙厚/mm	标高/m	水平分布筋	垂直分布筋	拉筋	备注
Q1	200	5.900～14.900	Φ8@200(2排)	Φ8@200(2排)	Φ6@600	
Q1a	200	5.900～14.900	Φ8@200(2排)	Φ16@150(2排)	Φ6@600	
Q2	250	5.900～14.900	Φ10@200(2排)	Φ10@200(2排)	Φ6@600	
Q2a	250	5.900～9.800	Φ14@200(2排)	Φ14@100(2排)	Φ6@600	
Q2b	250	5.900～9.800	Φ12@200(2排)	Φ10@200(2排)	Φ6@600	
Q3	300	5.900～14.900	Φ10@200(2排)	Φ10@200(2排)	Φ6@600	
Q4	350	5.900～14.900	Φ10@170(2排)	Φ10@170(2排)	Φ6@510	

墙上预留洞

编号	D(直径)或$b \times h$/mm	洞中心标高/m
D1	400×500	6.550
D1	400×500	14.000

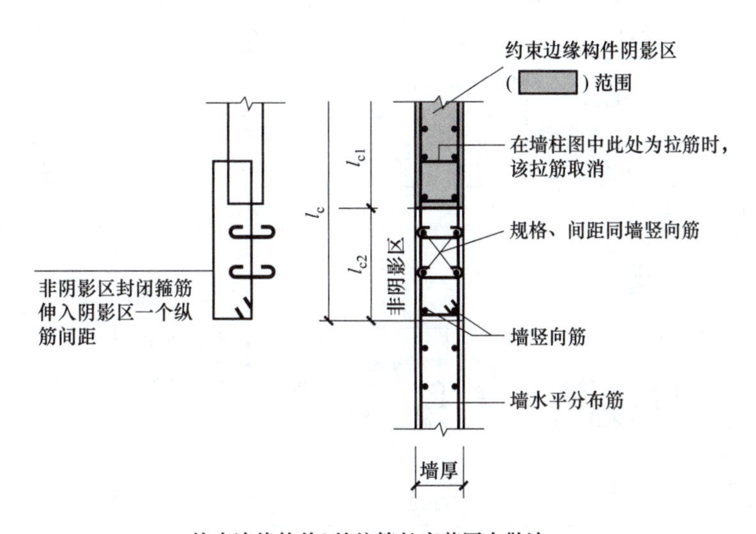

约束边缘构件l_c的拉筋长度范围内做法

图 3-74　剪力墙布置与墙身图

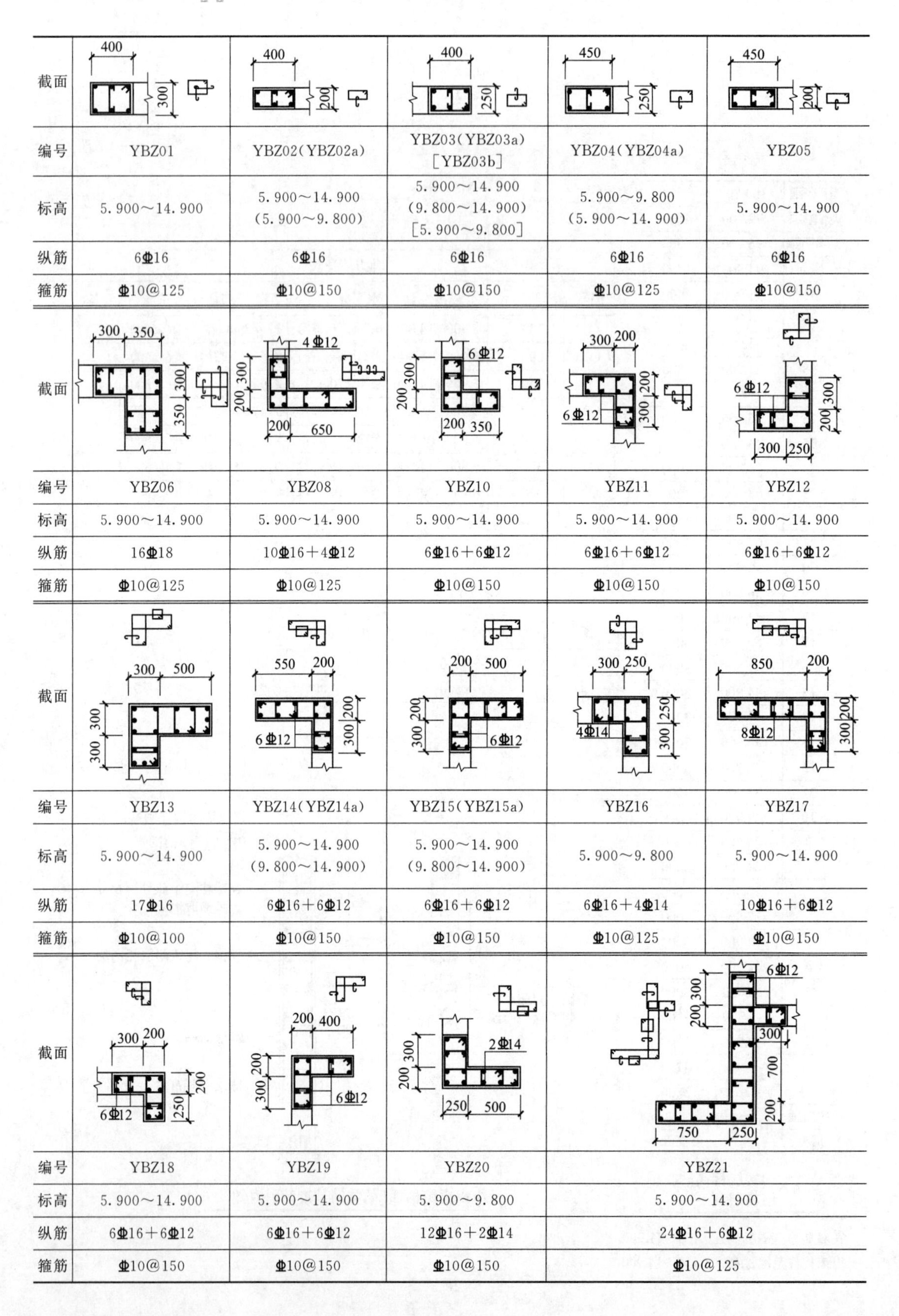

截面					
编号	YBZ01	YBZ02(YBZ02a)	YBZ03(YBZ03a) [YBZ03b]	YBZ04(YBZ04a)	YBZ05
标高	5.900～14.900	5.900～14.900 (5.900～9.800)	5.900～14.900 (9.800～14.900) [5.900～9.800]	5.900～9.800 (5.900～14.900)	5.900～14.900
纵筋	6Φ16	6Φ16	6Φ16	6Φ16	6Φ16
箍筋	Φ10@125	Φ10@150	Φ10@150	Φ10@125	Φ10@150

截面					
编号	YBZ06	YBZ08	YBZ10	YBZ11	YBZ12
标高	5.900～14.900	5.900～14.900	5.900～14.900	5.900～14.900	5.900～14.900
纵筋	16Φ18	10Φ16＋4Φ12	6Φ16＋6Φ12	6Φ16＋6Φ12	6Φ16＋6Φ12
箍筋	Φ10@125	Φ10@125	Φ10@150	Φ10@150	Φ10@150

截面					
编号	YBZ13	YBZ14(YBZ14a)	YBZ15(YBZ15a)	YBZ16	YBZ17
标高	5.900～14.900	5.900～14.900 (9.800～14.900)	5.900～14.900 (9.800～14.900)	5.900～9.800	5.900～14.900
纵筋	17Φ16	6Φ16＋6Φ12	6Φ16＋6Φ12	6Φ16＋4Φ14	10Φ16＋6Φ12
箍筋	Φ10@100	Φ10@150	Φ10@150	Φ10@125	Φ10@150

截面				
编号	YBZ18	YBZ19	YBZ20	YBZ21
标高	5.900～14.900	5.900～14.900	5.900～9.800	5.900～14.900
纵筋	6Φ16＋6Φ12	6Φ16＋6Φ12	12Φ16＋2Φ14	24Φ16＋6Φ12
箍筋	Φ10@150	Φ10@150	Φ10@150	Φ10@125

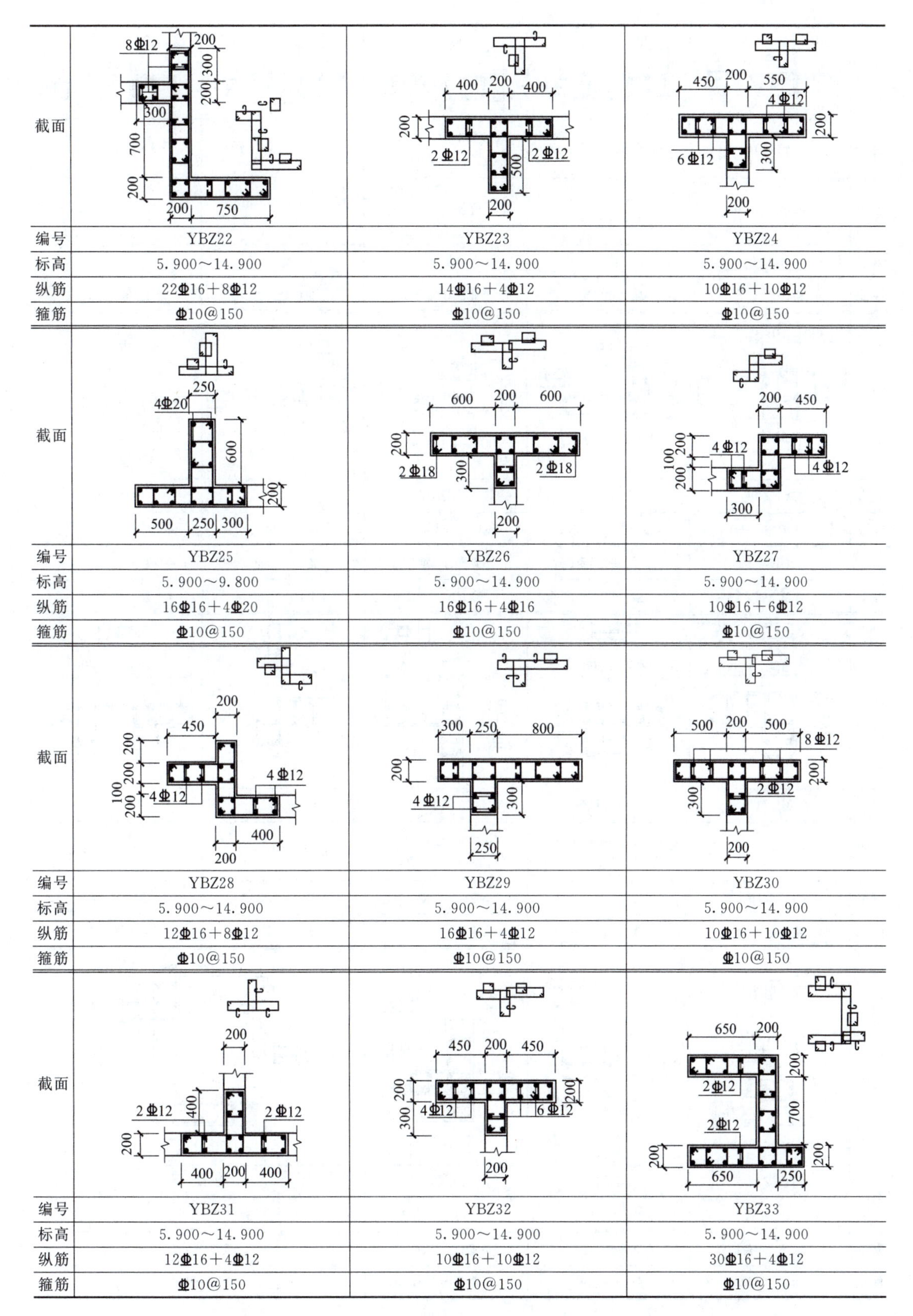

截面			
编号	YBZ22	YBZ23	YBZ24
标高	5.900～14.900	5.900～14.900	5.900～14.900
纵筋	22Φ16＋8Φ12	14Φ16＋4Φ12	10Φ16＋10Φ12
箍筋	Φ10@150	Φ10@150	Φ10@150

截面			
编号	YBZ25	YBZ26	YBZ27
标高	5.900～9.800	5.900～14.900	5.900～14.900
纵筋	16Φ16＋4Φ20	16Φ16＋4Φ16	10Φ16＋6Φ12
箍筋	Φ10@150	Φ10@150	Φ10@150

截面			
编号	YBZ28	YBZ29	YBZ30
标高	5.900～14.900	5.900～14.900	5.900～14.900
纵筋	12Φ16＋8Φ12	16Φ16＋4Φ12	10Φ16＋10Φ12
箍筋	Φ10@150	Φ10@150	Φ10@150

截面			
编号	YBZ31	YBZ32	YBZ33
标高	5.900～14.900	5.900～14.900	5.900～14.900
纵筋	12Φ16＋4Φ12	10Φ16＋10Φ12	30Φ16＋4Φ12
箍筋	Φ10@150	Φ10@150	Φ10@150

图 3-75 墙柱（约束边缘构件）表图（5.900～14.900 标高剪力墙暗柱表）

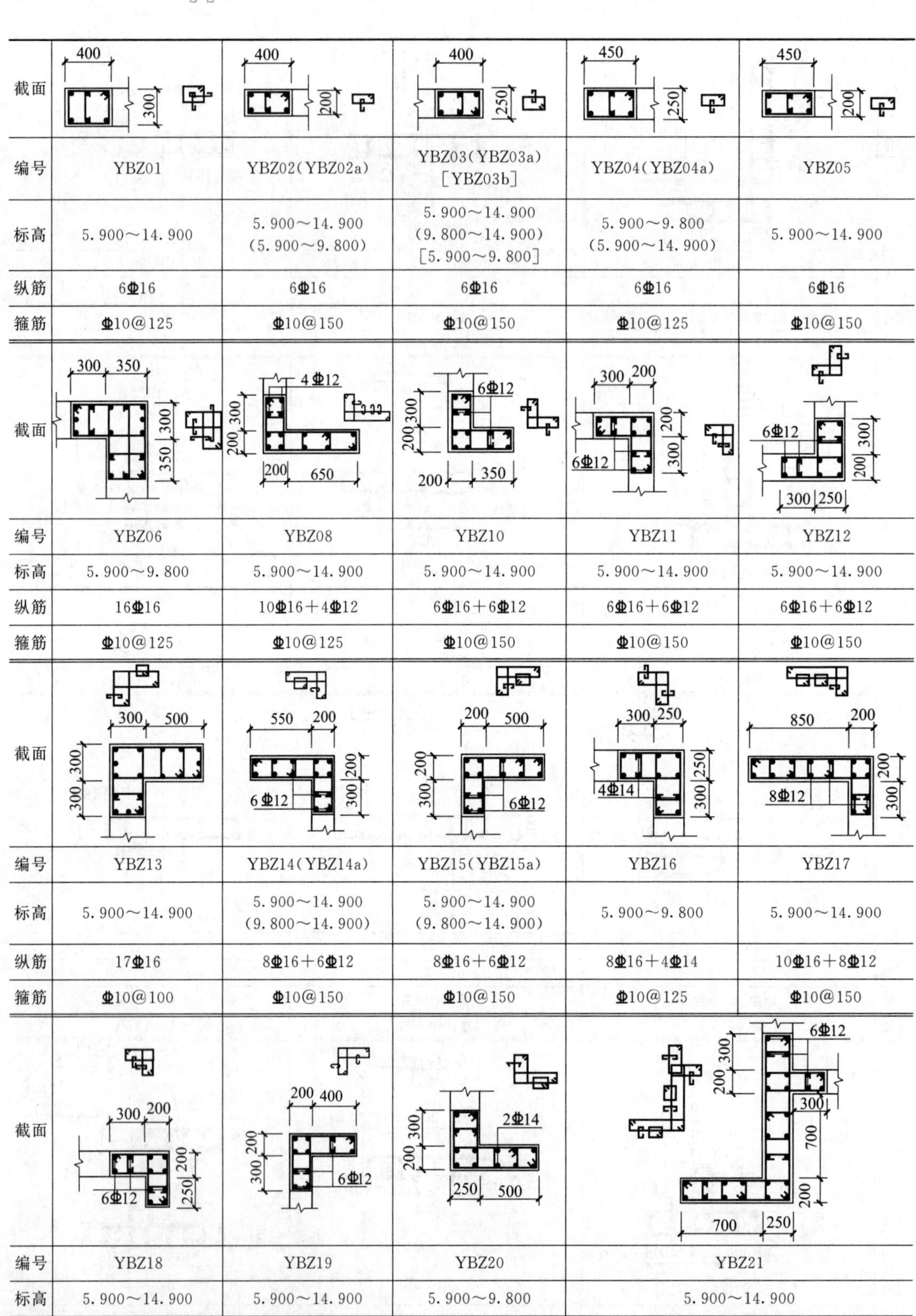

截面					
编号	YBZ01	YBZ02(YBZ02a)	YBZ03(YBZ03a) [YBZ03b]	YBZ04(YBZ04a)	YBZ05
标高	5.900～14.900	5.900～14.900 (5.900～9.800)	5.900～14.900 (9.800～14.900) [5.900～9.800]	5.900～9.800 (5.900～14.900)	5.900～14.900
纵筋	6Φ16	6Φ16	6Φ16	6Φ16	6Φ16
箍筋	Φ10@125	Φ10@150	Φ10@150	Φ10@125	Φ10@150
截面					
编号	YBZ06	YBZ08	YBZ10	YBZ11	YBZ12
标高	5.900～9.800	5.900～14.900	5.900～14.900	5.900～14.900	5.900～14.900
纵筋	16Φ16	10Φ16＋4Φ12	6Φ16＋6Φ12	6Φ16＋6Φ12	6Φ16＋6Φ12
箍筋	Φ10@125	Φ10@125	Φ10@150	Φ10@150	Φ10@150
截面					
编号	YBZ13	YBZ14(YBZ14a)	YBZ15(YBZ15a)	YBZ16	YBZ17
标高	5.900～14.900	5.900～14.900 (9.800～14.900)	5.900～14.900 (9.800～14.900)	5.900～9.800	5.900～14.900
纵筋	17Φ16	8Φ16＋6Φ12	8Φ16＋6Φ12	8Φ16＋4Φ14	10Φ16＋8Φ12
箍筋	Φ10@100	Φ10@150	Φ10@150	Φ10@125	Φ10@150
截面					
编号	YBZ18	YBZ19	YBZ20	YBZ21	
标高	5.900～14.900	5.900～14.900	5.900～9.800	5.900～14.900	
纵筋	6Φ16＋6Φ12	6Φ16＋6Φ12	12Φ16＋2Φ14	24Φ16＋6Φ12	
箍筋	Φ10@150	Φ10@150	Φ10@150	Φ10@125	

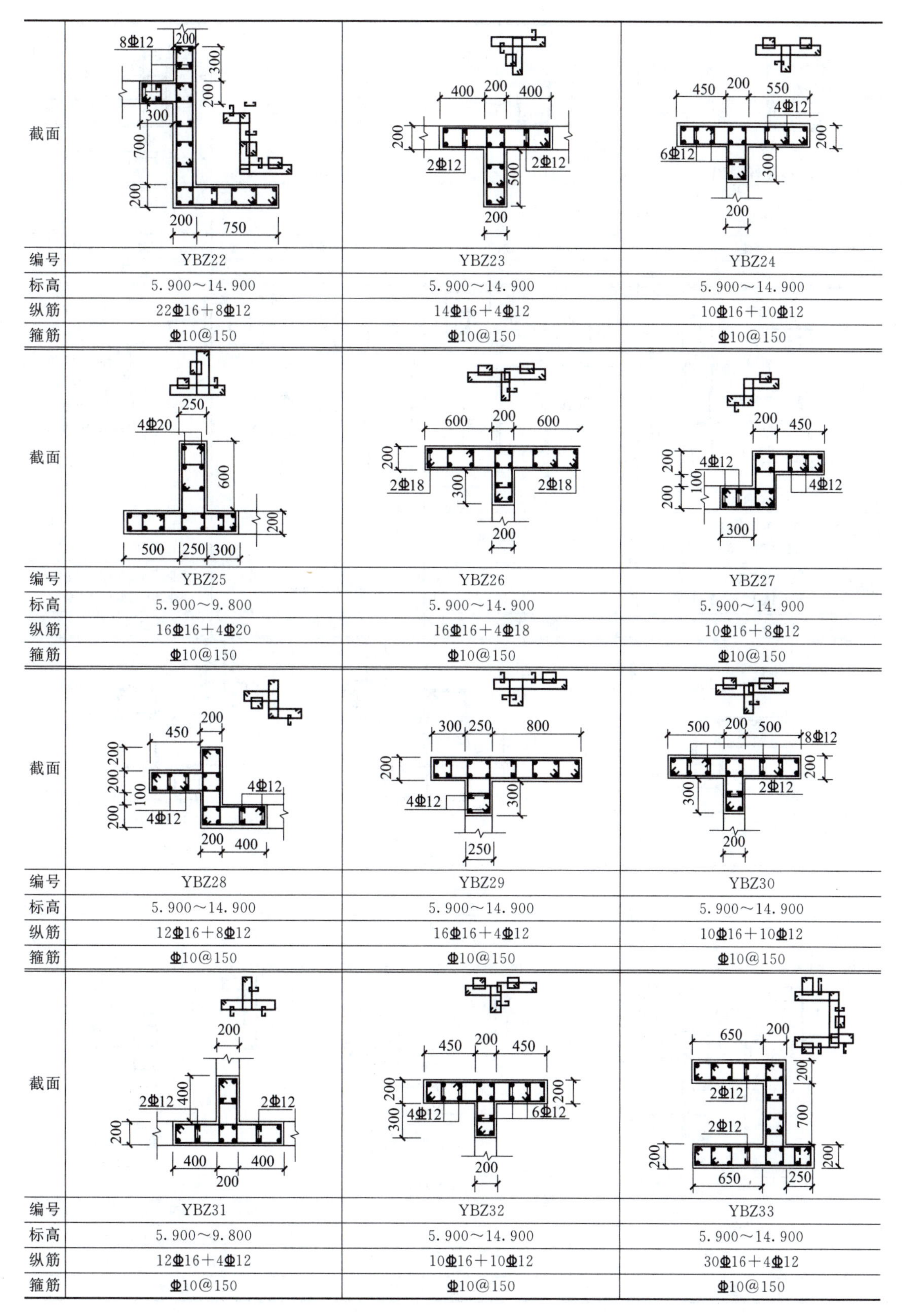

截面			
编号	YBZ22	YBZ23	YBZ24
标高	5.900～14.900	5.900～14.900	5.900～14.900
纵筋	22Φ16＋8Φ12	14Φ16＋4Φ12	10Φ16＋10Φ12
箍筋	Φ10@150	Φ10@150	Φ10@150
截面			
编号	YBZ25	YBZ26	YBZ27
标高	5.900～9.800	5.900～14.900	5.900～14.900
纵筋	16Φ16＋4Φ20	16Φ16＋4Φ18	10Φ16＋8Φ12
箍筋	Φ10@150	Φ10@150	Φ10@150
截面			
编号	YBZ28	YBZ29	YBZ30
标高	5.900～14.900	5.900～14.900	5.900～14.900
纵筋	12Φ16＋8Φ12	16Φ16＋4Φ12	10Φ16＋10Φ12
箍筋	Φ10@150	Φ10@150	Φ10@150
截面			
编号	YBZ31	YBZ32	YBZ33
标高	5.900～9.800	5.900～14.900	5.900～14.900
纵筋	12Φ16＋4Φ12	10Φ16＋10Φ12	30Φ16＋4Φ12
箍筋	Φ10@150	Φ10@150	Φ10@150

图 3-76　墙柱（构造边缘构件）表图（5.900～14.900 标高剪力墙暗柱表）

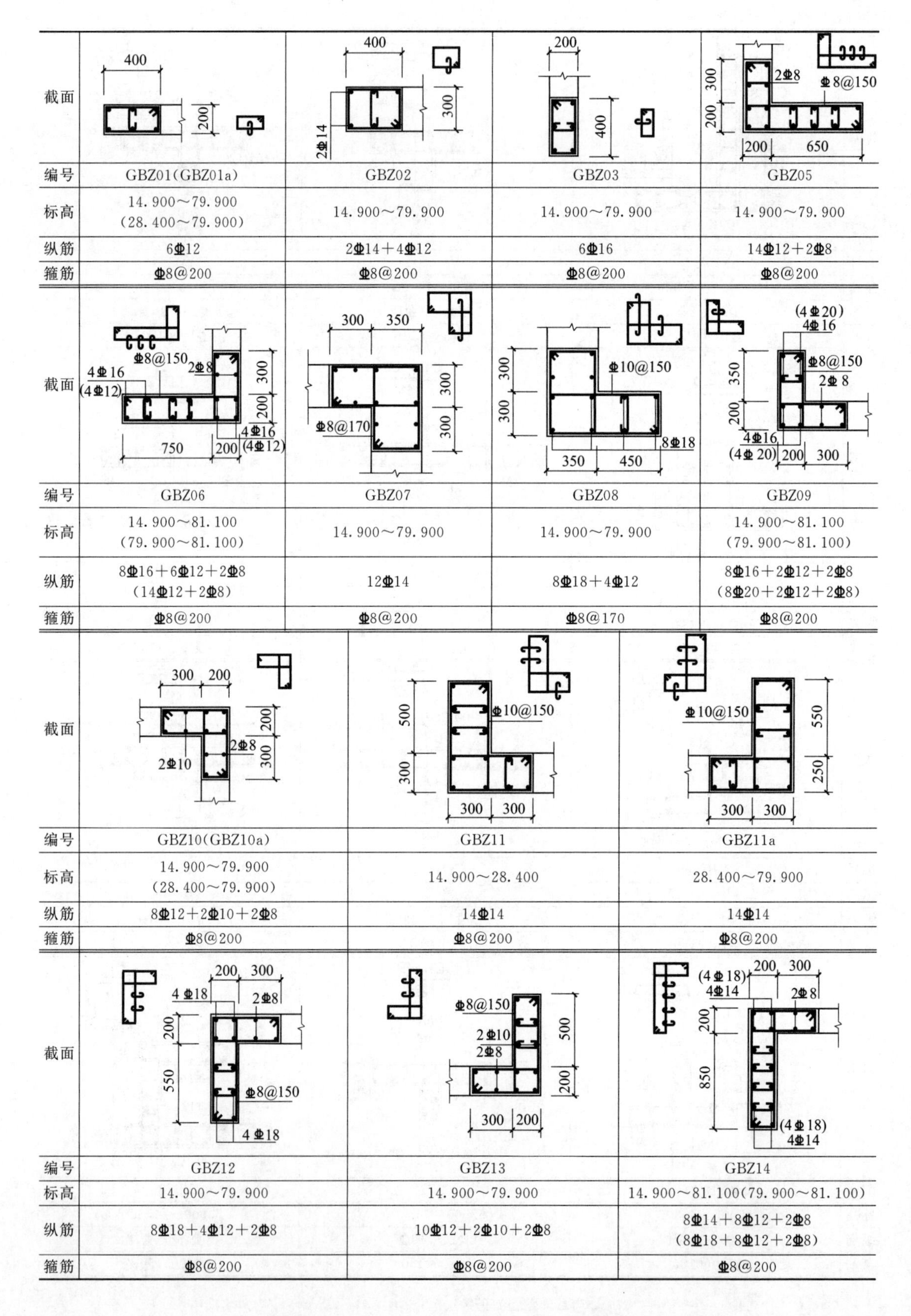

截面				
编号	GBZ01(GBZ01a)	GBZ02	GBZ03	GBZ05
标高	14.900～79.900 (28.400～79.900)	14.900～79.900	14.900～79.900	14.900～79.900
纵筋	6Φ12	2Φ14+4Φ12	6Φ16	14Φ12+2Φ8
箍筋	Φ8@200	Φ8@200	Φ8@200	Φ8@200

截面				
编号	GBZ06	GBZ07	GBZ08	GBZ09
标高	14.900～81.100 (79.900～81.100)	14.900～79.900	14.900～79.900	14.900～81.100 (79.900～81.100)
纵筋	8Φ16+6Φ12+2Φ8 (14Φ12+2Φ8)	12Φ14	8Φ18+4Φ12	8Φ16+2Φ12+2Φ8 (8Φ20+2Φ12+2Φ8)
箍筋	Φ8@200	Φ8@200	Φ8@170	Φ8@200

截面			
编号	GBZ10(GBZ10a)	GBZ11	GBZ11a
标高	14.900～79.900 (28.400～79.900)	14.900～28.400	28.400～79.900
纵筋	8Φ12+2Φ10+2Φ8	14Φ14	14Φ14
箍筋	Φ8@200	Φ8@200	Φ8@200

截面			
编号	GBZ12	GBZ13	GBZ14
标高	14.900～79.900	14.900～79.900	14.900～81.100(79.900～81.100)
纵筋	8Φ18+4Φ12+2Φ8	10Φ12+2Φ10+2Φ8	8Φ14+8Φ12+2Φ8 (8Φ18+8Φ12+2Φ8)
箍筋	Φ8@200	Φ8@200	Φ8@200

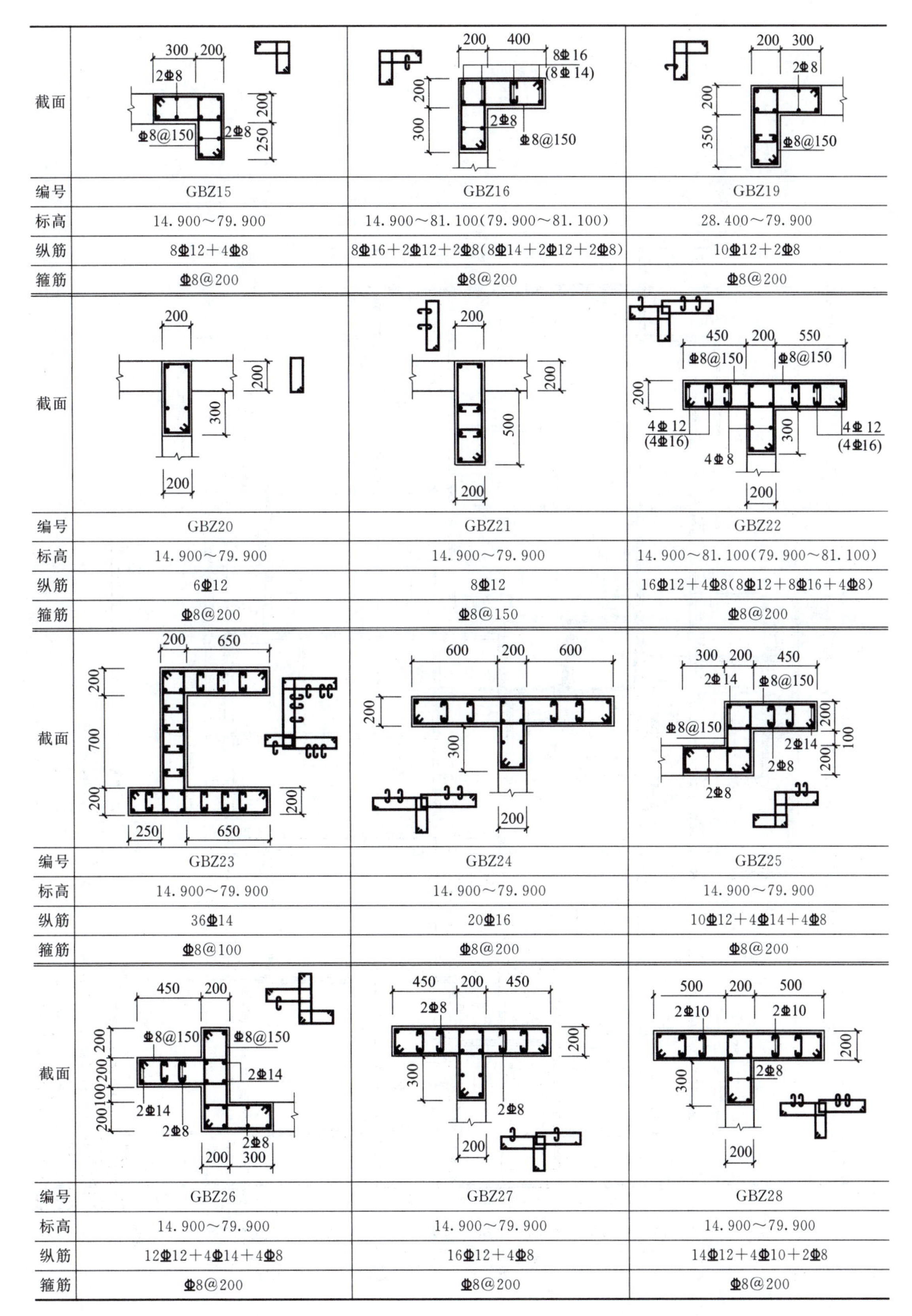

截面			
编号	GBZ15	GBZ16	GBZ19
标高	14.900～79.900	14.900～81.100(79.900～81.100)	28.400～79.900
纵筋	8Φ12＋4Φ8	8Φ16＋2Φ12＋2Φ8(8Φ14＋2Φ12＋2Φ8)	10Φ12＋2Φ8
箍筋	Φ8@200	Φ8@200	Φ8@200
截面			
编号	GBZ20	GBZ21	GBZ22
标高	14.900～79.900	14.900～79.900	14.900～81.100(79.900～81.100)
纵筋	6Φ12	8Φ12	16Φ12＋4Φ8(8Φ12＋8Φ16＋4Φ8)
箍筋	Φ8@200	Φ8@150	Φ8@200
截面			
编号	GBZ23	GBZ24	GBZ25
标高	14.900～79.900	14.900～79.900	14.900～79.900
纵筋	36Φ14	20Φ16	10Φ12＋4Φ14＋4Φ8
箍筋	Φ8@100	Φ8@200	Φ8@200
截面			
编号	GBZ26	GBZ27	GBZ28
标高	14.900～79.900	14.900～79.900	14.900～79.900
纵筋	12Φ12＋4Φ14＋4Φ8	16Φ12＋4Φ8	14Φ12＋4Φ10＋2Φ8
箍筋	Φ8@200	Φ8@200	Φ8@200

图 3-77 墙柱（构造边缘构件）表图（14.900～79.900 标高剪力墙暗柱表）

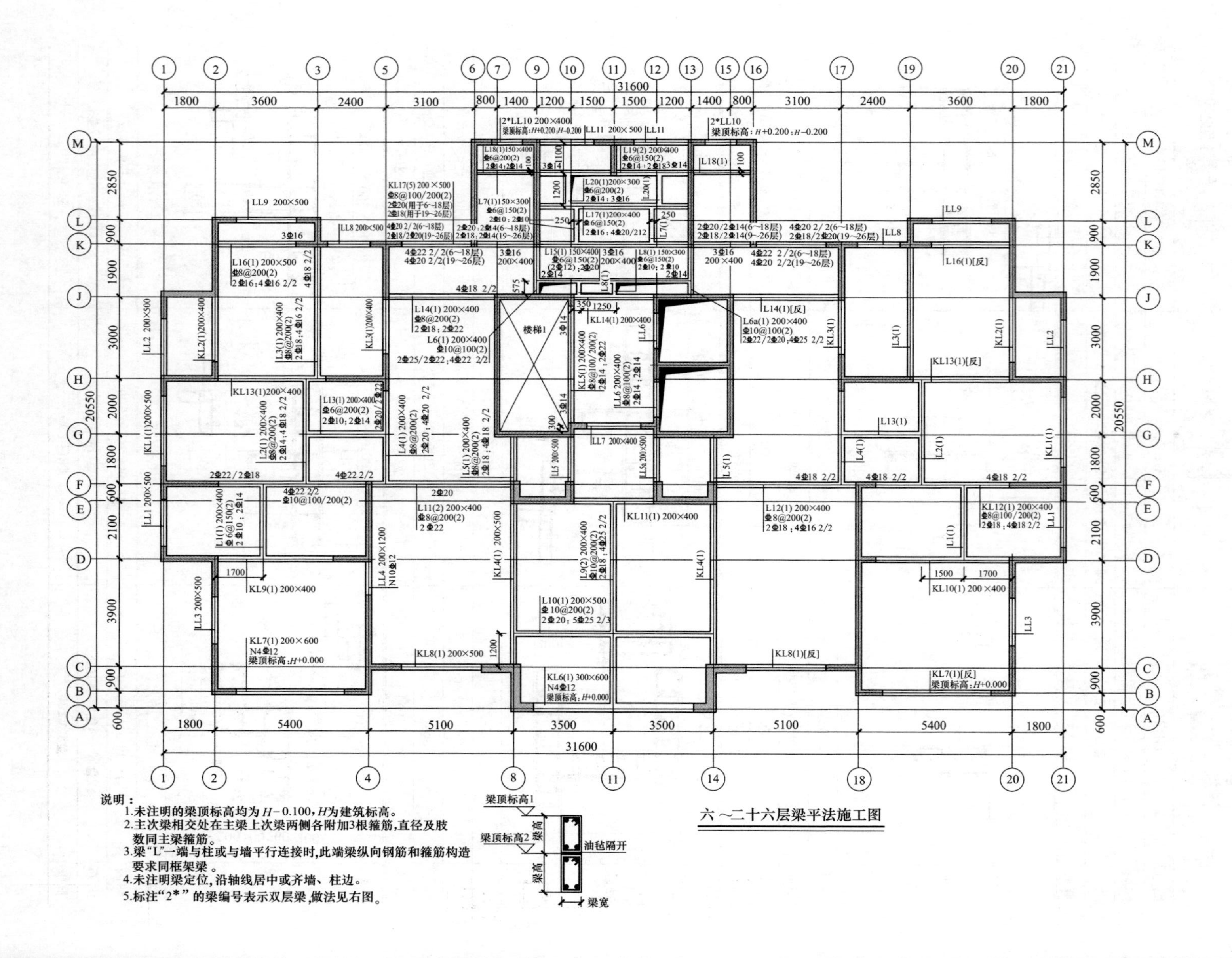
六～二十六层梁平法施工图
说明：
1.未注明的梁顶标高均为H-0.100,H为建筑标高。
2.主次梁相交处在主梁上次梁两侧各附加3根箍筋,直径及肢数同主梁箍筋。
3.梁"L"一端与柱或与墙平行连接时,此端梁纵向钢筋和箍筋构造要求同框架梁。
4.未注明梁定位,沿轴线居中或齐墙、柱边。
5.标注"2*"的梁编号表示双层梁,做法见右图。
梁顶标高1
梁顶标高2
梁高
油毡隔开
梁宽

梁号	层号	左支座筋	上部通筋	右支座筋	下部通筋	箍筋
KL1	6~14	2Φ25/2Φ20	2Φ25	4Φ25 2/2	4Φ25 2/2	Φ10@100/200(2)
	15~21	2Φ25/2Φ20	2Φ25	2Φ25/2Φ22	4Φ25 2/2	Φ10@100/200(2)
	22~26	4Φ22 2/2	2Φ22	4Φ22 2/2	4Φ22 2/2	Φ8@100/150(2)
KL2	6~10	2Φ18	2Φ18	4Φ18 2/2	2Φ22	Φ8@100/200(2)
	11~13	2Φ20	2Φ20	2Φ20/2Φ18	2Φ22	Φ8@100/200(2)
	14~22	2Φ18	2Φ18	4Φ18 2/2	2Φ22	Φ8@100/200(2)
	23~26	2Φ16	2Φ16	4Φ16 2/2	2Φ22	Φ8@100/200(2)
KL3	6~10	2Φ20/2Φ14	2Φ20	4Φ20 2/2	4Φ20 2/2	Φ8@100/150(2)
	11~18	2Φ20	2Φ20	4Φ20 2/2	2Φ20/2Φ22	Φ8@100/150(2)
	19~21	2Φ18	2Φ18	2Φ18/2Φ20	4Φ22 2/2	Φ8@100/200(2)
	22~26	2Φ18	2Φ18	4Φ18 2/2	4Φ18 2/2	Φ8@100/200(2)
KL4	6~13	4Φ25 2/2	2Φ25	4Φ25 2/2	4Φ22 2/2	Φ10@100/200(2)
	14~19	3Φ25/2Φ20	2Φ25	3Φ25/2Φ20	4Φ22 2/2	Φ10@100/200(2)
	20~26	4Φ25 2/2	2Φ25	4Φ25 2/2	4Φ22 2/2	Φ10@100/200(2)
KL6	6~15	4Φ25	2Φ25	4Φ25	4Φ22	Φ8@100/200(2)
	16~22	2Φ25+2Φ22	2Φ25	2Φ25+2Φ20	4Φ22	Φ8@100/200(2)
	23~26	4Φ22	2Φ22	4Φ22	4Φ22	Φ8@100/200(2)
KL7	6~16	4Φ22 2/2	2Φ22	2Φ22/2Φ18	4Φ22 2/2	Φ8@100/200(2)
	17~20	2Φ22/2Φ20	2Φ22	2Φ22/2Φ14	4Φ20 2/2	Φ8@100/200(2)
	21~26	2Φ20/2Φ18	2Φ20	2Φ20/2Φ16	4Φ18 2/2	Φ8@100/200(2)
KL8	6~15	4Φ25 2/2	2Φ25	4Φ25 2/2	4Φ25 2/2	Φ10@100/150(2)
	16~18	2Φ22/2Φ25	2Φ22	4Φ22 2/2	4Φ25 2/2	Φ10@100/200(2)
	19~23	4Φ22 2/2	2Φ22	4Φ22 2/2	4Φ22 2/2	Φ10@100/200(2)
	24~26	2Φ20/2Φ22	2Φ20	2Φ20/2Φ18	4Φ22 2/2	Φ10@100/200(2)
KL9	6~10	4Φ18 2/2	2Φ18	2Φ18/2Φ14	2Φ22	Φ8@100/200(2)
	11~12	2Φ18/2Φ20	2Φ18	2Φ18/2Φ14	2Φ22	Φ8@100/200(2)
	13~22	4Φ18 2/2	2Φ18	2Φ18/2Φ14	2Φ22	Φ8@100/200(2)
	23~26	4Φ16 2/2	2Φ16	3Φ16	2Φ22	Φ8@100/200(2)
KL10	6~23	2Φ18/2Φ14	2Φ18	4Φ18 2/2	2Φ22	Φ8@100/200(2)
	24~26	3Φ16	2Φ16	4Φ16 2/2	2Φ22	Φ8@100/200(2)
KL11	6~14	2Φ22/2Φ16	2Φ22	4Φ22 2/2	4Φ18 2/2	Φ10@100/200(2)
	15~20	2Φ20/2Φ16	2Φ20	4Φ20 2/2	4Φ18 2/2	Φ8@100/150(2)
	21~26	2Φ18/2Φ14	2Φ18	4Φ18 2/2	4Φ18 2/2	Φ8@100/200(2)
KL13	6~15	2Φ18/2Φ20	2Φ18	2Φ18/2Φ14	2Φ22	Φ8@100/200(2)
	16~22	4Φ18 2/2	2Φ18	2Φ18/2Φ14	2Φ22	Φ8@100/200(2)
	23~26	4Φ16 2/2	2Φ16	3Φ16	2Φ22	Φ8@100/200(2)
KL14	6~15	2Φ20/2Φ14	2Φ20	4Φ20 2/2	4Φ18 2/2	Φ8@100/200(2)
	16~19	2Φ18	2Φ18	4Φ18 2/2	4Φ16 2/2	Φ8@100/200(2)
	20~26	2Φ16	2Φ16	4Φ16 2/2	2Φ22	Φ8@100/200(2)

六～二十六层框架梁表

编号	层号	上下部纵筋(各)	箍筋
LL1	6~17	4Φ22 2/2	Φ10@100(2)
	18~26	2Φ22/2Φ20	Φ8@100(2)
LL2	5~19	4Φ22 2/2	
	20~26	4Φ20 2/2	
LL3	6~14	4Φ18 2/2	
	15~21	4Φ16 2/2	
	22~26	2Φ20	
LL4	6~7	4Φ16 2/2	Φ10@100(2)
	8~26	2Φ20	
LL5	6~18	4Φ22 2/2	Φ10@100(2)
	19~20	4Φ20 2/2	
	21~26	4Φ18 2/2	
LL5a	6~14	6Φ22 3/3	Φ10@100(2)
	15~21	4Φ25 2/2	Φ10@100(2)
	22~26	4Φ22 2/2	
LL7	6~13	2Φ25/2Φ22	Φ10@100(2)
	14~19	4Φ22 2/2	Φ10@100(2)
	20~23	4Φ20 2/2	
	24~26	4Φ16 2/2	
LL8	6~13	4Φ18 2/2	
	14~18	4Φ16 2/2	
	19~26	2Φ22	
LL9	6~14	4Φ20 2/2	
	15~19	4Φ18 2/2	
	20~26	4Φ16 2/2	
LL10	6~12	2Φ22	
	13~18	2Φ20	
	19~26	2Φ18	
LL11	6~14	4Φ18 2/2	
	15~18	4Φ16 2/2	
	19~23	2Φ22	
	24~26	2Φ20	

六～二十六层连梁表

说明:未注明箍筋为Φ8@100(2)

图 3-78　墙梁及楼面梁表

(2) 将剪力墙按墙柱、墙身、墙梁三类构件分别进行编号。

① 墙柱编号，由墙柱类型代号与序号组成，表达形式见表 3-26。

表 3-26 墙柱编号

墙柱类型	代号	序号
约束边缘柱	YBZ	××
构造边缘柱	GBZ	××
非边缘暗柱	AZ	××
扶壁柱	FBZ	××

截面尺寸与配筋相同，仅截面与轴线的关系不同时，一般编为同一墙柱号。

② 墙身编号，由墙身代号、序号以及墙身所配置的水平与竖向分布钢筋的排数组成，其中排数注写在括号内。表达形式为：Q××（×排)。不注写排数，一般代表 2 排。

墙身的厚度尺寸和配筋均相同，仅墙厚与轴线的关系不同或墙身长度不同时，一般编为同一墙身号。

对于分布钢筋网的排数，非抗震要求的，当剪力墙厚度大于 160mm 时，应配置双排；当厚度不大于 160mm 时，宜配置双排。有抗震要求的，当剪力墙厚度不大于 400mm 时，应配置双排；当剪力墙厚度大于 400mm，不大于 700mm 时，宜配置三排；当剪力墙厚度大于 700mm 时，宜配置四排。

各排水平分布钢筋和竖向分布钢筋的直径与间距应保持一致。当剪力墙配置的分布钢筋多于两排时，剪力墙拉筋两端应同时勾住外排水平纵筋和竖向纵筋，还应与剪力墙内排水平纵筋和竖向纵筋绑扎在一起。

③ 墙梁编号，由墙梁类型代号和序号组成，表达形式见表 3-27。

表 3-27 墙梁编号

墙梁类型	代号	序号
连梁	LL	××
连梁(对角暗撑配筋)	LL(JC)	××
连梁(交叉斜筋配筋)	LL(JX)	××
连梁(集中对角斜筋配筋)	LL(DX)	××
连梁(跨高比不小于 5)	LLk	××
暗梁	AL	××
边框梁	BKL	××

在具体工程中，当某些墙身设置暗梁或边框时，剪力墙平法施工图中一般会绘制暗梁或边框梁的平面布置图并编号，以明确具体位置。

(3) 剪力墙墙柱表中表达内容：墙柱编号和绘制该墙柱的截面配筋图，以及几何尺寸。若设计不标注，则按图集当中的标准构造详图取值。

各段墙柱起止标高，自墙柱根部往上以变截面位置或截面未变但配筋改变处为界分段注写。墙柱根部标高是指基础顶面标高。各段墙柱纵向钢筋和箍筋，其值应与表中绘制的截面配筋图对应一致。纵向钢筋为总配筋值，墙柱箍筋的注写方式与柱箍筋相同。

(4) 剪力墙身表中表达的内容：各段墙身起止标高，自墙身根部往上以变截面位置或者截面未变但配筋发生改变处为界分段注写。墙身根部标高是指基础顶面标高。水平分布钢筋、竖向分布钢筋和拉筋的具体数值。其值为一排水平分布钢筋和竖向分布钢筋的规格与间距，排数在墙身编号后表达。

（5）剪力墙梁表中表达的内容。墙梁编号，墙梁所在楼层号，墙梁顶面标高高差（指相对于墙梁所在结构层楼面标高的高差值，高于者为正值，低于者为负值，无高差不注）、墙梁截面尺寸 $b \times h$，上部纵筋，下部纵筋和箍筋的具体数值。当连梁设有斜向交叉暗撑时，代号 LL（JC）××且连梁截面宽度不小于 400mm，注写一根暗撑的全部纵筋，并标注×2 表明有两根暗撑相互交叉，以及箍筋的具体数值。

3.3.3.2　截面注写方式

选用适当比例原位放大绘制剪力墙平面布置图，对所有墙柱、墙身、墙梁进行编号，并分别在相同编号的墙柱、墙身、墙梁中选择一根墙柱、一道墙身、一根墙梁进行注写。注写规则与列表法类似。

3.3.4　框架-剪力墙结构简介

3.3.4.1　框架-剪力墙结构基本概念

由框架和剪力墙共同承受竖向和水平作用的结构即为框架-剪力墙结构，如图 3-79 所示。

框架-剪力墙结构兼有框架结构和剪力墙结构的优点，通过框架和剪力墙的协同工作，既可获得灵活的空间布局，又加大了结构的总体刚度，减少侧向变形，因此该体系在高层办公楼、宾馆等建筑中得到了广泛应用，适用的高度为 15～25 层，一般不超过 30 层。

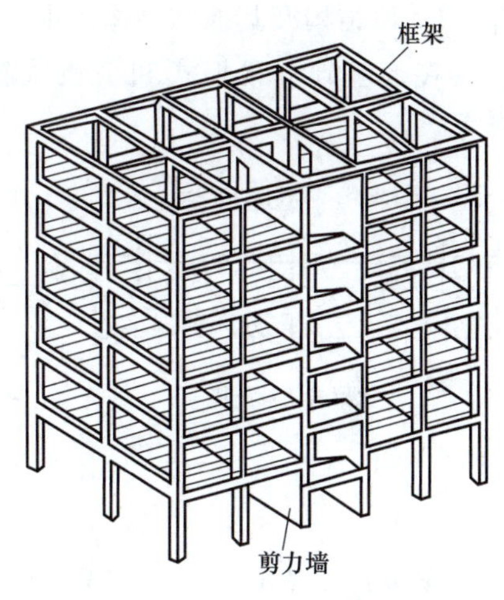

图 3-79　框架-剪力墙结构示意图

结构布置：框架-剪力墙结构可以将框架与剪力墙分开布置，也可以在框架结构的若干跨内嵌入剪力墙形成带边框剪力墙，也可以在单片抗侧力结构内连续分别布置框架和剪力墙，还可以是以上形式的混合。其中剪力墙的布置尽量均匀、分散、对称、周边。剪力墙之间间距不宜过大，以保证楼屋盖在平面内的刚度，保证结构在地震作用下的整体工作。

尽可能避免在剪力墙两侧的楼板全部开洞或开大洞，以避免水平力无法顺畅传递到该片剪力墙上，影响剪力墙作用的充分发挥。

3.3.4.2　框架-剪力墙结构构造要求

（1）框架-剪力墙结构中，剪力墙竖向和水平分布钢筋的配筋率，抗震设计时均应不小于 0.25%，非抗震设计时均应不小于 0.20%，较普通剪力墙结构要求更高。

（2）对于带边框的剪力墙，要求如下。

① 剪力墙厚度见表 3-28。

表 3-28　带边框的剪力墙截面最小厚度

抗震等级及部位	剪力墙厚度	抗震等级及部位	剪力墙厚度
一、二级抗震等级的底部加强部位	$H/16$，200mm	一、二级抗震等级非底部加强部位；三、四级抗震等级	$H/20$，160mm

② 剪力墙水平钢筋全部锚入边框柱内，锚固长度满足 l_{aE}（抗震）或满足 l_a（非抗震锚固）。

③ 混凝土强度等级宜与边框柱相同。

④ 边框端柱截面宜与同层该榀框架其他柱相同，且端柱截面宽度不小于 2 倍墙厚，截面高度不小于柱宽。

⑤ 剪力墙底部加强部位的端柱和紧靠剪力墙洞口的端柱宜按照柱箍筋加密区的要求全高加密。

⑥ 端柱和横梁与剪力墙轴线宜重合在同一平面内，剪力墙与端柱、框架梁与框架轴线之间的偏心距不宜大于柱宽的 1/4。

3.3.4.3 框架-剪力墙结构识图

结合平法标准 16G101-1 中第 12、第 22 页识读框架-剪力墙结构图纸。

3.3.5 筏形基础

3.3.5.1 筏形基础基本概念

筏形基础具有整体性好、承载力高、结构布置灵活的优点，广泛应用于高层剪力墙和框架-剪力墙结构及其他结构体系中。

筏形基础分梁板式和平板式筏形基础，梁板式又包括上梁式和下梁式。如图 3-80 所示。

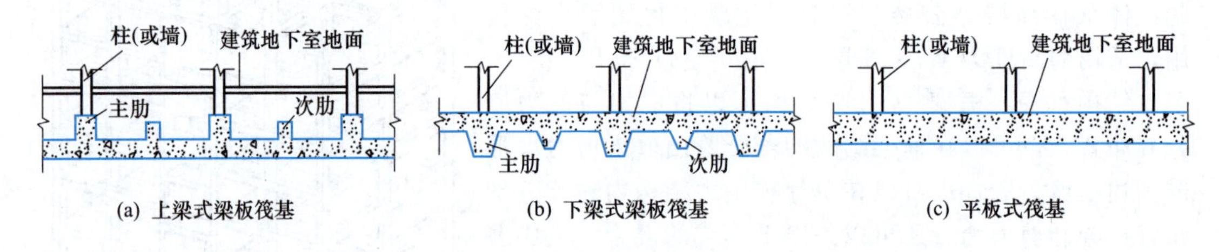

图 3-80 筏形基础形式

梁板式筏基由于自身平面内的梁、板抗弯刚度相差悬殊，所以基础的主要抗力构件是梁，其截面高度和配筋都很大。其具有结构刚度大、混凝土用量少等优点。但是，上梁式板顶由于梁肋较高，建筑地面需要结构板找平。下梁式的梁肋需要在地基土中开挖基槽形成。两者钢筋布置都较复杂、施工难度大等原因，一般仅用于柱网布置规则、荷载均匀的某些特定结构中。

平板式筏基由大厚板基础组成，适用于复杂柱网结构，具有基础刚度大、受力均匀的特点，同时板钢筋布置简单，施工难度小等优点。因此，由于其良好的受力特点和显著的施工优势，目前应用相当普遍。但是缺点是厚板的施工温度控制要求高，混凝土用量大。

当地基土比较均匀、上部结构刚度较高、梁板式筏基梁的高跨比或平板式筏板的厚跨比不小于 1/6，且相邻柱荷载及柱间距的变化不超过 20%时，筏基的内力可以按照基底反力直线分布考虑，仅考虑局部弯曲作用，按照倒置的楼盖进行计算。当不满足时，需要考虑筏板的整体弯曲变形，即由于地基的沉降一般中心大、边缘小，筏板存在整体弯曲变形，因此一般板底筋有一定比例的通长筋。其受力和弯曲示意如图3-81所示。

抗震设防区天然地基上的筏形基础，其埋置深度不宜小于建筑物高度的1/15。

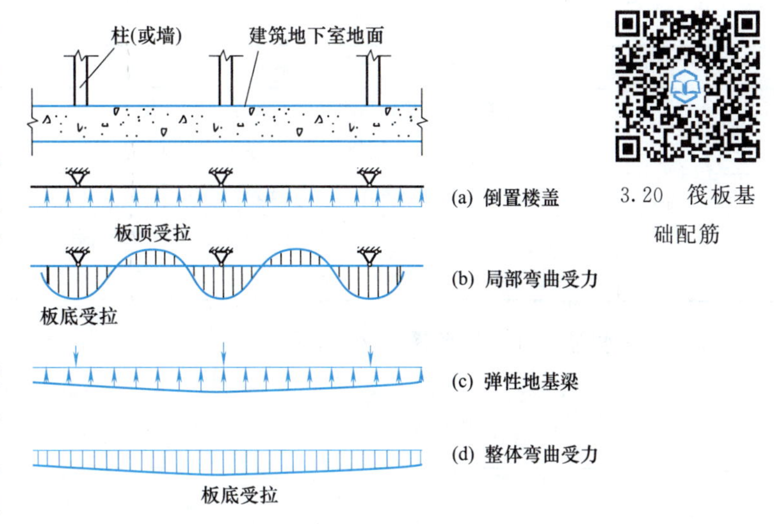

图3-81　筏形基础受力及弯曲示意图

3.3.5.2　筏基构造要求

（1）在地基土比较均匀的情况下，基底平面的形心与结构竖向永久荷载重心宜重合，以控制高层建筑物的倾斜。

（2）筏板基础的混凝土强度等级不宜低于C30。有防水要求时，抗渗等级不宜小于0.6MPa，具体见表3-29。

表3-29　筏形基础防水混凝土的抗渗等级

埋置深度 d	$d<10$	$10\leqslant d<20$	$20\leqslant d<30$	$d\geqslant30$
设计抗渗等级/MPa	0.6	0.8	1.0	1.2

（3）筏板与地下室的施工缝、地下室外墙沿高度处的水平施工缝严格按照施工缝要求，必要时设置通长止水带，如图3-82所示。

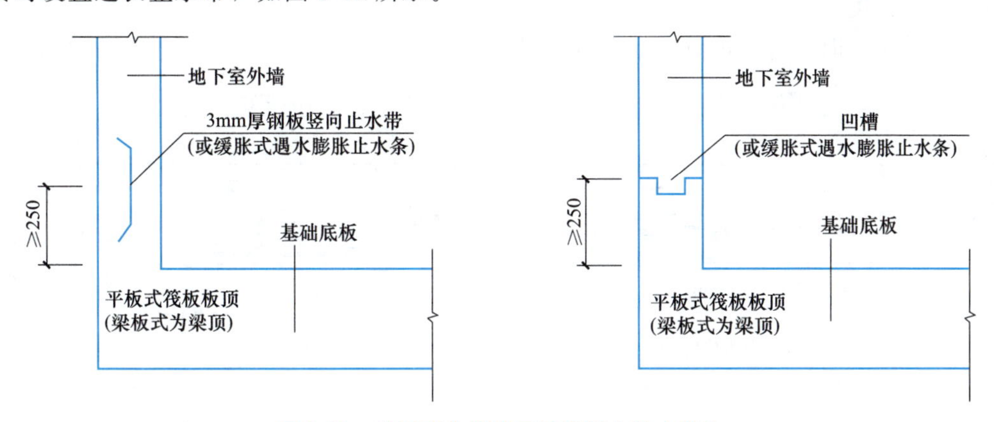

图3-82　地下室外墙施工缝混凝土防水做法

（4）当建筑物体量较大或主楼与裙楼连接时，可设置后浇带。包括伸缩后浇带和沉降后浇带，其设置要求见表3-30。

表3-30　后浇带设置要求

后浇带类型	内容	要求
伸缩后浇带	间距	30～40m
	位置	受力最小的部位（上部结构一般取柱距三等分线附近，并尽量避开与其同向的梁；基础设置在柱距等分的中间范围内），贯通基础、顶板、底板及墙板
	最小宽度	800mm
	混凝土浇筑时间	在其两侧混凝土浇筑完毕两个月以后

续表

后浇带类型	内容	要求
伸缩后浇带	混凝土强度	应比两侧混凝土提高一级，且宜采用早强、补偿伸缩混凝土
	钢筋连接要求	板、墙钢筋应断开搭接，梁主筋可直通
沉降后浇带	位置	在主楼、裙楼交接跨的裙楼一侧
	混凝土浇筑时间	宜根据实测沉降值并计算后期沉降差至能满足设计要求后方可浇筑
	其他要求	同伸缩后浇带

当无地下水时，可以按照图 3-83 所示做法。

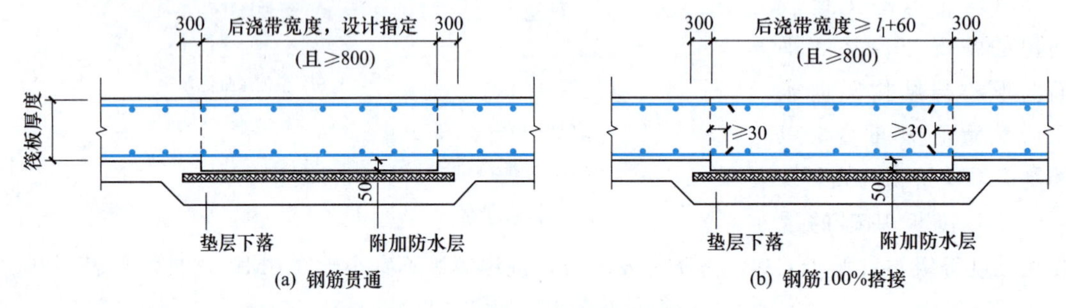

图 3-83　无地下水时后浇带做法

图 3-83（a）做法中垂直后浇带的筏板纵筋不截断，为防水防潮，在垫层中原整体防水层上附加防水层，其范围宽出后浇带 300mm。图 3-83（b）做法中垂直后浇带的筏板纵筋截断，保证两端混凝土的自由伸缩和上下相对错动。为保证封闭后力传递顺畅，后浇带宽度必须大于搭接长度。

当有地下水时，可以按照 3-84 所示做法。

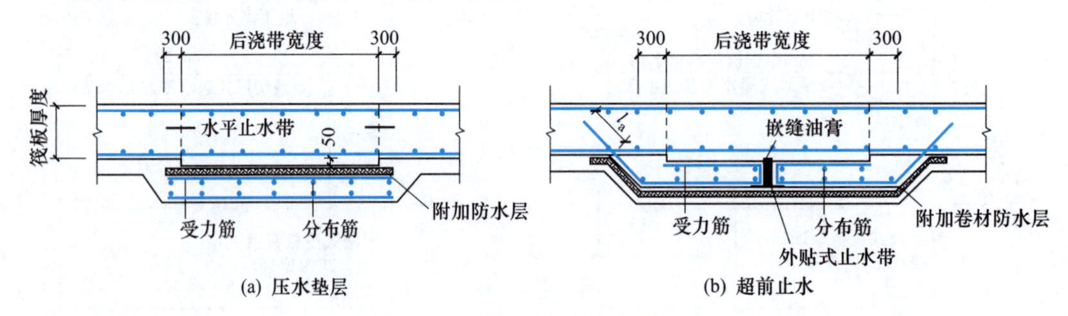

图 3-84　有地下水时后浇带做法

其中图 3-84（a）压水垫层做法中，在降水和干作业前提下完成垫层，包括在预留的后浇带处附加钢筋混凝土垫层，并在其上附加防水层。浇筑后浇带两侧的混凝土后，封闭后浇带之前，由该部分抵抗坑底向上的水压力。封闭后，通过后浇带两侧预埋的止水带提高混凝土抗渗能力，阻止地下水通过后浇带处施工缝渗入地下室。图 3-84（b）超前止水做法中，在封闭后浇带之前，已经通过止水条、嵌缝油膏封闭渗水通道，因此后浇带两侧施工缝不必再设置止水带。

3.3.5.3　筏基施工图识读

筏形基础施工图的识读，就是在充分理解筏形基础受力特点的基础上，分析掌握设计意图，根据施工、预算等需要，按照统一的（或一定的）制图规则，提取筏基实体形成所需要的主材（混凝土、钢筋）和辅材（止水带、垫层等）形状、各部位尺寸、整体或部分体积、强度标号等，并据此进行施工、预算。

实际工程中平板式筏基使用较多，以平板式筏基为例。

3.21　筏板基础识图工作页

（1）筏基识读基本概念

① 抗震设防区天然地基上的筏形基础，其埋置深度不宜小于建筑物高度的1/15，以保证建筑物的抗倾覆和抗滑移等，保证建筑物的安全和稳定。其埋深也决定了基坑工程量及支护的难度。

② 高层建筑筏板的厚度一般较大，其厚度是由地质条件、地下室层数、上部结构形式、柱网大小（剪力墙间距）、荷载情况等，经抗冲切验算确定。工程中一般初步估计可以按照地面以上楼层数量估算，每层需要的厚度为50～70mm。

③ 筏板的平面尺寸一般较上部结构外轮廓大，即有一定的外挑扩大，以避免基底应力突变，使得基底在边缘处应力更均匀。但是，为防水施工方便考虑，周边有墙体的筏板，可以不外挑。

④ 当筏板长度较大时，可设置伸缩后浇带，以减少混凝土强度增长过程中产生的收缩应力。其位置一般在板跨的1/3处通过，可曲折而行。

⑤ 平板式筏板基础作为整体性比较强的钢筋混凝土厚板，承受上部柱、墙传递下来的作用。当建筑物地下室层数较多、地下室顶板或中间某层的地下室楼板作为结构的嵌固部位（水平位移、转角为零）时，水平地震剪力传递到嵌固部位，不再向下传递（地震引起的竖向拉压应力可以传递）；另外筏板底部与地基土接触，侧面受土体约束，地震作用下相对上部结构加速度很小，因此平板式筏基钢筋连接等不考虑抗震和抗震等级问题。因此，钢筋连接一般采用基本锚固长度，不再采用抗震锚固长度。

⑥ 当地基土比较均匀、上部结构刚度较高、平板式筏板的厚跨比不小于1/6，且相邻柱荷载及柱间距的变化不超过20%时，按照倒置的楼盖进行计算。筏板视为楼盖，与基础连接的柱、剪力墙作为板的固定支座，在支座处不发生竖向位移。板底受直线分布的向上的均布（或不均布）基底反力（面荷载），支座处板向下弯曲，板底受拉；跨中（剪力墙、柱之间）一般向上弯曲，板顶受拉。由于多跨连续（梁）板支座处弯矩一般大于跨中弯矩，因此一般板底支座处钢筋较多（附加非贯通钢筋）。

⑦ 一般建筑物中心附近沉降量较大，边缘沉降量较小，使得筏板出现整体向下弯曲，板底受拉，而按照倒置楼盖进行计算时无法计算该部分弯矩。为此，在构造中要求板底钢筋必须有一定比例的通长钢筋，以抵抗整体弯曲变形（底部贯通纵筋）。

⑧ 不论底部还是顶部的贯通纵筋，连接位置应该选择受力较小的部位。板中纵筋主要承担的是弯矩引起的拉应力。作为倒置的按照连续梁（板）计算的楼盖，支座处下受拉、上受压，所以板顶筋在支座附近连接；跨中处上受拉、下受压，因此板底一般在跨中处受压，所以钢筋在跨中处连接。

⑨ 当基础平板厚度大于2m时，厚板大体积混凝土在硬化中会产生较大的收缩应力，并且需要分层浇筑振捣，为此，多数会设置有位于基础平板中部的水平构造钢筋网。

⑩ 上下柱墩设置：当柱受力较大使得板所受冲切力较大、整体提高板厚不经济时，一般可以在柱下加设柱墩，避免冲切破坏。下柱墩是将筏板局部加厚形成，通过扩大承受冲切的作用面的高度来提高抗冲切承载力，形式包括棱台式和棱柱式，如图3-85所示。棱台式侧壁水平筋伸至边坡边界线即可，棱柱式要求设置在X向纵筋的外侧并沿坑壁围合成水平箍筋。棱台式在开挖土体、钢筋加工等方面更方便，更常用。

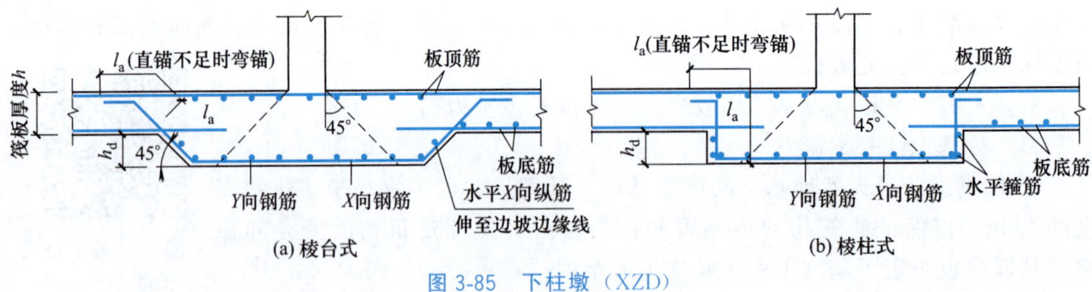

图 3-85　下柱墩（XZD）

上柱墩是将柱在根部一定范围内截面加大，扩大冲切面的周长，以提高抗冲切承载力。柱墩作为柱子的加大部分，配筋与柱子类似，其水平筋必须是箍筋，其竖向钢筋锚入筏板，满足抗震锚固长度 l_{aE}（非抗震设计时为 l_a）。形式包括棱台和棱柱式，棱台式上柱墩（SZD）如图 3-86 所示，棱柱式类似，区别在于棱柱式柱墩的竖向筋竖直向下伸入筏板。上柱墩由于柱子根部增大，影响使用功能，一般较下柱墩使用较少。

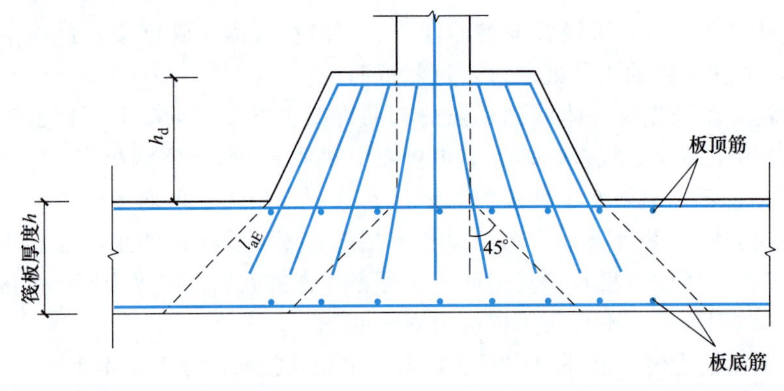

图 3-86　棱台式上柱墩（SZD）

⑪ 建筑中的电梯底坑、集水坑等需要在筏板内向下开洞形成基坑（JK），导致洞口范围内钢筋被切断。为尽量保证筏板的整体性，保证力尽可能地顺畅传递，筏板一般沿基坑坑壁和坑底铺设，并与周边平板连接，最薄处厚度不小于筏板厚度。因板底为垫层及地基土，当基坑较深、土质较差时，一般取 45°；当基坑较浅、土质较好时，可以取 60°，以尽量避免扰动地基土，降低地基土承载力，具体如图 3-87 所示。

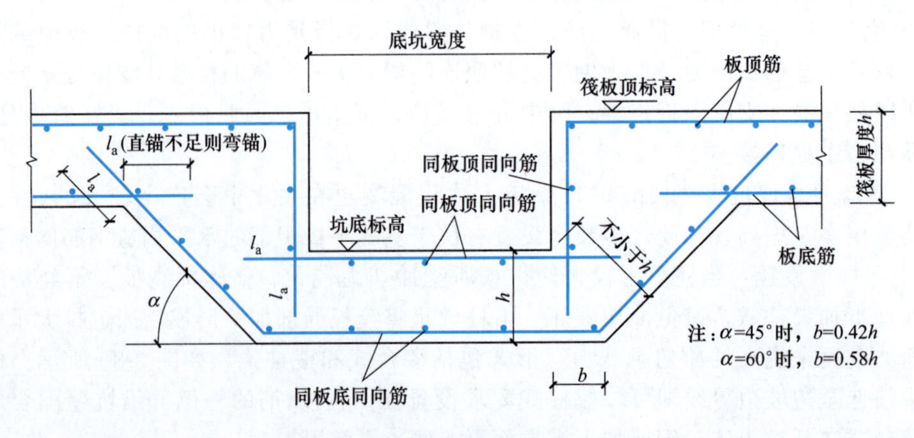

图 3-87　基坑做法

（2）筏板识图要点

① 板厚。平板式筏形基础板厚根据受力不同，会有不同板厚，可能是加厚的板带，也可能是某区域加厚。应区分各板厚值及其各自的分布范围、厚度变化处的处理构造要求。

② 筏板侧面封边方式。为经济起见，当筏板较厚、钢筋直径较大时，一般采用U形钢筋与筏板底、筏板顶钢筋搭接连接；当筏板较薄、钢筋较细时，采用筏板顶部和底部的受力钢筋直接搭接连接。与其垂直的侧面纵向构造钢筋的规格、直径和间距一般设计会注明。

③ 筏板的外伸尺寸。筏板伸出外墙时，外伸部分形成悬挑构件。为经济起见，该部分可以采用变截面高度，h_1/h_2，h_1 为筏板根部截面高度，h_2 为筏板端部截面高度。

④ 当基础平板厚度大于 2m 时，设置在基础平板中部的水平构造钢筋网规格，一般在说明中标注，图纸上不体现。

⑤ 基础平板外伸阳角部位双向受拉，一般在板底设置放射筋，抵抗拉应力，避免开裂，注意放射筋的强度等级、直径、根数以及设置方式等。

⑥ 基础平板同一层面的纵筋相交叉时，应注意何向纵筋在下，何向纵筋在上。

⑦ 注意混凝土强度等级、垫层厚度与强度等级。

（3）平法钢筋识读要点

1）平板式筏形基础平法施工图，指在基础平面布置图上采用平面注写方式表达。平板式筏形基础可划分为柱下板带和跨中板带，也可不分板带，按基础平板进行表达。这里以不分板带的平板筏形基础为例，构件编号为 BPB××（××为序号）。该种表示方法一般适用于整片板式筏形基础配筋比较规律时。

2）平板式筏形基础平板 BPB 的平面注写，分板底部与顶部贯通纵筋的集中标注与板底部附加非贯通纵筋的原位标注两部分内容。当仅设置底部与顶部贯通纵筋而未设置底部附加非贯通纵筋时，则仅做集中标注。

3）平板式筏形基础平板 BPB 的集中标注。

在板区双向均为第一跨的板上引出，具体规定如下。

标注内容：

① 基础平板编号：板厚相同、基础平板底部与顶部贯通纵筋配置相同的区域为同一板区，采用同一编号 BPB××。

② 截面尺寸：一般采用 h＝××表示板厚。

③ 底部与顶部贯通纵筋及其总长度：

X 向底部（B 打头）贯通纵筋与顶部（T 打头）贯通纵筋及纵向长度范围；

Y 向底部（B 打头）贯通纵筋与顶部（T 打头）贯通纵筋及纵向长度范围。

括号中数值为贯通纵筋的总长度，用跨数及外伸情况表达。跨数以构成柱网的主轴线为准。A 代表一端有外伸，B 代表两端有外伸。没有 A、B 则代表无外伸，筏板边缘即为墙边或柱边。例如：X：BΦ22@150；TΦ20@150；（5B）

Y：BΦ20@150；TΦ18@150；（7A）

表示基础平板 X 向底部配置直径 22mm 间距 150mm 的贯通纵筋；顶部配置直径 20mm 间距 150mm 的贯通纵筋，纵筋长度为 5 跨，两端外伸。

基础平板 Y 向底部配置直径 20mm 间距 150mm 的贯通纵筋；顶部配置直径 18mm 间距 150mm 的贯通纵筋，纵筋长度为 7 跨，一端外伸。

④ 当贯通纵筋采用两种规格钢筋“隔一布一”方式时，表达为Φxx/yy@×××，表示直径 xx 的钢筋和直径 yy 的钢筋之间的间距为×××。直径为 xx 的钢筋、直径为 yy 的钢筋间距分别为×××的两倍。例如：Φ10/12@100 表示贯通纵筋为Φ10、Φ12 的钢筋隔一布一，彼此间距为 100mm。

⑤ 相邻不同板区板底标高相同时，两种不同配置的底部贯通纵筋应在两毗邻跨中配置较小跨的跨中连接区域连接（即配置较大板跨的底部贯通纵筋需越过板区分界线伸至毗邻板跨的跨中连接区域，“就大不就小”，钢筋的长度需要注意）。

具体位置见 16G101-3 标准构造详图 91 页（中间应该为连接区域）。

⑥ 当某向底部贯通纵筋或顶部贯通纵筋的配置，因板内一般支座处弯矩较大，跨中弯矩较小，因此可能配置不同的钢筋。此时，前面标注的为跨内两端的钢筋根数及间距，“/”后为跨中部的钢筋间距，不再标注根数，按照要求的间距排布即可。

例如：X：B12Φ22@150/200；T10Φ20@150/200 表示基础平板 X 向底部配置Φ22 的贯通纵筋，跨两端间距为 150mm 各配置 12 根，跨中间距为 200mm；X 向顶部配置Φ20 的贯通纵筋，跨两端间距为 150mm 各配置 10 根，跨中间距为 200mm。

4）平板式筏形基础 BPB 的原位标注，主要表达横跨柱中心线下的底部附加非贯通纵筋。

① 原位注写位置及内容：在配置相同的若干跨的第一跨下，垂直于柱（墙）中线绘制一段中粗虚线代表底部附加非贯通纵筋，在虚线上注写编号、配筋值、横向布置的跨数及是否布置到外伸部位。其中 A 代表一端外伸，B 代表两端有外伸。

例如：在基础平板第一跨原位注写底部附加非贯通纵筋Φ18@300（4A），表示在第一至第四跨板包括外伸部位横向配置Φ18@300 底部附加非贯通纵筋。

② 板底部附加非贯通纵筋向两边跨内的伸出长度值（垂直轴线方向的伸出长度）注写在线段的下方位置。当该筋向两侧对称伸出时，长度值可仅在一侧标注，另一侧不注。底部附加非贯通筋相同者，仅注写一处，其他仅注写编号。

③ 横向连续布置的跨数及是否布置到外伸部位，不受集中标注贯通纵筋的板区限制。即板区的划分是按照集中标注的贯通筋确定的，原位标注可以跨越不同的板区。

④ 原位注写的底部附加非贯通纵筋与集中标注的底部贯通纵筋，宜采用“隔一布一”的方式布置，即基础平板（X 向或 Y 向）附加非贯通纵筋与贯通纵筋间隔布置，其标注间距与底部贯通纵筋相同（两者实际组合后的间距为各自标注间距的 1/2）。

例如：原位注写的底部附加非贯通纵筋Φ22@300(3)，该 3 跨范围内集中标注的底部贯通纵筋也为 BΦ22@300，则在该 3 跨支座处实际横向设置的底部纵筋合计为Φ22@150，其他与 5 号筋相同的附加非贯通纵筋仅注编号 5。

例：原位注写的基础平板底部附加非贯通纵筋②Φ25@300(4)，该 4 跨范围内集中标注的底部贯通纵筋为 BΦ22@300，则在该 4 跨支座处实际横向设置的底部纵筋合计为Φ25 和Φ22 间隔布置，彼此之间间距为 150mm。

⑤ 当柱中心线下的底部附加非贯通纵筋（与柱中心线正交）沿柱中心线连续若干跨配置相同时，则在该连续跨的第一跨下原位注写，且将同规格配筋连续布置的跨数注在括号内；当有些跨配置不同时，则应分别原位注写。外伸部位的底部附加非贯通纵筋应单独注写（当与跨内某筋相同时仅注写钢筋编号）。

⑥ 当底部附加非贯通纵筋横向布置在跨内有两种不同间距的底部贯通纵筋区域时，其间距应分别对应为两种，其注写形式应与贯通纵筋保持一致，即先注写跨内两端的第一种间

距，并在前面加注钢筋根数；再注写跨中部的第二种间距（不需加注根数）；两者用“/”分隔。

⑦ 当某些柱（墙）中心线下的基础平板底部附加非贯通纵筋横向配置相同时（其底部、顶部的贯通纵筋可以相同），可仅在一条中心线下做原位注写，并在其他柱（墙）中心上注明“该柱（墙）中心线下基础平板底部附加非贯通纵筋同××柱（墙）中心线”。具体参见平法标准 16G101-3 中第 43 页。

3.3.6 桩基础

3.3.6.1 桩基础基本概念

桩基础简称桩基，由延伸到地层深处的基桩和联结桩顶的承台组成。如图 3-88 所示。

桩基可以承受竖向荷载，也可以承受横向荷载。承受竖向荷载的桩是通过桩侧摩阻力或桩端阻力或两者共同作用将上部结构的荷载传递到深处土（岩）层，因而桩基的竖向承载力与基桩所穿过的整个土层和桩底地层的性质、基桩的外形和尺寸等密切相关；承受横向荷载的桩基是通过桩身将荷载传给桩侧土体，其横向承载力与桩侧土的抗力系数、桩身的抗弯刚度和强度等密切相关。因此，桩的承载力与上部结构中的柱不同，不仅取决于桩本身的截面大小、形状、混凝土强度、钢筋配置情况等，也与桩周和桩端土的承载力密切相关，工程实际中，可以采用在桩侧或桩端或两者都有的后注浆工艺以提高桩的承载力。

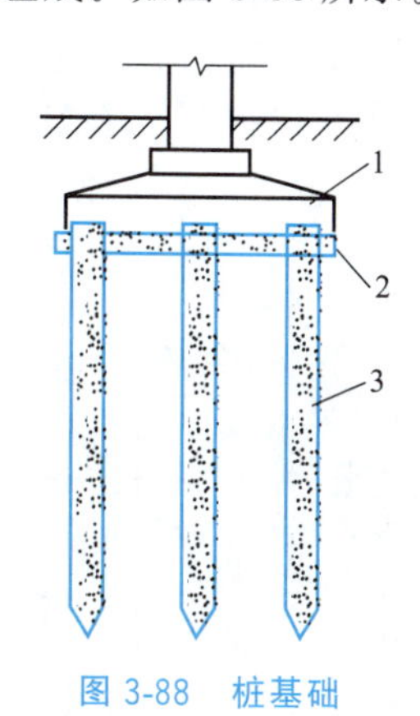

图 3-88　桩基础

1—承台；2—垫层；3—基桩

桩基可由单根桩构成，如一柱一桩的独立基础；也可由两根以上的基桩构成，形成群桩基础，荷载通过承台传递给各基桩桩顶。若桩身全部埋于土中，承台底面与土体接触，则称为低承台桩基础；若桩身上部露出地面而承台底位于地面以上，则称为高承台桩基础。建筑桩基通常为低承台桩基础，而桥梁和码头桩基则多为高承台桩基础。

按桩的使用功能分类：

① 竖向抗压桩。一般的房屋建筑，在正常工作的条件下（如不承受地震荷载，或抗震设防烈度不高而建筑物高度亦不大），主要承受上部结构传来的竖向荷载。

② 水平受荷桩。港口工程的板桩、基坑的支护桩等，都是主要承受水平荷载的桩。桩身的稳定依靠桩侧土的抗力，往往还设置水平支撑或拉锚以承受部分水平力。

③ 抗拔桩。指的是主要承受拉拔荷载的桩。如板桩墙背的锚桩和受浮力的构筑物在浮力作用下自身不能稳定而在底板下设置的锚桩。

按桩的承载性能分类：

（1）摩擦型桩。

① 摩擦桩：在极限承载力状态下，桩顶荷载由桩侧阻力承受，桩端阻力忽略不计。

② 端承摩擦桩：在极限承载力状态下，桩顶荷载主要由桩侧阻力承受，桩端阻力占少量比例。

（2）端承型桩。

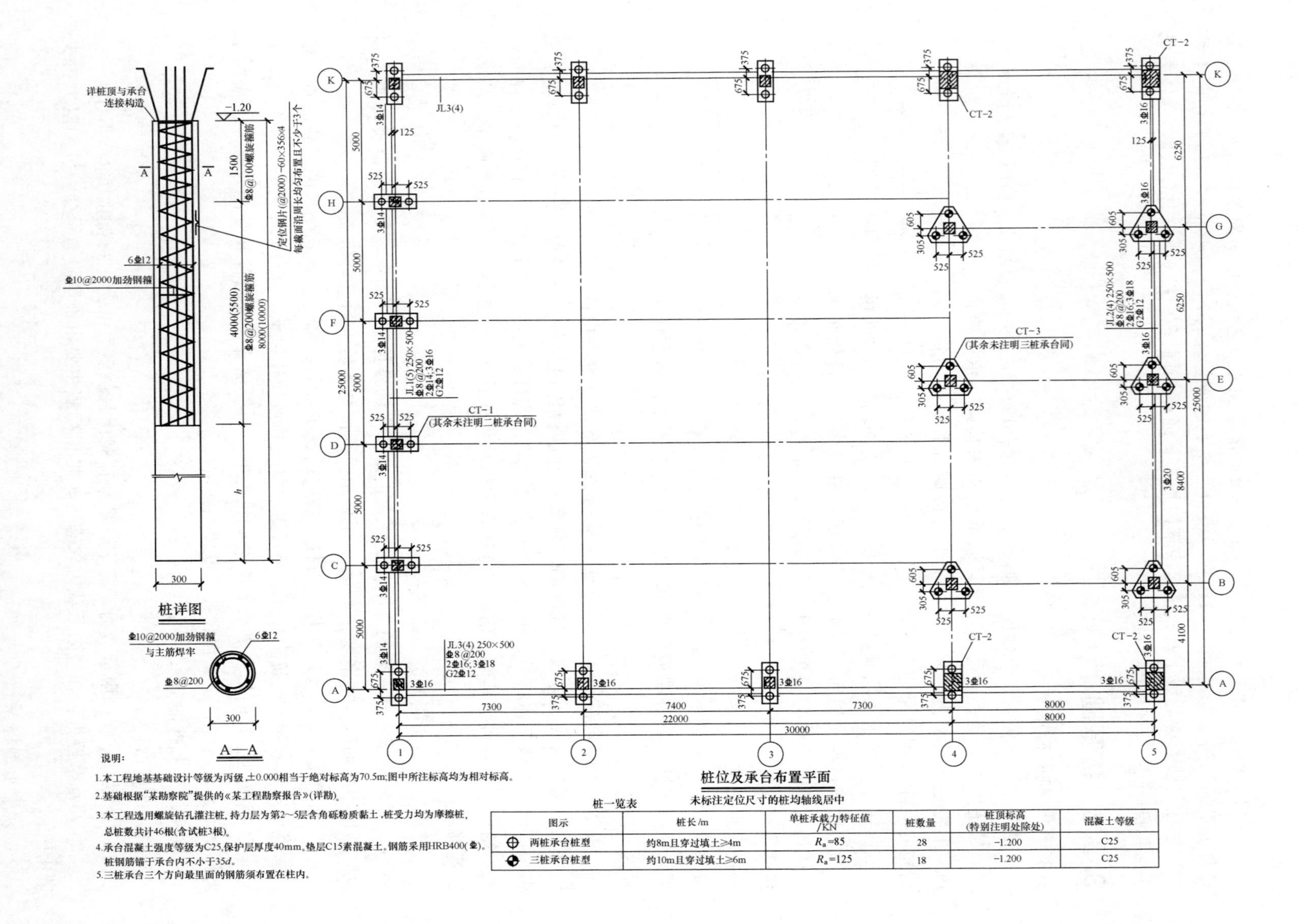

说明：

1.本工程地基基础设计等级为丙级，±0.000相当于绝对标高为70.5m；图中所注标高均为相对标高。

2.基础根据"某勘察院"提供的《某工程勘察报告》(详勘)。

3.本工程选用螺旋钻孔灌注桩，持力层为第2～5层含角砾粉质黏土，桩受力均为摩擦桩，总桩数共计46根(含试桩3根)。

4.承台混凝土强度等级为C25，保护层厚度40mm，垫层C15素混凝土。钢筋采用HRB400(⌀)。桩钢筋锚于承台内不小于35d。

5.三桩承台三个方向最里面的钢筋须布置在柱内。

桩一览表

图示	桩长/m	单桩承载力特征值/KN	桩数量	桩顶标高(特别注明处除外)	混凝土等级
两桩承台桩型	约8m且穿过填土≥4m	R_a=85	28	-1.200	C25
三桩承台桩型	约10m且穿过填土≥6m	R_a=125	18	-1.200	C25

螺旋钻孔灌注桩说明

1.设计依据 (1)勘察院提供的《岩土工程勘察报告》

(2)《建筑地基基础设计规范》(GB 50007—2011)

(3)《建筑桩基技术规范》(JGJ 94—2008)

(4)《岩土工程技术规范》(DB/T 29-20—2017)

2.本工程采用螺旋钻孔灌注桩施工工艺。

桩混凝土强度等级：C25,桩钢筋采用HRB400(⌀)。

3.本工程主楼室内地坪(±0.000)绝对标高为70.5m。

4.本工程桩拟采用堆载法试桩,试桩数量不得少于总桩数的1%且不少于3根。

5.打桩时做好打桩记录及自检结果以备有关单位复检及检测,检测合格后方可进行基础承台梁的施工,如遇其他的问题有关各方协商解决。

6.采用低应变动测法检测桩身质量,检测数量不得少于总桩数的40%且不少于20根。

7.图中括号内标高为绝对标高,如果施工前发现桩尖所处标高与勘察报告所给持力层标高有出入，请及时通知设计人员协商解决后方可施工。

8.本工程桩基检测严格按《建筑基桩检测技术规范》(JGJ 106—2014)、《建筑地基基础工程施工质量验收标准》(GB 50202—2018)及其他相关规范执行。

9.试桩利用工程桩,在桩不被破坏的前提下检测竖向极限承载力标准值及在承载力标准值作用下的沉降值。桩试验加荷应考虑送桩影响桩头做法由试桩单位提供。

10.本说明未尽事宜均应严格按照各项相关规范、规程及文件执行。

11.试桩顶部的三层钢筋网Φ10@100应与桩顶1.5m范围C35混凝土浇成一体，用砂浆将桩顶抹平,桩身主筋与钢筋网片搭焊。

12.桩内主筋保护层厚度50mm,桩的水平位置偏差要求<100 mm,垂直偏差<1%。施工中应严格控制泥浆比重。灌注混凝土之前孔底沉碴厚度应<100mm,塌落度18~22cm。

13.本工程待施工图审查完后再进行施工。

14.本工程桩基设计等级为丙级。

螺旋钻孔灌注桩施工说明

1.本工程采用螺旋钻孔灌注桩施工,由具有技术专利的专业施工单位进行施工。

2.钻机定位后,应进行复检,钻头与桩位点偏差不得大于20mm,开孔时下钻速度应缓慢,钻进过程中,不宜反转或提升钻杆。

3.钻进过程中,当遇到卡钻,钻机摇晃、偏斜或发生异常声响时，应立即停钻,查明原因,采取相应措施后方可继续作业。

4.依据桩身混凝土的设计强度等级,应通过实验确定混凝土配合比,混凝土坍落度宜为18~22cm，粗骨料可采用卵石或者碎石,最大粒径不宜大于30mm,可掺入粉煤灰或者外加剂。

5.混凝土泵型号应根据桩径选择,混凝土输送泵管布置宜减少弯道,混凝土泵与钻机的间距不宜超过60m。

6.桩身混凝土的泵送压灌应连续进行,当钻机移位时,混凝土泵料斗内的混凝土应连续搅拌,泵送混凝土时,料斗内混凝土的高度≥400mm。

7.混凝土输送泵管宜保持水平,当长距离泵送时,泵管下面应垫实。

8.钻至设计标高后,应先泵入混凝土并停顿10~20秒,再缓慢提升钻杆,提钻杆速度应根据土层情况确定,且应与混凝土泵送量相匹配,保证管内有一定高度的混凝土。

9.在地下水位以下的砂土层中钻进时,钻杆底部活门应有防止进水措施,压灌混凝土应连续进行。

10.压灌桩的充盈系数不宜小于1.1。桩顶混凝土超灌高度不宜小于0.3~0.5m，清土和截桩时，不得造成桩顶标高以下桩身断裂和扰动桩间土。桩间距小于3d时应隔桩施工。

11.成桩后,应及时清除钻杆及泵管内残留混凝土，长时间停置时,应采用清水将钻杆、泵管、混凝土泵清洗干净。

12.混凝土压灌结束后，应立即将钢筋笼插至设计深度。钢筋笼插设宜采用专用插筋器。

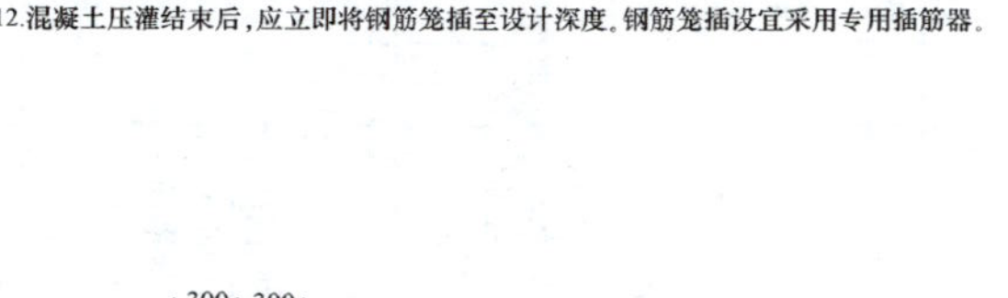
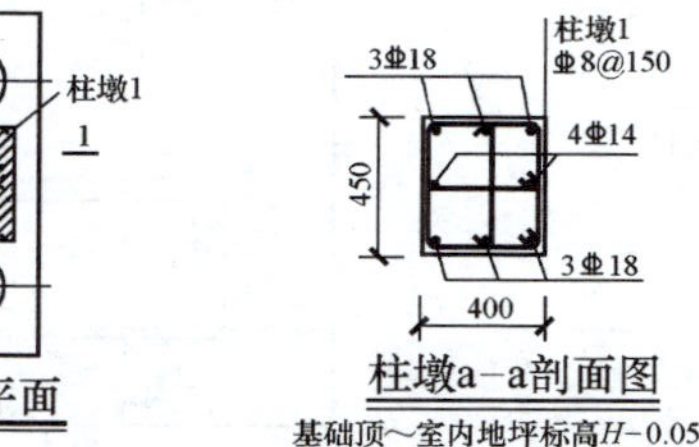
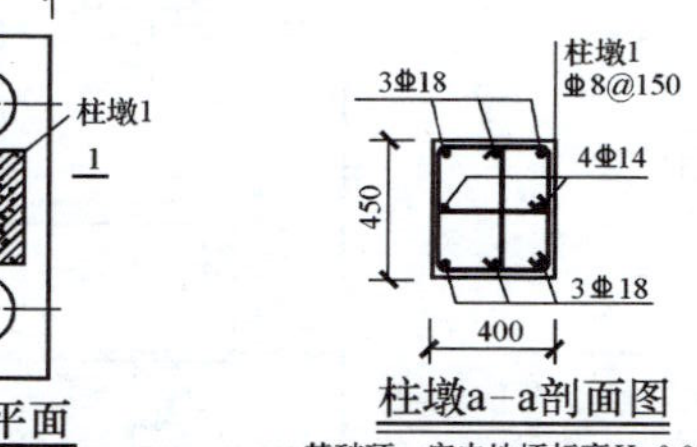
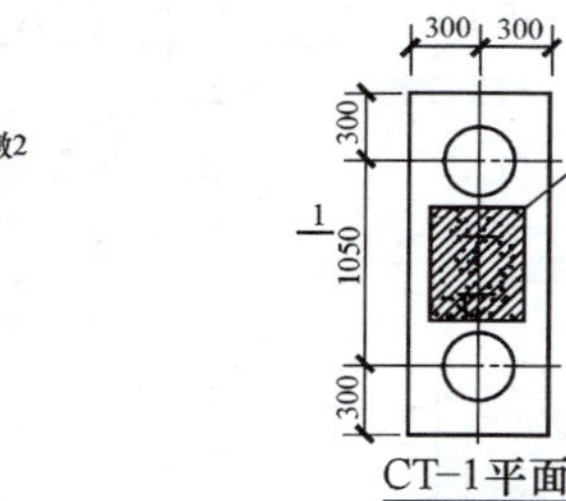
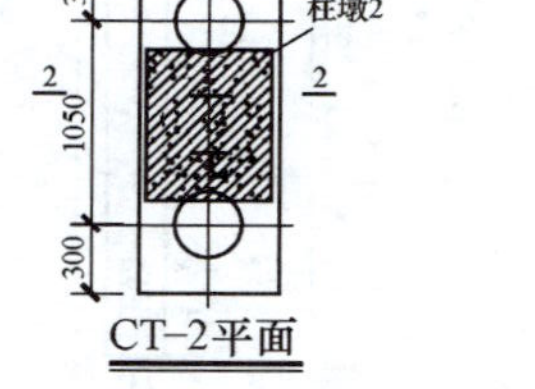
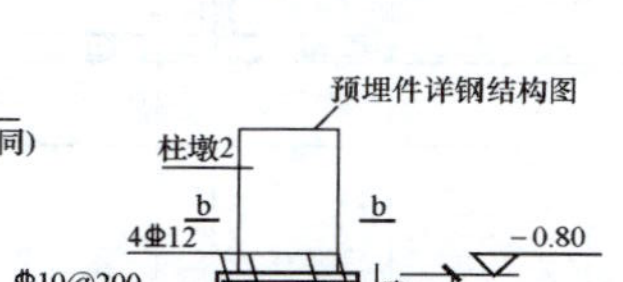
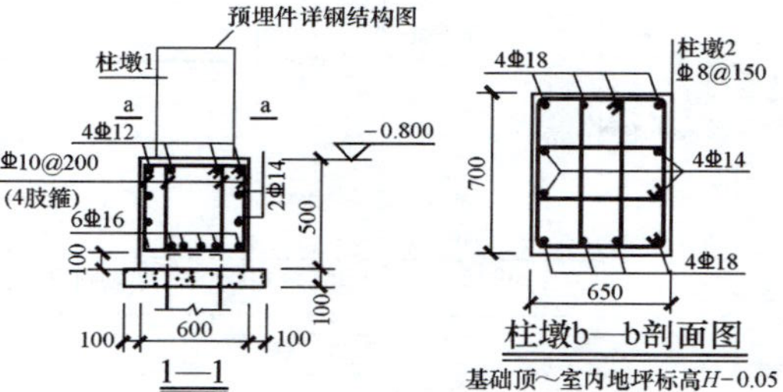
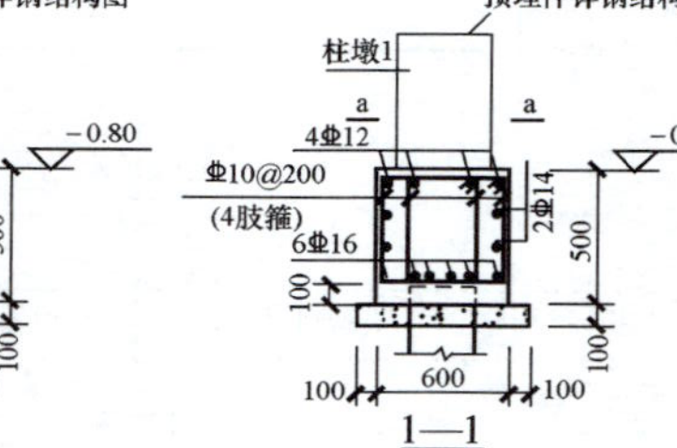
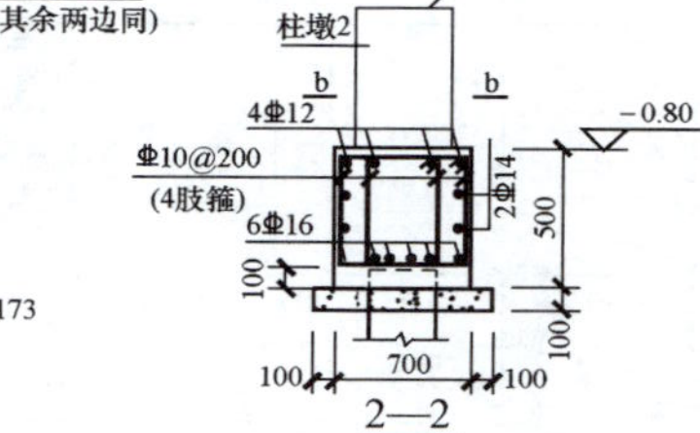

图 3-89　桩基础施工图

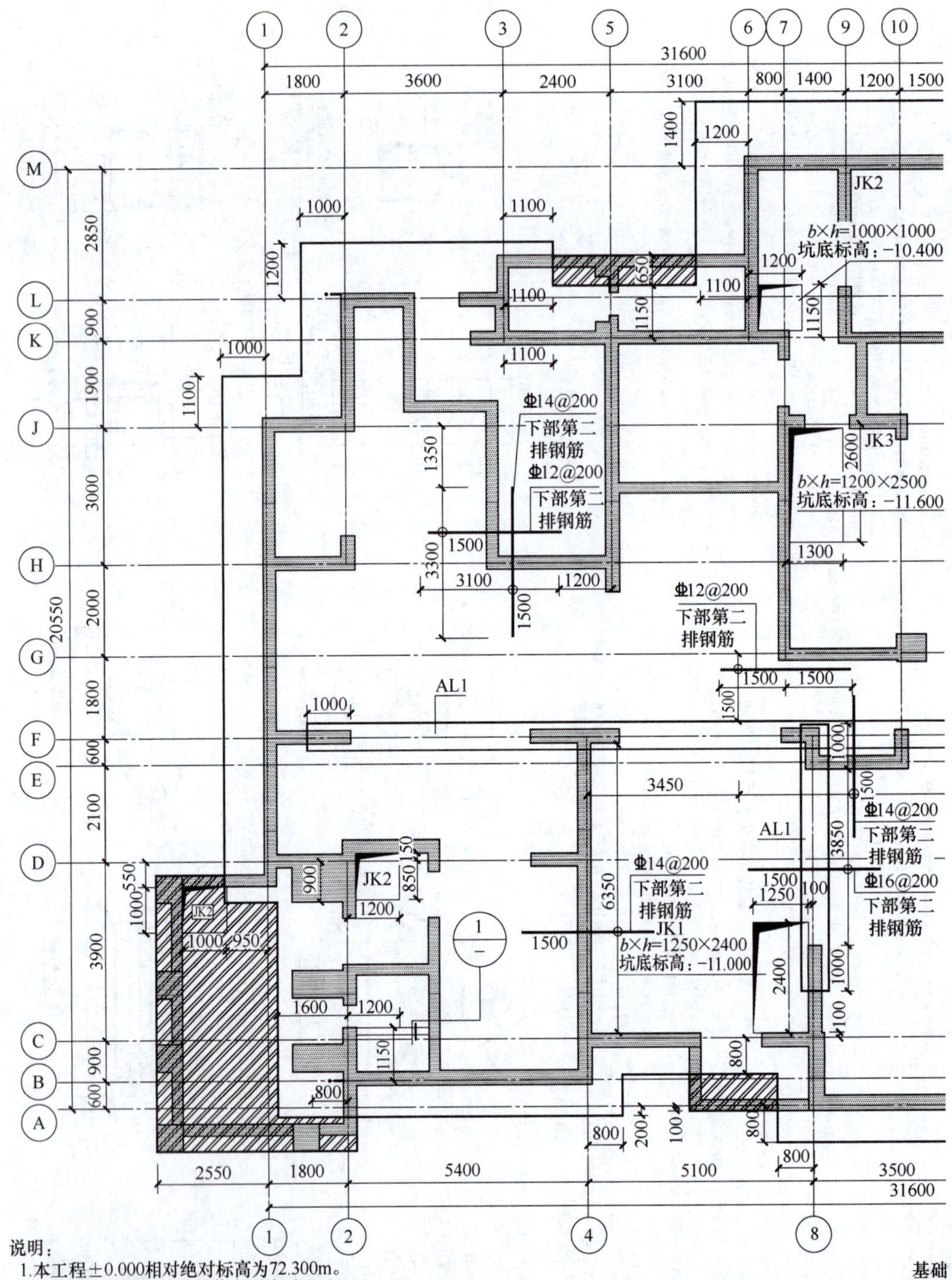

说明：

1.本工程±0.000相对绝对标高为72.300m。

2.主楼要求处理后地基承载力不小于570kPa。

3.基础筏板厚为1200mm，筏板顶标高-9.830m。

4.混凝土强度等级均采用C30，抗渗等级S8(P8)，筏板垫层为素混凝土C15，垫层170厚(含70厚防水保护层)，每边宽出基础边100mm。

5.筏板上部钢筋在墙(或暗梁)范围内连接，筏板下部钢筋在跨中范围内连接。筏板内配双层双向钢筋Φ22@200(图未画)，图中所示钢筋为筏板下部第二排筋；长度均从墙中心算起。筏板分布钢筋Φ12@200，筏板马凳筋由施工单位自行处理。

6.基础筏板筋采用机械连接，在同一连接区段内接头率不大于50%。相邻钢筋接头之间的距离≥35d(d为较大钢筋直径)，采用Ⅱ级连接。

7.筏板相关构造详见国标《混凝土结构施工图平面整体表示方法制图规则和构造详图(独立基础、条形基础、筏形基础及桩基承台)》16G101-3。未注明筏板边缘侧面封边见图集第93页的纵筋弯钩交错封边方式，侧面构造筋Φ12@200。

基础

图 3-90　筏形

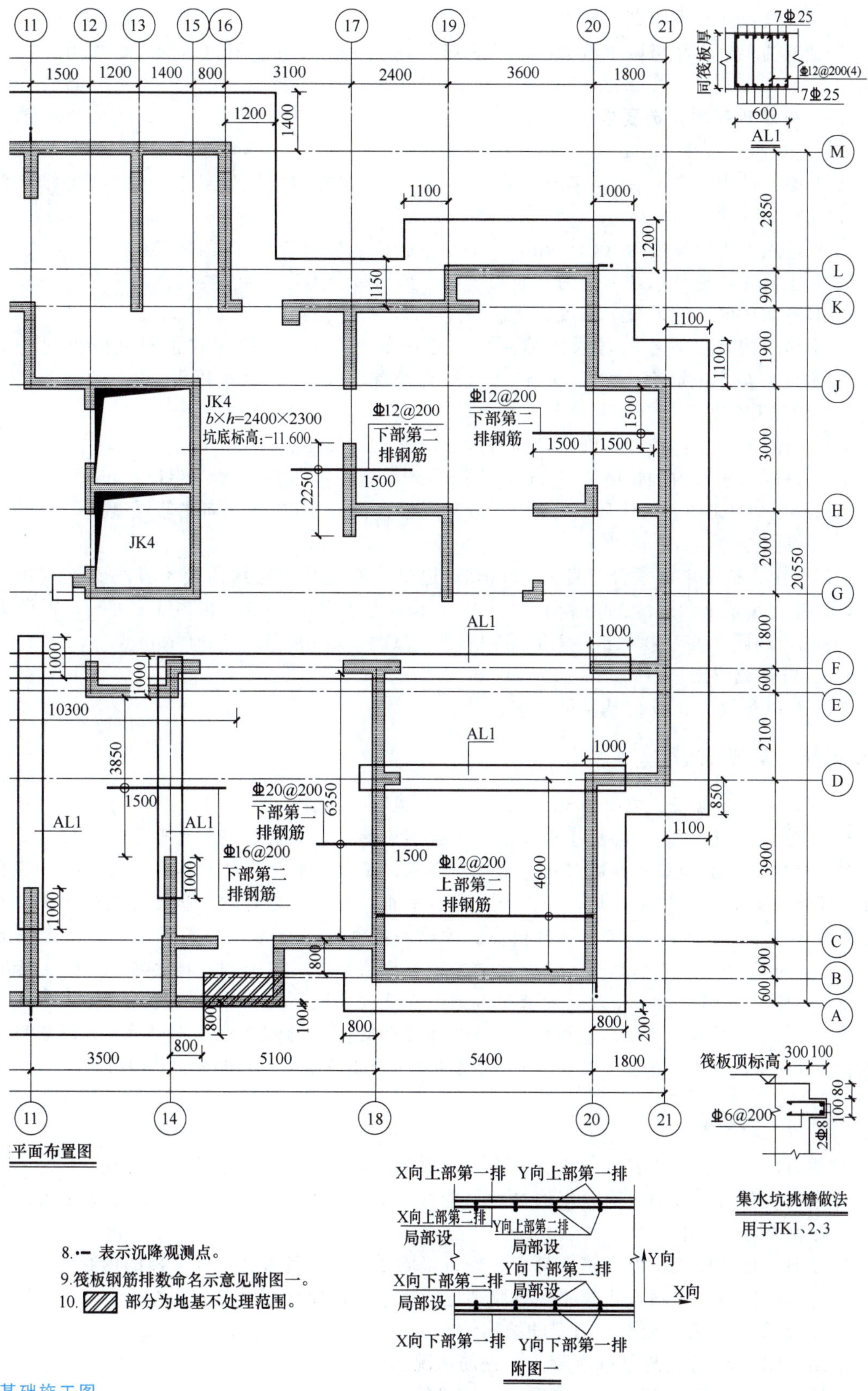

8. •— 表示沉降观测点。

9. 筏板钢筋排数命名示意见附图一。

10. ▨ 部分为地基不处理范围。

基础施工图

① 端承桩：在极限承载力状态下，桩顶荷载由桩端阻力承受，桩侧阻力忽略不计。

② 摩擦端承桩：在极限承载力状态下，桩顶荷载主要由桩端阻力承受，桩侧阻力占少量比例。

3.3.6.2 桩基础基本构造要求

(1) 基桩构造要求

① 摩擦型桩中心距宜≥$3d$（桩身直径），扩底灌注桩中心距宜≥$1.5D$（扩底部分直径）；$D \leqslant 3d$。

② 桩进入持力层深度为（1～3）d，嵌岩灌注桩嵌入硬质岩层深度≥0.5m。

③ 布置桩时，桩基承载力合力点应与竖向永久荷载合力作用点重合。

④ 非腐蚀环境下的混凝土强度：预制桩≥C30，灌注桩≥C25，预应力桩≥C40。

⑤ 主筋应按计算确定。打入式预制桩最小配筋率0.8%，静压式预制桩最小配筋率0.6%，灌注桩最小配筋率0.2%～0.65%（小直径桩取大值），桩顶以下（3～5）d 范围内箍筋适当加强和加密。

⑥ 纵向配筋长度：按计算确定，同时考虑地形地质条件情况。

⑦ 桩顶嵌入承台内的长度≥50mm，主筋伸入承台内的锚固长度：（HPB300 级）≥$30d$（主筋直径），（HRB335、HRB400 级）≥$35d$（主筋直径）。灌注桩纵向主筋混凝土保护层≥50mm，预制桩≥45mm。

(2) 承台构造要求：承台宽度≥500mm。边桩中心至承台边缘距离不宜小于桩直径或边长，且桩外缘至承台边缘的距离不小于150mm，厚度≥300mm。混凝土≥C20；钢筋直径≥10mm，间距100～200mm；钢筋保护层无垫层时70mm，有垫层时40mm。

3.3.6.3 桩基础识图

如图3-89所示，识读桩基础施工图。

匠心筑梦 启迪智慧

"离娄之明，公输子之巧，不以规矩，不成方圆"，是孟子《离娄上》的一句名言。离楼是传说中视力特别强的人，公输子即鲁班，古代杰出的土木工匠。字面意思是：像从前离娄那样精明的眼睛，公输般那样的巧匠，不凭规和矩，是画不成方圆的。其引申内涵是：国有国法，家有家规，大到国家治理，小到个人言行举止，都有一定的规矩和行为规范标准，不尊重法律和规则，就不可能有良好的秩序。法律和规则是社会运行的基石，是社会有序运转、人与人和谐共处的基本元素。法制意识不强和执法力度不够，都直接破坏了社会生活的正常运行，带给人们错误的信息，助长了人们不择手段实现个人目的的风气。

建筑行业与人民生产生活息息相关，作为新时代的青年，应勤奋学习，锤炼身心，增强规则意识、法律意识，应敢于担当、勇于奋斗，努力做新时代具有责任意识和创新精神的建设者。

能力训练题

1. 剪力墙平法施工图表示方法有哪些？分别在什么情况下采用这些表达方式？
2. 在列表注写方式中，剪力墙墙柱编号应注意什么，剪力墙墙身编号应注意什么，剪力墙墙梁编号应注意什么？
3. 在剪力墙墙柱表、剪力墙墙身表、剪力墙墙梁表中，各表达了什么样的内容？
4. 剪力墙的截面注写方式按照什么原则进行标注？需要注意哪些方面？
5. 结合图3-74叙述图中剪力墙的结构情况。
6. 结合图3-89分析桩基础混凝土、钢筋情况。
7. 结合图3-90分析筏形基础混凝土、钢筋情况。

模块四

装配式混凝土结构

学习要点

掌握装配式混凝土结构叠合板、叠合梁、剪力墙内外墙板、楼梯等预制构件构造要求，构件连接方式及连接构造要求，熟悉装配式混凝土结构深化设计施工详图内容，并熟练识读结构施工图纸。

4.1 混凝土装配式建筑简介

4.1 装配式混凝土结构基础知识

4.1.1 装配式混凝土结构适用范围

装配式混凝土结构是指，由预制混凝土构件通过可靠的方式进行连接，并在施工现场与后浇混凝土、水泥基灌浆料形成整体的建筑结构。为保证结构良好的整体性和抗震性能，装配式混凝土结构比全现浇式混凝土结构适用范围偏小。

（1）最大适用高度　抗震设防烈度为9度的地区不得采用；对于框架结构，与现浇结构相比，8度（0.30g）地区高度由35m降低至30m；对于剪力墙结构和部分框支-剪力墙结构，其适用高度比现浇结构普遍降低10m，其他情况下适用高度相同。当结构中仅采用叠合梁、板构件，而竖向承重构件全部现浇时，其最大适用高度同现浇结构完全相同。

（2）最大高宽比　除去非抗震设计中由7调整为6外，在抗震设计中与相应的现浇结构完全相同。

（3）结构规则性　易实现构件标准化生产的建筑可以采用装配式混凝土结构。对结构布置特别不规则（见模块三的3.2内容）的建筑结构，主要构件的连接不宜采用装配式，应采用现浇方式。

4.1.2 结构布置要求

考虑建筑结构的整体性及高抗震性能，装配式建筑的一些重要部位宜采用现浇结构。下列部位必须采用现浇结构。

（1）装配式建筑宜设置地下室，地下室宜采用现浇混凝土结构；

（2）剪力墙结构底部加强部位剪力墙，宜采用现浇混凝土结构；

（3）框架结构装配式建筑首层柱宜现浇，顶层宜采用现浇屋盖结构；

（4）结构顶层、地下室顶层，作为上部结构嵌固部位的地下室楼层及其相关范围，结构体型收进处的楼层及相邻上、下各一层，平面复杂或开洞较大的楼层，斜柱上、下端周围局部楼盖宜采用现浇结构，其它部位楼盖宜采用叠合楼盖。

4.1.3 构件预制分类

装配式混凝土结构按照其装配化难易程度不同，采用不同的构件预制方案。

（1）非主体结构构件预制　包括预制外挂墙板、内墙空心板等非承重构件，以及楼梯、阳台、空调板等不影响结构整体性的局部承重构件，主体结构采用现浇。

（2）水平承重构件预制　建筑的楼盖板、梁首先在工厂进行预制，到达施工现场后楼板、梁顶部通过浇筑混凝土形成整体受弯构件，即叠合板、叠合梁。竖向构件（承重墙、柱等）采用现浇。

叠合板的预制部分称为叠合板的底板，其厚度不宜小于 60mm，后浇混凝土叠合层厚度不应小于 60mm。底板可以采用空心板，也可以采用桁架钢筋混凝土底板。跨度大于 3m 的叠合板，一般为桁架钢筋混凝土叠合板，跨度大于 6m 的叠合板，一般为预应力混凝土预制板。板厚大于 180mm 的叠合板，一般采用混凝土空心板。当叠合板的预制板采用空心板时，板端空腔应封堵。

框架结构中的主次梁可以分段预制，现场拼接，顶部预留不小于 100mm 高度区域与楼板浇筑形成整体楼盖。

（3）竖向构件预制　建筑物的柱、墙构成结构的主要抗侧力体系，关系建筑物的抗震性能。框架结构中的柱、剪力墙中的墙身通过灌浆套筒连接技术等，实现上下柱、墙身之间的连接，剪力墙边缘构件一般作为后浇段在现场浇筑。

4.1.4 构件的连接

装配式混凝土结构中，预制构件与后浇混凝土连接区域处的纵向钢筋根据接头受力、施工工艺等要求，选用适用的方式连接在一起，保证内力在相邻预制构件间的有效传递。预制构件通过设置键槽、粗糙面等措施提高接缝处抗剪承载力，并通过现场后浇混凝土、灌水泥基浆料等连接形成接近于现浇性能的整体结构。

4.1.4.1 钢筋连接

（1）灌浆套筒连接　在预制混凝土构件中预埋的金属套筒中，插入钢筋并灌注水泥基灌浆料，凝固后实现钢筋连接。灌浆套筒是指通过水泥基灌浆料的传力作用，将钢筋对接连接所用的金属套筒，通常采用铸造工艺或机械加工工艺制造，包括全灌浆套筒和半灌浆套筒两种形式。

全灌浆套筒两端钢筋均采用灌浆方式连接，如图 4-1 所示；半灌浆套筒连接一端钢筋采用灌浆方式连接，另一端钢筋采用非灌浆方式连接（通常采用螺纹连接），该方式适用于剪

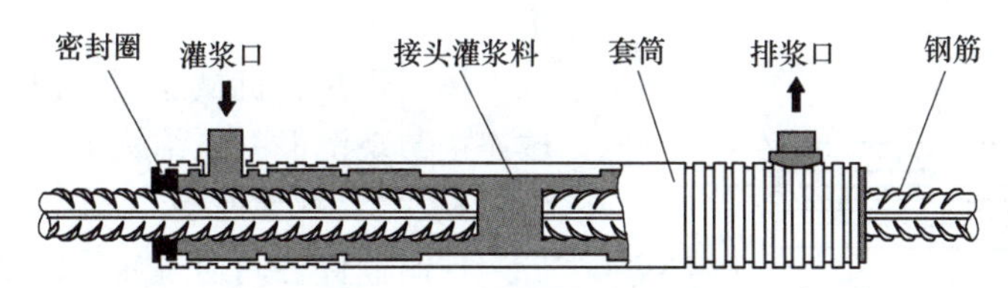

图 4-1　全灌浆套筒连接图

力墙、框架柱、框架梁纵筋的连接，如图 4-2 所示。

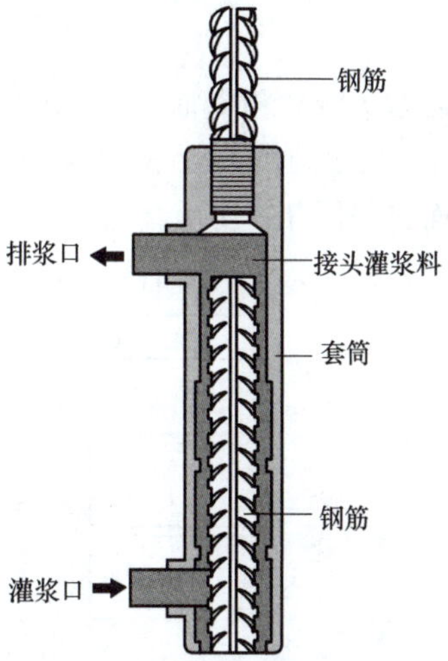

灌浆套筒连接要求如下：

① 钢筋锚固插入深度不宜小于钢筋直径的 8 倍。

② 钢筋套筒灌浆连接接头的屈服强度不应小于连接钢筋屈服强度标准值。钢筋套筒灌浆连接接头的抗拉强度不应小于连接钢筋抗拉强度标准值，且破坏时应断于接头外钢筋。

③ 套筒应能承受单向拉伸、高应力反复拉压、大变形反复拉压试验。

④ 混凝土结构中全截面受拉构件同一截面不宜全部采用钢筋套筒灌浆连接。

⑤ 当装配式混凝土结构采用符合《钢筋套筒灌浆连接应用技术规程》（JGJ 355—2015）规定的套筒灌浆连接接头时，全部构件纵向受力钢筋可在同一截面上连接。

图 4-2　半灌浆套筒连接图

⑥ 混凝土构件中灌浆套筒的净距不应小于 25mm。

⑦ 混凝土构件的灌浆套筒长度范围内，预制混凝土柱箍筋的混凝土保护层厚度不应小于 20mm，预制混凝土墙最外层钢筋的混凝土保护层厚度不应小于 15mm。

（2）浆锚搭接　是指在预制混凝土构件中采用特殊工艺制成的孔道中，插入需搭接的钢筋，并灌注水泥基灌浆料，实现钢筋搭接连接的方式，包括钢筋约束浆锚搭接连接和波纹管浆锚搭接连接。

在预制构件孔道中有螺旋箍筋约束的搭接技术，称为钢筋约束浆锚搭接连接，如图 4-3 所示。约束浆锚连接在接头范围预埋螺旋箍筋，并与构件钢筋同时预埋在模板内；通过抽芯制成带肋孔道，并通过预埋 PVC 软管制成灌浆孔与排气孔用于后续灌浆作业；待不连续钢筋伸入孔道后，从灌浆孔压力灌注无收缩、高强度水泥基灌浆料；不连续钢筋通过灌浆料、混凝土，与预埋钢筋形成搭接连接接头。

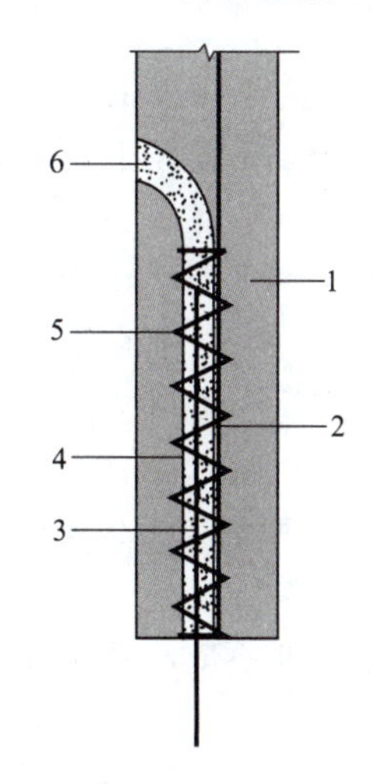

图 4-3　钢筋约束浆锚搭接连接示意图

1— 构件；2— 预埋筋；3— 灌浆料；4—孔道；5—螺旋箍筋；6—灌浆孔

波纹管浆锚搭接连接是指在预制混凝土构件中预埋金属波纹管形成孔道，在孔道中插入需搭接的钢筋，并灌注水泥基灌浆料实现钢筋搭接连接的方式，见图 4-4。这种连接采用预埋金属波纹管成孔，在预制构件模板内，波纹管与构件预埋钢筋紧贴，并通过绑丝绑扎固定。波纹管在高处向模板外弯折至构件表面，作为后续灌浆料灌注口，待不连续钢筋伸入波纹管后，从灌注口向管内灌注无收缩、高强度水泥基灌浆料，与预埋钢筋形成搭接连接

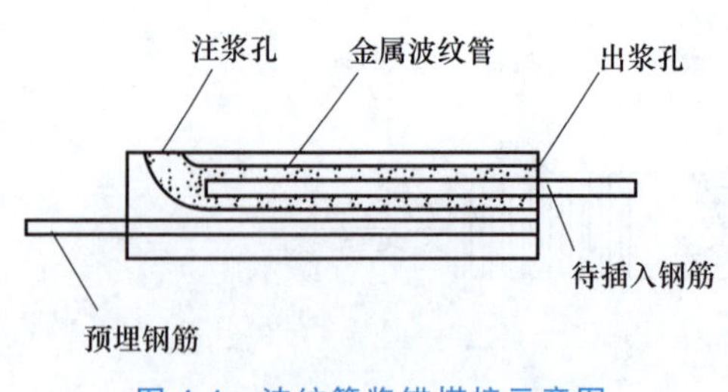

图 4-4 波纹管浆锚搭接示意图

接头。

（3）焊接、机械连接 预制构件的焊接、机械连接与现浇混凝土结构焊接、机械连接相同。

4.1.4.2 混凝土连接

预制构件之间通过后浇混凝土、灌浆料、坐浆材料等连接。其结合面应设置粗糙面、键槽等，以提高连接处抗剪承载力，保证连接效果。

（1）预制板与后浇混凝土之间的结合面（叠合面）应设置粗糙面。

（2）预制梁与后浇混凝土结合面（叠合面）应设置粗糙面；预制梁端面应设置键槽、粗糙面，如图 4-5 所示。

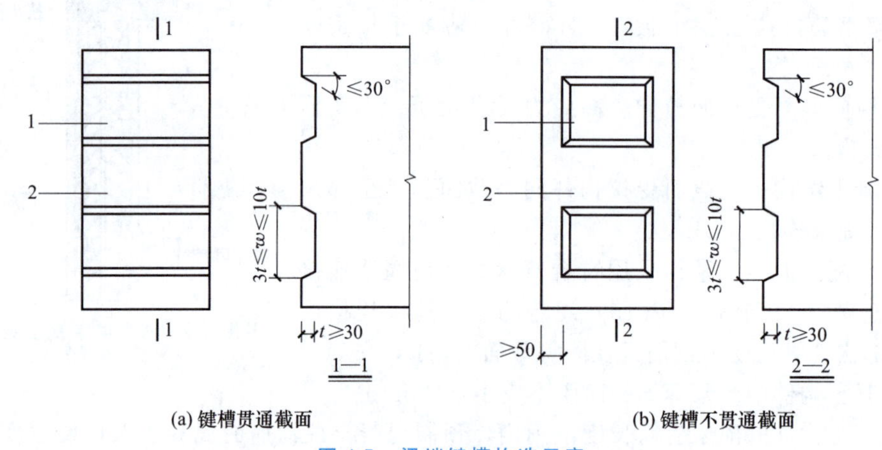

图 4-5 梁端键槽构造示意

1—键槽；2—梁端面

键槽的深度 t 不宜小于 30mm，宽度 w 不宜小于深度的 3 倍且不宜大于深度的 10 倍；键槽可贯通截面，当不贯通时槽口距离截面边缘不宜小于 50mm；键槽间距宜等于键槽宽度；键槽端部斜面倾角不宜大于 30°。

（3）预制剪力墙的顶部和底部与后浇混凝土的结合面应设置粗糙面，侧面与后浇混凝土的结合面应设置粗糙面，也可设置键槽。键槽深度 t 不宜小于 20mm，宽度 w 不宜小于深度的 3 倍且不宜大于深度的 10 倍，键槽间距宜等于键槽宽度，键槽端部斜面倾角不宜大于 30°。

（4）预制柱的底部应设置键槽且宜设置粗糙面，键槽应均匀布置，键槽深度不宜小于 30mm，键槽端部斜面倾角不宜大于 30°，柱顶应设置粗糙面。

（5）粗糙面的面积不宜小于结合面的 80%，预制板的粗糙面凹凸深度不应小于 4mm，预制梁端、柱端、墙端的粗糙面凹凸深度不应小于 6mm。

4.1.5 叠合楼盖

4.2 叠合楼盖

装配式混凝土结构，除结构转换层、平面复杂或开洞较大的楼层、作为上部结构嵌固部位的地下室楼层等，一般采用叠合楼盖。

（1）楼板布置形式。当预制板之间采用分离式接缝时，如图 4-6（a）所示，按单向板考虑。对长宽比不大于 3 的四边支承叠合板，当其预制板

之间采用整体式接缝时如图 4-6（b）所示，或者无接缝时如图 4-6（c）所示，可按双向板考虑。

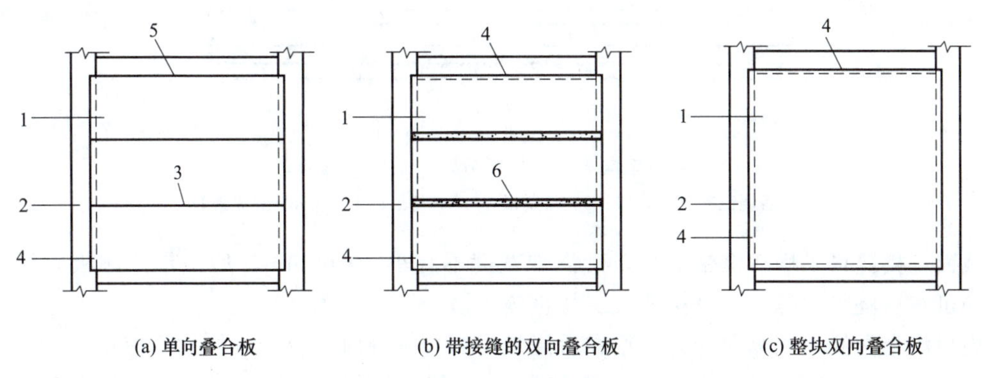

图 4-6　叠合板的预制板布置形式示意

1—预制板；2—梁或墙；3—板侧分离式接缝；4—板支撑端；5—板侧；6—板侧整体式接缝

（2）叠合板支座处的纵向钢筋构造要求

① 板端支座处，预制板内的纵向受力钢筋宜从板端伸出并锚入支承梁或墙的后浇混凝土中，锚固长度不应小于 5d（d 为纵向受力钢筋直径），且宜伸过支座中心线，如图 4-7（a）所示。

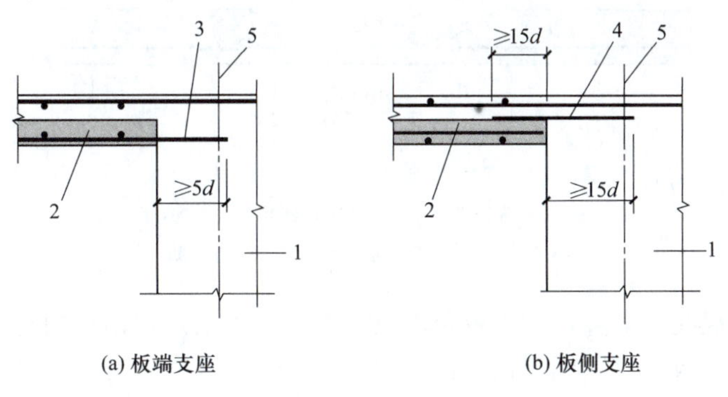

图 4-7　叠合板端及板侧支座构造示意

1—支承梁或墙；2—预制板；3—纵向受力钢筋；4—附加钢筋；5—支座中心线

② 单向叠合板的板侧支座处，当预制板内的板底分布钢筋伸入支承梁或墙的后浇混凝土中时，应符合锚固长度不小于 5d 及过支座中心线要求；当板底分布钢筋不伸入支座时，宜在紧邻预制板顶面的后浇混凝土叠合层中设置附加钢筋，附加钢筋截面面积不宜小于预制板内的同向分布钢筋面积，间距不宜大于 600mm，在板的后浇混凝土叠合层内锚固长度不应小于 15d，在支座内锚固长度不应小于 15d（d 为附加钢筋直径）且宜伸过支座中心线，如图 4-7（b）所示。

（3）接缝处理

① 单向叠合板板侧的分离式接缝宜配置附加钢筋，如图 4-8 所示。接缝处紧邻预制板顶面宜设置垂直于板缝的附加钢筋，附加钢筋伸入两侧后浇混凝土叠合层的锚固长度不应小于 15d（d 为附加钢筋直径）。附加钢筋截面面积不宜小于预制板中该方向钢筋面积，钢筋直径不宜小于 6mm、间距不宜大于 250mm。

② 双向叠合板板侧的整体式接缝，宜设置在叠合板的次要受力方向上，且宜避开最大

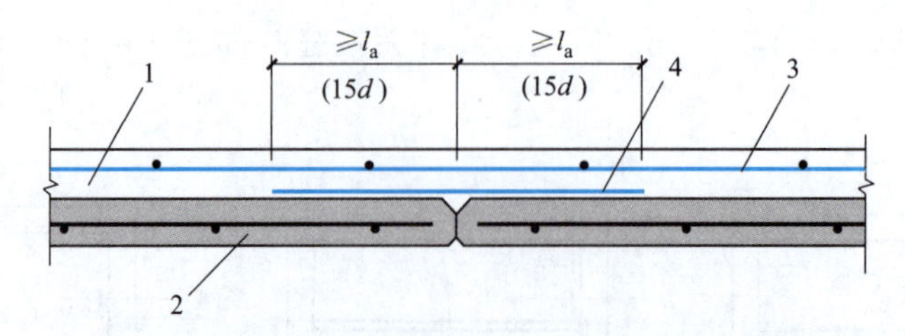

图 4-8 单向叠合板板侧分离式接缝构造示意

1—后浇混凝土叠合层；2—预制板；3—后浇层内钢筋；4—附加钢筋

弯矩截面。接缝可采用后浇带形式，后浇带宽度不宜小于 200mm，后浇带两侧板底纵向受力钢筋可在后浇带中焊接、搭接连接、弯折锚固。

当后浇带两侧板底纵向受力钢筋在后浇带中弯折锚固时，叠合板厚度不应小于 10d，且不应小于 120mm（d 为弯折钢筋直径的较大值）。接缝处预制板侧伸出的纵向受力钢筋应在后浇混凝土叠合层内锚固，且锚固长度不应小于 l_a，两侧钢筋在接缝处重叠的长度不应小于 10d，钢筋弯折角度不应大于 30°，弯折处沿接缝方向应配置不少于 2 根通长构造钢筋，且直径不应小于该方向预制板内钢筋直径。钢筋构造要求如图 4-9 所示。

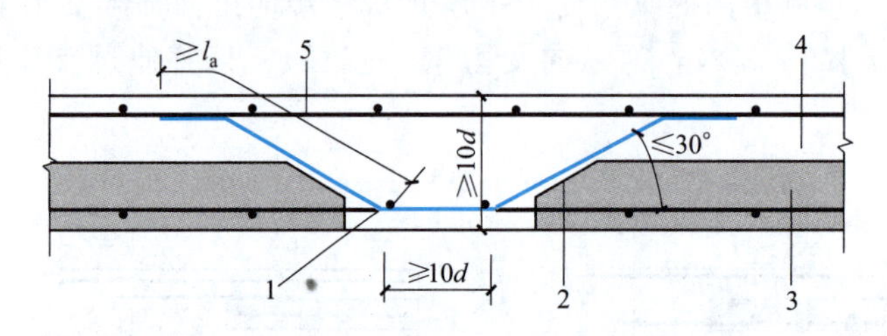

图 4-9 双向叠合板整体式接缝构造示意

1—通长构造钢筋；2—纵向受力钢筋；3—预制板；

4—后浇混凝土叠合层；5—后浇层内钢筋

（4）桁架钢筋混凝土叠合板。当板跨度较大时，为了增加预制板的整体刚度和水平界面抗剪性能，可在预制板内设置桁架钢筋，如图 4-10 所示。

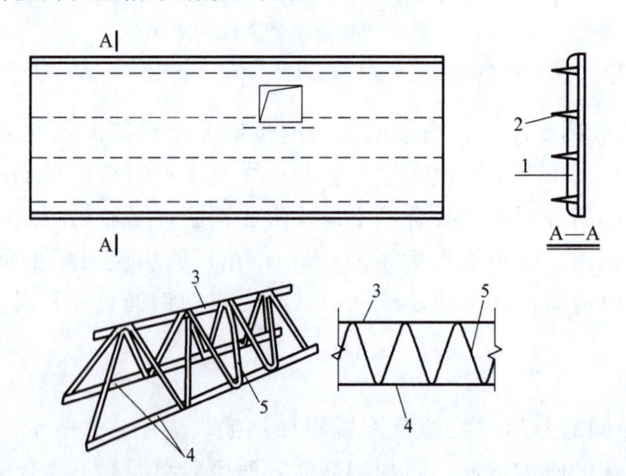

图 4-10 叠合板的预制板设置桁架钢筋构造示意

1—预制板；2—桁架钢筋；3—上弦钢筋；4—下弦钢筋；5—格构钢筋

钢筋桁架的下弦钢筋可视情况作为楼板下部的受力钢筋使用。施工阶段，桁架钢筋可以增加板的刚度，减小预制板下的临时支撑，增加水平界面抗剪性能。钢筋桁架的下弦与上弦可作为楼板的下部和上部受力钢筋使用。施工阶段，验算预制板的承载力及变形时，可考虑桁架钢筋的作用，减少预制板下的临时支撑。桁架钢筋叠合板应满足下列要求：

① 桁架钢筋应沿主要受力方向布置；

② 桁架钢筋距板边不应大于 300mm，间距不宜大于 600mm；

③ 桁架钢筋弦杆钢筋直径不宜小于 8mm，腹杆钢筋直径不应小于 4mm；

④ 桁架钢筋弦杆混凝土保护层厚度不应小于 15mm。

（5）未设置桁架钢筋的抗剪构造要求。当未设置桁架钢筋时，在下列情况下，叠合板的预制板与后浇混凝土叠合层之间应设置抗剪构造钢筋。

① 单向叠合板跨度大于 4.0m 时，距支座 1/4 跨范围内；

② 双向叠合板短向跨度大于 4.0m 时，距四边支座 1/4 短跨范围内；

③ 悬挑叠合板；

④ 悬挑板的上部纵向受力钢筋在相邻叠合板的后浇混凝土锚固范围内。

叠合板的预制板与后浇混凝土叠合层之间设置的抗剪构造钢筋应符合下列规定：抗剪构造钢筋宜采用马镫形状，间距不宜大于 400mm，钢筋直径 d 不应小于 6mm；马镫钢筋宜伸到叠合板上、下部纵向钢筋处，预埋在预制板内的总长度不应小于 15d，水平段长度不应小于 50mm。

4.2 装配式混凝土框架结构

装配式混凝土框架结构是指全部或部分框架梁、柱采用预制构件。与现浇混凝土框架结构主要区别在于，由于构件连接区域非整体浇筑，需要确保叠合梁和预制柱在接缝处的正常使用和地震状况时的受剪承载力满足要求。为此，需要在构件设计、生产制作、安装中，通过构造要求满足结构整体性和受力要求，具体措施如下。

4.2.1 叠合梁构造

（1）叠合梁预制部分截面形式。叠合梁预制部分可采用矩形或凹口截面形式，如图 4-11 所示。

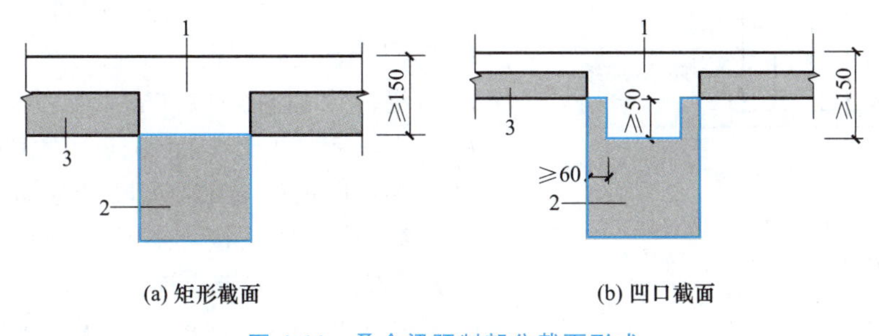

图 4-11 叠合梁预制部分截面形式

1—现浇部分；2—叠合梁预制部分；3—叠合板底板

装配式框架结构中，当采用叠合梁时，框架主梁的后浇混凝土叠合层厚度不宜小于 150mm，次梁的后浇混凝土叠合层厚度不宜小于 120mm；当采用凹口截面预制梁时，凹口深度不宜小于 50mm，凹口边厚度不宜小于 60mm。

（2）叠合梁的箍筋形式。可采用整体封闭箍筋或组合封闭箍筋的形式。抗震等级为一、二级的叠合框架梁的梁端箍筋加密区宜采用整体封闭箍筋，如图 4-12 所示。

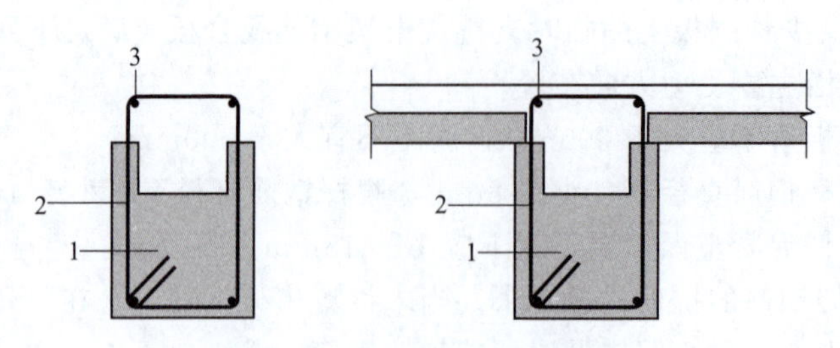

图 4-12　叠合梁封闭箍筋形式

1—预制梁；2—封闭箍筋；3—梁上部纵筋

采用组合封闭箍筋的形式时，开口箍筋上方应做成 135°弯钩，非抗震设计时，弯钩端头平直段长度不应小于 5d（d 为箍筋直径）；抗震设计时，平直段长度不应小于 10d。

现场应采用箍筋帽封闭开口箍，箍筋帽末端应做成 135°弯钩，非抗震设计时，弯钩端头平直段长度不应小于 5d；抗震设计时，平直段长度不应小于 10d。如图 4-13 所示。

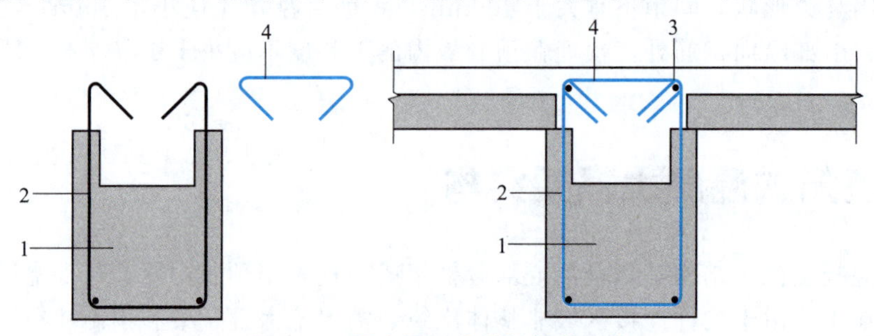

图 4-13　叠合梁组合封闭箍筋形式

1—预制梁；2—开口箍筋；3—梁上部纵筋；4—箍筋帽

（3）叠合梁的对接连接。梁的现场连接宜在受力较小截面，可采用对接连接，如图 4-14 所示，并应符合下列规定。

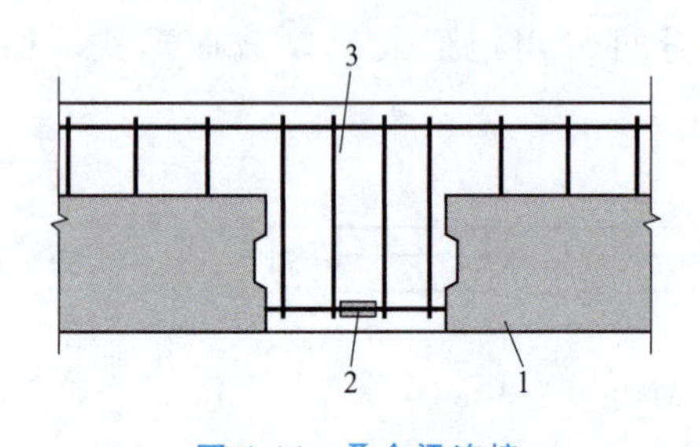

图 4-14　叠合梁连接

1—预制梁；2—底部纵向钢筋连接接头；3—后浇段

① 连接处应设置后浇段，后浇段的长度应满足梁下部纵向钢筋连接作业的空间需求。

② 梁下部纵向钢筋在后浇段内宜采用机械连接、套筒灌浆连接或焊接连接。

③ 后浇段内的箍筋应加密，箍筋间距不应大于 5d（d 为纵向钢筋直径），且不应大于 100mm。

④ 上部纵向钢筋应在后浇段内连续。

（4）叠合主次梁连接。主梁与次梁采用后浇段连接时，次梁端部和中间节点连接构造应符合下列规定。

① 在端部节点处，次梁下部纵向钢筋伸入主梁后浇段内的长度不应小于 12d。次梁上部纵向钢筋应在主梁后浇段内锚固。当采用弯折锚固或锚固板时，锚固直段长度不应小于 0.6l_{ab}；当钢筋应力不大于钢筋强度设计值的 50%时，锚固直段长度不应小于 0.35l_{ab}；弯折锚固的弯折后直段长度不应小于 15d（d 为纵向钢筋直径）。如图 4-15（a）所示。

② 在中间节点处，两侧次梁的下部纵向钢筋伸入主梁后浇段内长度不应小于 12d（d

为纵向钢筋直径）；次梁上部纵向钢筋应在现浇层内贯通。如图 4-15（b）所示。

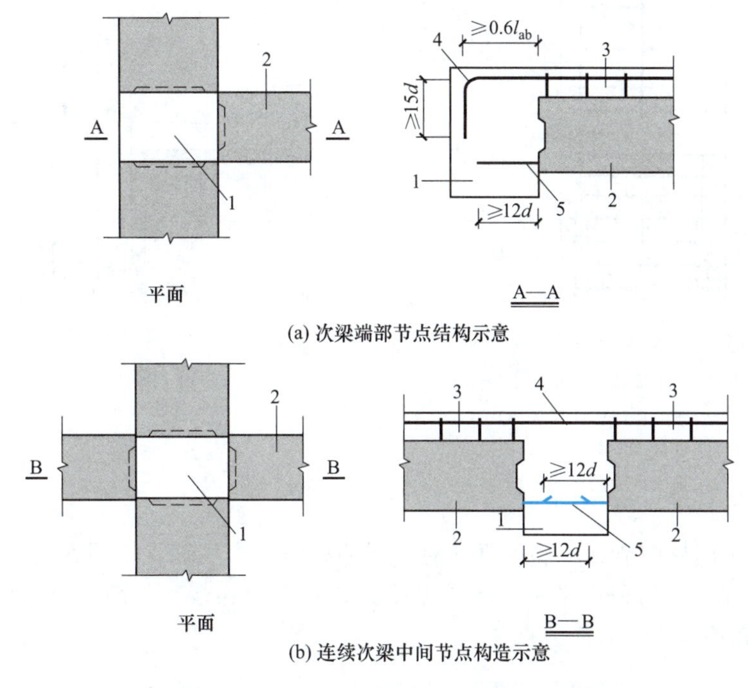

(a) 次梁端部节点结构示意

(b) 连续次梁中间节点构造示意

图 4-15　主次梁节点连接

1—主梁后浇段；2—次梁；3—后浇混凝土叠合层；
4—次梁上部纵向钢筋；5—次梁下部纵向钢筋

4.2.2　预制柱构造

预制柱与现浇混凝土柱相比，除应满足《混凝土结构设计规范》（GB 50010—2010）（2015 年版）的要求外，还应符合下列规定。

（1）截面尺寸和纵筋、箍筋要求

① 柱纵向受力钢筋直径不宜小于 20mm。

② 矩形柱截面宽度或圆柱直径不宜小于 400mm，且不宜小于同方向梁宽的 1.5 倍。

③ 柱纵向受力钢筋在柱底采用套筒灌浆连接时，柱箍筋加密区长度不应小于纵向受力钢筋连接区域长度与 500mm 之和，套筒上端第一道箍筋距离套筒顶部不应大于 50mm，如图 4-16 所示。

（2）柱底接缝区处理。采用预制柱及叠合梁的装配整体式框架中，柱底接缝宜设置在楼面标高处，后浇节点区混凝土上表面应设置粗糙面；柱纵向受力钢筋应贯穿后浇节点区；柱底接缝厚度宜为 20mm，并应采用灌浆料填实。如图 4-17 所示。

4.2.3　梁柱节点钢筋构造

（1）梁、柱纵向钢筋在后浇节点区内采用直线锚固、弯折锚固或机械锚固的方式时，其锚固长度应符合现行国家标准《混凝土结构设计规范》（GB 50010—2010）（2015 年版）中的有关规定。

（2）采用预制柱及叠合梁的装配整体式框架节点，梁纵向受力钢筋应伸入后浇节点区内锚固或连接，并应符合下列规定：

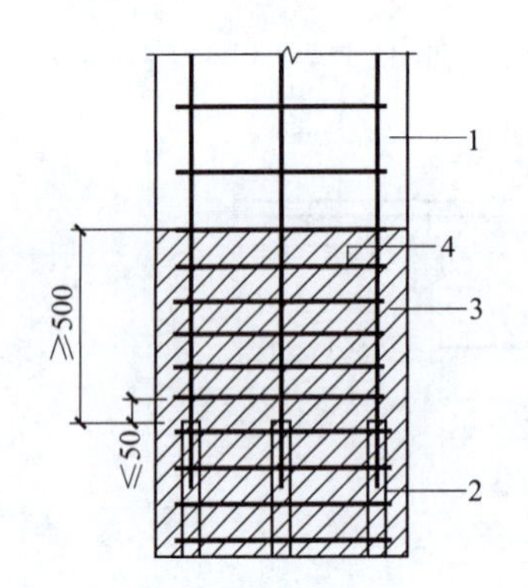

图 4-16 钢筋采用套筒灌浆连接时柱底箍筋加密区域构造示意

1—预制柱；2—套筒灌浆连接接头；
3—箍筋加密区（阴影区域）；
4—加密区箍筋

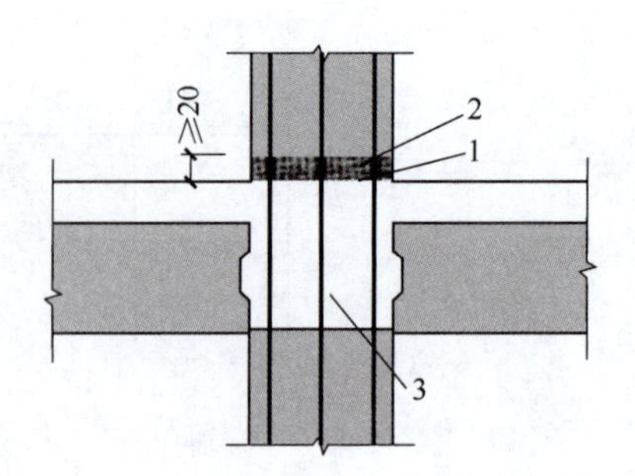

图 4-17 预制柱底接缝构造示意

1—后浇节点区混凝土上表面粗糙面；
2—接缝灌浆层；3—后浇区

① 对框架中间层中节点，节点两侧的梁下部纵向受力钢筋宜锚固在后浇节点区内，如图 4-18（a）所示，也可采用机械连接或焊接的方式直接连接，如图 4-18（b）所示；梁的上部纵向受力钢筋应贯穿后浇节点区。

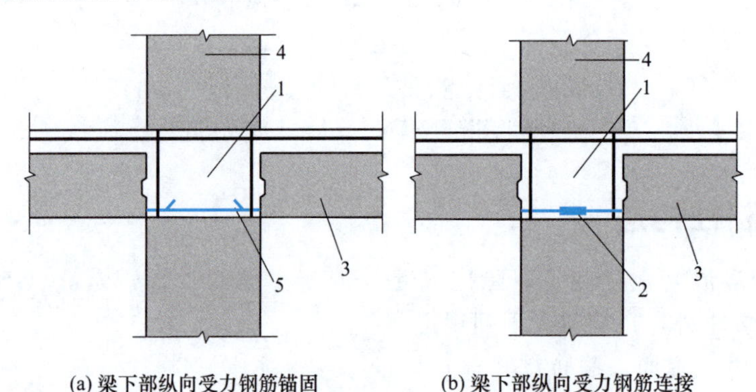

图 4-18 预制柱及叠合梁框架中间层中节点构造示意

1—后浇区；2—梁下部纵向受力钢筋连接；3—预制梁；4—预制柱；5—梁下部纵向受力钢筋锚固

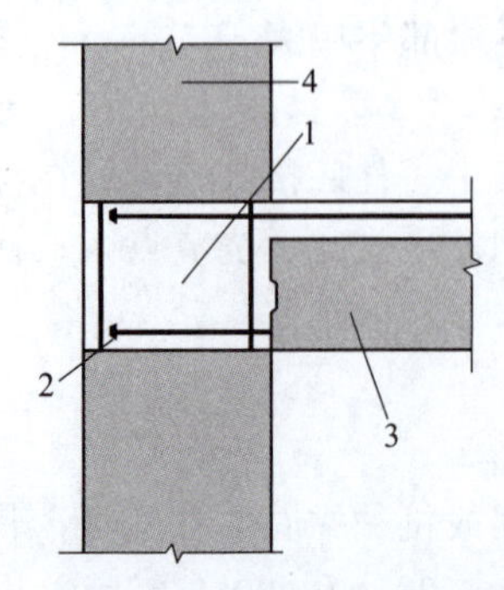

图 4-19 中间层端节点构造示意

1—后浇节点；2—梁纵向受力钢筋锚固；3—预制梁；4—预制柱

② 对框架中间层端节点，当柱截面尺寸不满足梁纵向受力钢筋的直线锚固要求时，宜采用锚固板锚固，如图 4-19 所示，也可采用 90°弯折锚固。

③ 对框架顶层中节点，梁纵向受力钢筋的构造应符合①的规定。柱纵向受力钢筋宜采用直线锚固；当梁截面尺寸不满足直线锚固要求时，宜采用锚固板锚固如图 4-20 所示。

④ 对框架顶层端节点，梁下部纵向受力钢筋应锚固在后浇节点区内，且宜采用锚固板的锚固方式；梁、柱其他纵向受力钢筋的锚固可以采用柱伸出屋面并将柱纵向受力钢筋锚固在伸出段内的做法，如图 4-21（a）所示，伸出段长度不宜小于 500mm，伸出段内箍筋间距不应大于 $5d$（d 为柱纵向受力钢筋直径），且不应大于 100mm；柱纵向钢筋宜采用锚固板锚固，锚固长度不

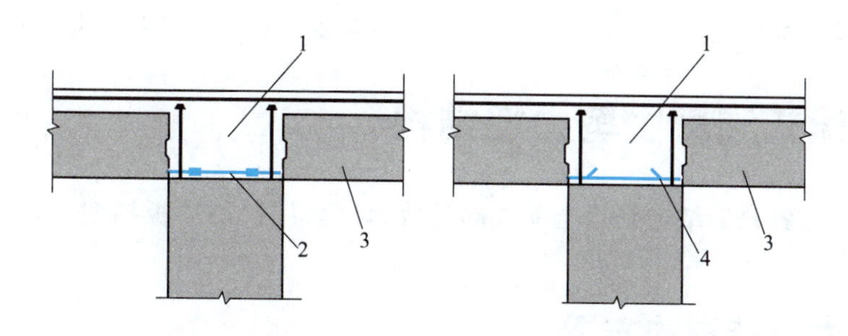

图 4-20　预制柱及叠合梁框架顶层中节点构造示意

1—后浇节点；2—下部纵向受力钢筋连接；3—预制梁；4—下部纵向受力筋锚固

应小于 $40d$；梁上部纵向受力钢筋宜采用锚固板锚固。也可以采用柱外侧纵向受力钢筋与梁上部纵向受力钢筋在后浇节点区搭接的方式，如图 4-21（b）所示，其构造要求应符合现行国家标准《混凝土结构设计规范》（GB 50010—2010）（2015 年版）中的规定，柱内侧纵向受力钢筋宜采用锚固板锚固。

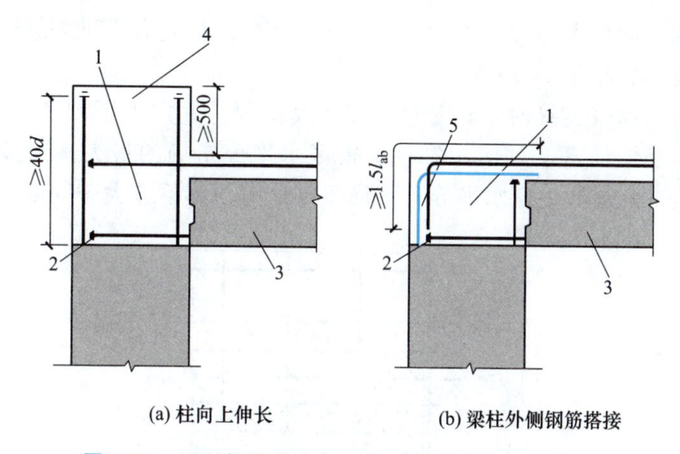

图 4-21　预制柱及叠合梁框架顶层端节点构造示意

1—后浇节点；2—纵筋锚固；3—预制梁；4—柱延伸段；5—梁柱外侧钢筋搭接

（3）采用预制柱及叠合梁的装配整体式框架节点，梁下部纵向受力钢筋也可伸至节点区外的后浇段内连接如图 4-22 所示，连接接头与节点区的距离不应小于 $1.5h_0$（h_0 为梁截面有效高度）。

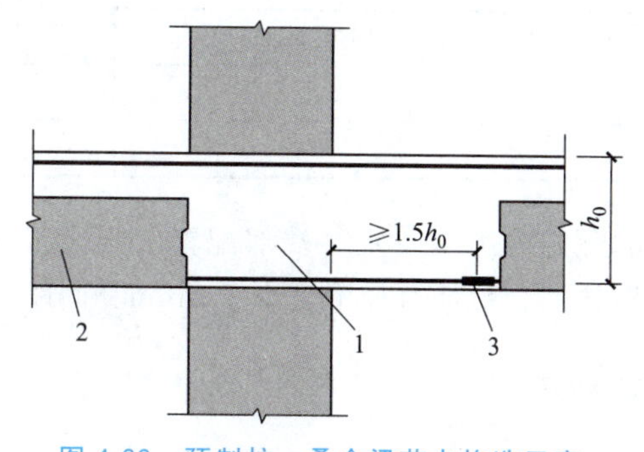

图 4-22　预制柱—叠合梁节点构造示意

1—后浇节点及梁段；2—预制梁；3—钢筋机械连接

（4）现浇柱与叠合梁组成的框架节点中，梁纵向受力钢筋的连接与锚固同预制柱。

4.3 装配式混凝土剪力墙结构

装配式混凝土剪力墙结构是指全部或部分剪力墙采用预制墙板构建成，节点现浇连接，也称装配整体式混凝土结构。

4.3.1 剪力墙结构的布置

装配式剪力墙结构布置除满足现浇剪力墙结构布置要求外，抗震设计时，高层装配式剪力墙结构不应全部采用短肢剪力墙；抗震设防烈度为8度时，不宜采用具有较多短肢剪力墙的剪力墙结构，电梯井筒宜采用现浇混凝土结构。

4.3.2 剪力墙预制部分构造要求

除满足现浇剪力墙基本构造要求外，装配整体式剪力墙预制部分还应满足下列要求。

（1）预制剪力墙宜采用一字形，也可采用L形、T形或U形；开洞预制剪力墙洞口宜居中布置，洞口两侧的墙肢宽度不应小于200mm，洞口周边加强做法与现浇剪力墙相同。洞口上方连梁高度不宜小于250mm。

（2）当采用套筒灌浆连接时，自套筒底部至套筒顶部并向上延伸300mm范围内，预制剪力墙的水平分布筋应加密，见图4-23。加密区水平分布筋的最大间距及最小直径应符合表4-1的规定，套筒上端第一道水平分布钢筋距离套筒顶部不应大于50mm。

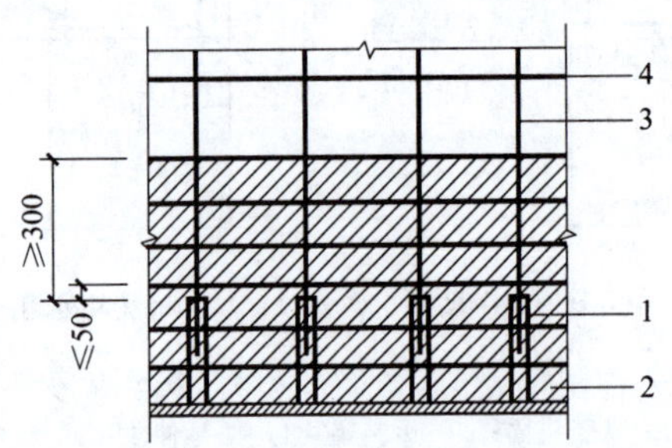

图4-23 钢筋套筒灌浆连接部位水平分布钢筋的加密构造示意

1—灌浆套筒；2—水平分布钢筋加密区域（阴影区域）；3—竖向钢筋；4—水平分布钢筋

4.3 装配式墙体

表4-1 加密区水平分布钢筋的要求

抗震等级	最大间距/mm	最小直径/mm
一、二级	100	8
三、四级	150	8

（3）端部无边缘构件的预制剪力墙，宜在端部配置2根直径不小于12mm的竖向构造钢筋；沿该钢筋竖向应配置拉筋，拉筋直径不宜小于6mm、间距不宜大于250mm。

4.3.3 剪力墙连接构造

4.3.3.1 预制墙板竖向接缝处理

楼层内相邻预制剪力墙之间应采用整体式接缝连接，且应符合下列规定：

（1）当接缝位于纵横墙交接处的约束边缘构件区域时，约束边缘构件的阴影区域宜全部采用后浇混凝土，并应在后浇段内设置封闭箍筋。

（2）当接缝位于纵横墙交接处的构造边缘构件区域时，构造边缘构件宜全部采用后浇混凝土；当仅在一面墙上设置后浇段时，后浇段的长度不宜小于300mm。

（3）非边缘构件位置，相邻预制剪力墙之间应设置后浇段，后浇段的宽度不应小于墙厚且不宜小于200mm；后浇段内应设置不少于4根竖向钢筋，钢筋直径不应小于墙体竖向分布筋直径且不应小于8mm；两侧墙体的水平分布筋在后浇段内的锚固、连接应符合现行国家标准《混凝土结构设计规范》（GB 50010—2010）（2015年版）的有关规定。

4.3.3.2　预制墙板水平接缝处理

（1）屋面以及立面收进的楼层，应在预制剪力墙顶部设置封闭的后浇钢筋混凝土圈梁，如图4-24所示，并应符合下列规定：

① 圈梁截面宽度不应小于剪力墙的厚度，截面高度不宜小于楼板厚度及250mm的较大值，圈梁应与现浇或者叠合楼屋盖浇筑成整体。

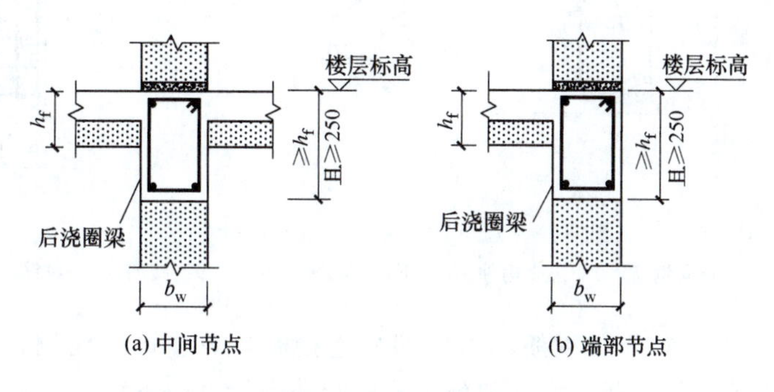

图4-24　后浇钢筋混凝土圈梁构造示意

② 圈梁内配置的纵向钢筋不应小于4Φ12，配筋率不应小于0.5%和水平分布筋配筋率的较大值，纵向钢筋竖向间距不应大于200mm；箍筋间距不应大于200mm，且直径不应小于8mm。

（2）各层楼面位置，预制剪力墙顶部无后浇圈梁时，应设置连续的水平后浇带，如图4-25所示。水平后浇带应符合下列规定：

① 水平后浇带宽度应取剪力墙的厚度，高度不应小于楼板厚度；水平后浇带应与现浇或者叠合楼屋盖浇筑成整体。

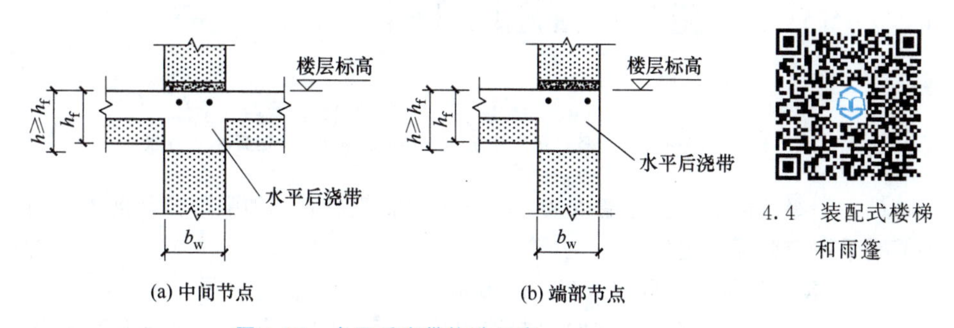

图4-25　水平后浇带构造示意

② 水平后浇带内应配置不少于2根连续纵向钢筋，其直径不宜小于12mm。

（3）预制剪力墙底部接缝宜设置在楼面标高处，并应符合下列规定：

① 接缝高度宜为 20mm；

② 接缝宜采用灌浆料填实；

③ 接缝处后浇混凝土上表面应设置粗糙面。

（4）上下层预制剪力墙的竖向钢筋，当采用套筒灌浆连接和浆锚搭接连接时，应符合：

① 边缘构件竖向钢筋应逐根连接，如图 4-26 所示。

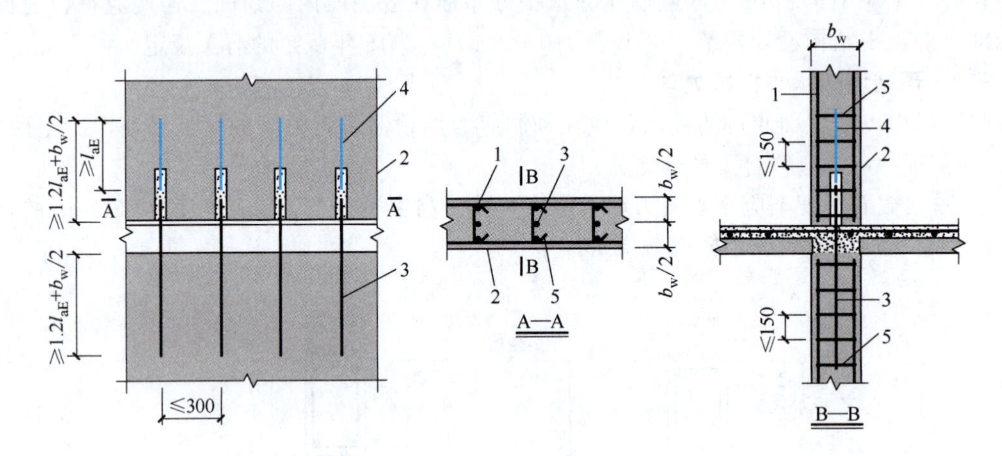

图 4-26 边缘构件竖向钢筋连接示意图

1—竖向钢筋；2—边缘构件；3—下部连接筋；4—上部连接筋；5—拉筋

② 预制剪力墙的竖向分布钢筋，当仅部分连接时，被连接的同侧钢筋间距不应大于 600mm，且在剪力墙构件承载力设计和分布钢筋配筋率计算中不得计入不连接的分布钢筋；不连接的竖向分布钢筋直径不应小于 6mm。如图 4-27 所示。

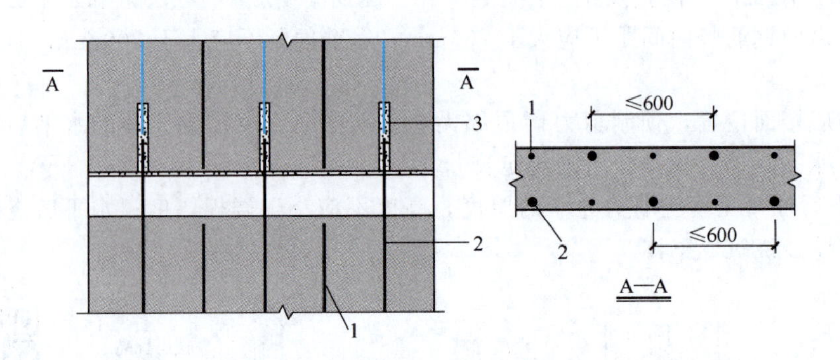

图 4-27 竖向分布筋连接示意图

1—不连接的竖向分布钢筋；2—连接的竖向分布钢筋；3—连接接头

（5）一级抗震等级剪力墙以及二、三级抗震等级底部加强部位，剪力墙的边缘构件竖向钢筋宜采用套筒灌浆连接。

4.3.3.3 预制连梁连接区域处理

（1）预制剪力墙洞口上方的预制连梁宜与后浇圈梁或水平后浇带形成叠合连梁，如图 4-28 所示，叠合连梁的配筋及构造要求应符合现行国家标准《混凝土结构设计规范》（GB 50010—2010）（2015 年版）的有关规定。

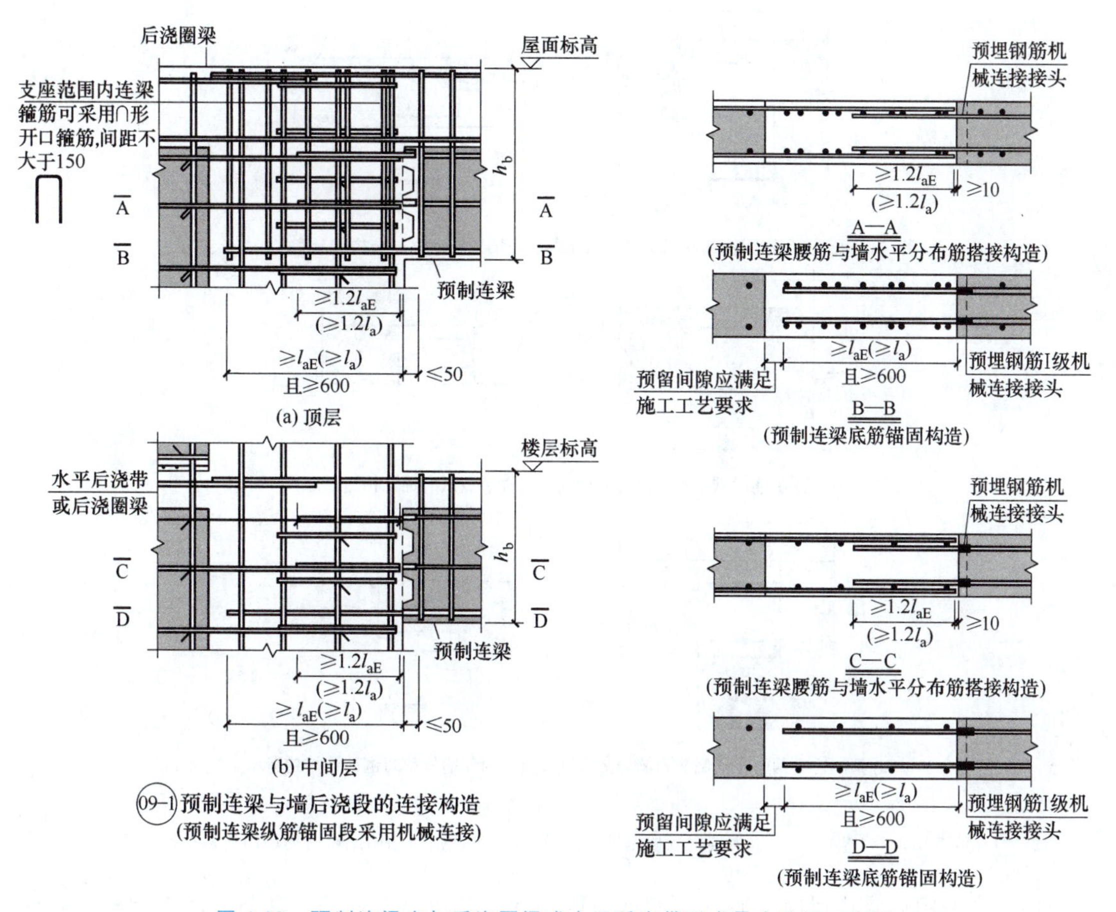

图 4-28 预制连梁宜与后浇圈梁或水平后浇带形成叠合连梁示意图

（2）预制叠合连梁的预制部分宜与剪力墙整体预制，也可在跨中拼接或在端部与预制剪力墙拼接。

（3）当预制叠合连梁端部与预制剪力墙在平面内拼接时，接缝构造应符合下列规定：

① 当墙端边缘构件采用后浇混凝土时，连梁纵向钢筋应在后浇段中可靠锚固或连接，如图 4-29（a）、（b）所示；

② 当预制剪力墙端部上角预留局部后浇节点区时，连梁的纵向钢筋应在局部后浇节点区内可靠锚固或连接，如图 4-29（c）、（d）所示。

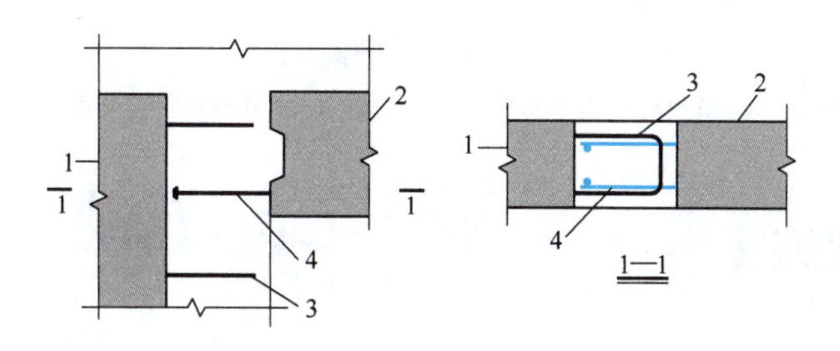

(a) 预制连梁钢筋在后浇带段内锚固构造示意

图 4-29

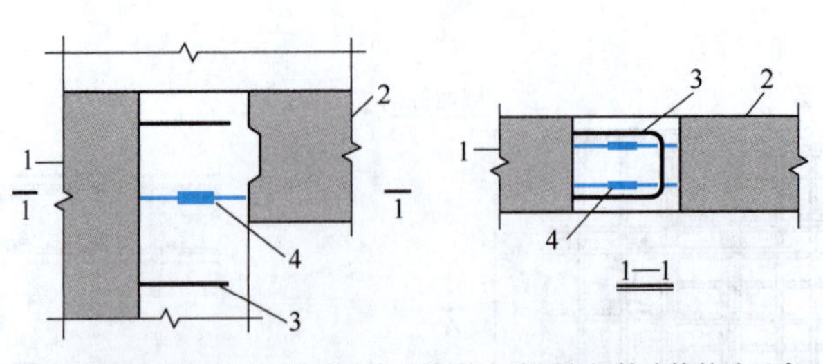

(b) 预制连梁钢筋在后浇段内与预制剪力墙预留钢筋连接构造示意

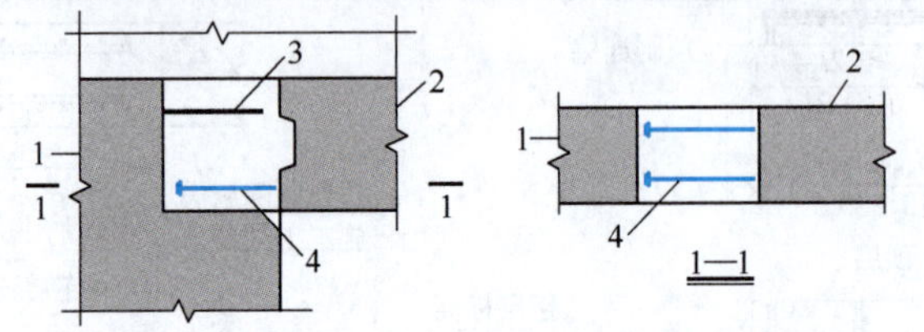

(c) 预制连梁钢筋在预制剪力墙局部后浇节点区内锚固构造示意

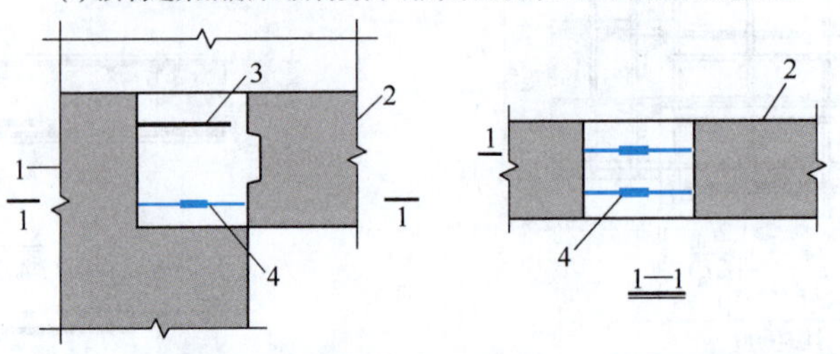

(d) 预制连梁钢筋在预制剪力墙局部后浇节点区内与墙板预留钢筋连接构造示意

图 4-29 同一平面内预制连梁与预制剪力墙连接构造示意

1—剪力墙；2—连梁；3—剪力墙内预留钢筋；4—连梁内预留钢筋锚固或与剪力墙内预留钢筋连接

（4）当采用后浇连梁时，宜在预制剪力墙端伸出预留纵向钢筋，并与后浇连梁的纵向钢筋可靠连接，如图 4-30 所示。

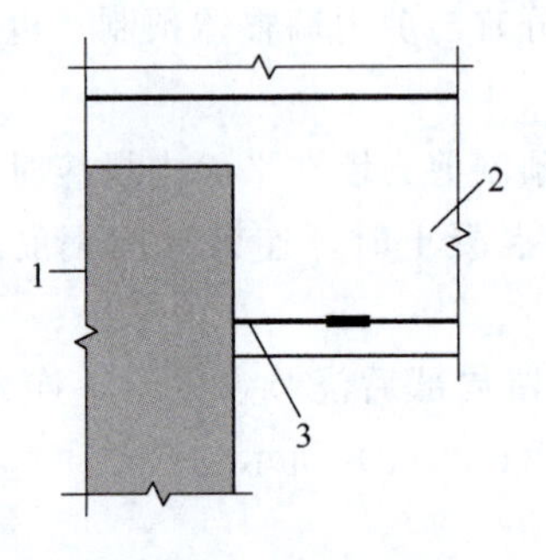

图 4-30 后浇连梁与预制剪力墙连接构造示意

1—预制墙板；2—后浇连梁；3—预制剪力墙伸出纵向受力钢筋

4.4 识图训练

4.4.1 装配式混凝土结构施工图主要内容

装配式混凝土结构施工图包括结构设计施工图和结构深化设计施工详图两部分内容。

4.4.1.1　结构设计施工图

装配式混凝土建筑的结构设计施工图与全现浇结构设计施工图相比，增加的主要内容有：整体结构考虑标准化、制作、运输等适用前提下的合理拆分，预制构件在建筑现场安装施工中连接区域的可靠连接等，以保证结构整体性能等同于现浇结构，并协调建筑、设备、装修等各专业及施工所需的预留预埋对构件加工制作的影响，避免二次开洞，影响构件质量。

4.4.1.2　结构深化设计施工详图

装配式结构的深化设计，类似钢结构深化设计，是施工图设计工作的进一步延续，作为构件加工制作、现场拼接安装的依据。

（1）装配式混凝土结构深化设计主要工作

① 构件制作设计：根据结构设计施工图中构件拆分要求，结合建筑、设备、施工等其他专业设计中需要预埋、预留及需要与预制构件一起生产的装修等，进一步细化；是设计、生产、运输、安装等各环节相关要求在深化图中的综合反映；并以此作为工厂制作的模具和排版依据。

② 制作、运输、安装的验算：构件要考虑翻转、运输、吊运、安装等方案及施工验算；脱模验算时，等效静力荷载标准值应取构件自重标准值乘以动力系数与脱模吸附力之和；安装过程中要考虑自承重和临时支撑等；构件的安装顺序等。

③ 与现浇结构施工结合：装配式结构在施工现场通过一定的湿作业，即后浇混凝土或灌浆等将不同的预制构件或预制构件与现浇部分连接在一起，需要考虑连接方式、连接面处理、连接面空间的可操作性和便利性等，保证结构最终的整体性。

（2）深化设计图纸内容。包括预制构件拆分设计、预制构件装配详图设计、构件制作装配的施工及验收方法、构件装配运输要求等内容，具体包括：

① 现场构件拼装图：预制构件平、立面布置图，构件装配方向，构件安装顺序，构件支撑（包括斜撑）布置，防护体系布置，现浇结构模板布置图，垫块布置图等。

② 构件信息：构件编号、尺寸、重量、装配方向、装配位置等，与现场施工相关的预埋吊件（可为吊环、吊钉或螺栓等），支撑、斜撑及模板安装预埋螺杆、预留孔，施工升降机、塔式起重机附墙件的布置等。

③ 预制构件吊装、堆放方案设计：预制构件吊装采用的吊装设备，吊装半径及现场路径，构件现场堆放方式及布局等。

④ 安装工艺说明：构件连接预留钢筋对位，灌浆料拌制，灌浆方法，接缝处理等说明及其检验。

⑤ 结构安装误差及检测说明。

⑥ 计算书：构件吊装、安装等临时状态的承载力验算。

⑦ 预制构件制作图：以上所有设计阶段构件信息汇总并细化制图，包括钢筋放样，构件大样，预埋构件及预留槽孔定位等。

4.4.1.3　装配式混凝土结构完整图纸内容

除传统现浇结构表达内容外，再增加装配式内容，最终形成装配式结构图纸内容，具体包括：

（1）装配整体式结构设计说明。包括工程概况，设计依据，选用图集，结构材料，节点构造，构件制作、运输、安装，施工、验收，装配率，单体预制率等计算。

（2）施工图设计部分。装配式结构的整体计算分析、结构平面布置图（或结构平立剖，结构构件截面和配筋设计），连接节点构造设计，具体包括：

① 预制构件平面布置图，对剪力墙结构，为内外墙板编号及定位尺寸、预制构件拼缝位置、叠合梁编号，具体表示方法见《装配式混凝土结构表示方法及示例（剪力墙结构）》（15G107-1）。

② 预制构件与现浇构件竖向连接部位连接套筒、钢筋甩筋平面布置图。

③ 预制构件与后浇混凝土节点布置图，后浇混凝土暗柱节点大样图。

④ 预制底板平面布置图，含预制底板制作说明、桁架叠合板编号、定位、布置方向等，具体表示方法见《桁架钢筋混凝土叠合板（60mm 厚底板）》（15G366-1）。

（3）预制构件详图制作部分。该设计阶段应综合建筑、结构、设备、装饰装修等各专业的施工图，并充分考虑构件制作、运输、堆放、安装、施工等环节的需求和要求。内容包括：

① 结构平面图：用不同填充符号标明预制构件和现浇构件并编号，给出预制构件详图索引，标出预留洞大小及位置，标注特殊梁板标高等。对剪力墙结构，包括墙体平面布置，楼板底板布置等。

② 钢筋混凝土构件配筋及详图：构件模板图，表示模板尺寸、预留洞及预埋件位置、尺寸、编号、标高等；构件配筋图，表示钢筋形式、箍筋直径与间距，配筋复杂时宜采用纵剖面形式表达；对形状简单、规则的构件，可用列表法绘制。

其中，预制外墙、内墙大样图包括构件模板图、配筋图和预埋件布置图等构件加工图，含构件各方向模板图、剖面图、配筋图、配件表、钢筋下料表、混凝土用量构件自重等。具体方法见《预制混凝土剪力墙外墙板》（15G365-1）、《预制混凝土剪力墙内墙板》（15G365-2）。

预制底板大样图，包括底板各个方向模板图，含建筑、设备、精装修、施工需要等预留预埋洞口标示，配筋详图、细部详图、钢筋桁架详图等，具体表示方法见《桁架钢筋混凝土叠合板（60mm 厚底板）》（15G366-1）。

预制阳台、空调板、女儿墙等大样图，包括构件模板图、配筋图和预埋件布置图等构件加工图，含构件各方向模板图、剖面图、配筋图、配件表、钢筋下料表、混凝土用量、构件自重等，具体方法见《预制钢筋混凝土阳台板、空调板及女儿墙》（15G368-1）。

预制楼梯大样图，包括楼梯制作详图及安装大样节点图，每层楼梯结构平面布置及剖面图，注明尺寸、构件代号、标高、梯梁及梯板配筋等。若采用标准构件，需标注构件编号，表明节点连接方式。具体表示方法见《预制钢筋混凝土板式楼梯》（15G367-1）。

为方便构件加工及施工，在大样图右上角注明符合统一要求的构件二维码、楼面局部位置定位等相关内容。

预埋件，施工图阶段的预埋件主要是与结构连接相关的预埋件，需采用平面、剖面（或侧面）绘制，注明尺寸、钢材和锚筋的规格、型号、性能、焊接要求等。

③ 装配式结构节点构造详图：梁、柱与墙体锚拉等详图应绘出平、剖面，注明相互定位关系、构件代号、连接材料、附加钢筋（或埋件）的规格、型号、性能、数量，并注明连接方法及对施工安装、后浇混凝土的有关要求等。预制构件连接节点大样图具体表示方法见《装配式混凝土结构连接节点构造》（15G310-1、2）。以上详图可引用标准设计、通用图集中的详图索引表示。

同时，在大样图右上角注明符合统一要求的构件二维码、楼面局部位置定位等相关内容。

④ 计算书部分：结构计算书除结构整体计算信息（总信息、周期、位移）以及梁柱墙

板配筋文件外，还包括增加的预制构件与后浇混凝土节点承载力计算、较大内力处施工缝验算、预制构件施工吊装验算、构件临时支撑验算等内容。

4.4.2　装配式混凝土剪力墙结构识图

装配整体式剪力墙结构图纸包括结构设计说明、装配式结构专项说明、剪力墙结构平面布置、楼（屋）面结构平面、楼梯结构等内容。

① 结构设计说明与现浇结构设计说明类似，反映的主要是工程概况、设计依据、设计取值、材料选用、构造做法等内容。

② 装配式结构专项说明主要针对装配式结构，从设计、制作、运输、安装等各方面提出针对装配式工作内容的具体要求。

③ 剪力墙结构平面布置主要反映剪力墙墙身、剪力墙墙柱、剪力墙墙梁等剪力墙构件布置信息等内容。在装配式剪力墙结构中，剪力墙平面布置主要体现预制构件编号、预制构件定位、后浇段定位等信息，并采用标准图集或设计指定的构件详细做法。

④ 楼（屋）面结构平面反映楼（屋）面结构信息，包括楼面叠合板预制底板，现浇层配筋和现浇板等内容。

⑤ 楼梯结构反映的是楼梯现浇段和预制段结构布置、构件模板、配筋等信息。

装配式混凝土剪力墙结构常用的标准图集为：《装配式混凝土结构表示方法及示例（剪力墙结构）》（15G107-1）；《预制混凝土剪力墙外墙板》（15G365-1）；《预制混凝土剪力墙内墙板》（15G365-2）；《桁架钢筋混凝土叠合板（60mm 厚底板）》（15G366-1）；《预制钢筋混凝土板式楼梯》（15G367-1）；《预制钢筋混凝土阳台板、空调板及女儿墙》（15G368-1）；《装配式混凝土结构连接节点构造》（15G310-1、2）。

对于其他结构体系，也可以按照设计说明要求，选用这些图集或设计所规定的预制构件。

4.4.2.1　剪力墙结构平面布置图

剪力墙结构平面布置图表达的是在一定标高范围内的剪力墙结构布置，包括预制墙板、后浇段、连梁、装配方向等信息。各构件详细信息可通过列表引用标准图集所对应的详图图号等或设计指定详图做法。如图 4-31 所示。

（1）剪力墙施工图符号识读　剪力墙结构中，预制墙板表示符号如下：

预制外墙板—YWQ-××-××，前两个数字表示宽度，后两个数字表示层高，外墙板涉及外墙保温隔热，一般采用保温结构一体化做法，墙板中部设保温层；预制内墙板—YNQ-××-××，前两个数字表示层高，后两个数字表示宽度；约束边缘构件后浇段—YHJ××，构造边缘构件后浇段—GHJ××，非边缘构件后浇段—AHJ××，△代表装配方向。

（2）外墙板　外墙板图纸包括墙板模板图和墙板配筋图。外墙板模板图反映外墙板轮廓尺寸、埋件、预留洞口等，外墙板配筋图反映外墙板具体尺寸、埋件具体定位、预留口尺寸定位等要素。剪力墙上下墙板连接主要采用套筒灌浆连接，在模板图中有相应预留套筒位置及做法。

模板图包括正立面图、背立面图、侧面图等。剪力墙外墙安装方向在内侧，内墙在平面中标注有安装方向，以区分正背立面。可以采用标准图集做法，也可设计方自行规定做法。以图 4-31 为例，其外墙板 YWQ3L 采用标准图集 15G365-1 中做法，其模板图见图 4-32。

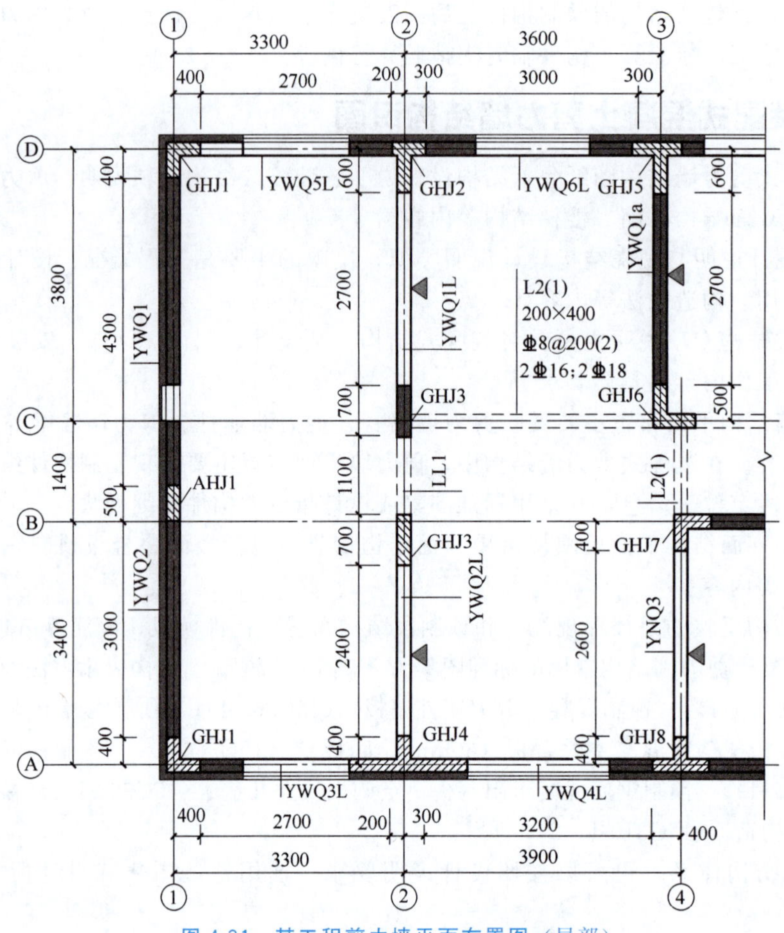

图 4-31 某工程剪力墙平面布置图（局部）

外墙板配筋图反映墙板内纵向分布筋、横向分布筋，套筒预留孔，支承点处边缘纵筋、箍筋、销键洞口加强筋，吊点加强筋等定位、规格、形状、数量、重量、混凝土体积等详细数据；采用的混凝土标号，钢筋种类、规格。详见标准图集《预制混凝土剪力墙外墙板》(15G365-1)。

(3) 内墙板　内墙板详图与外墙板类似，差异主要在于内墙板一般不涉及保温隔热问题，无聚苯板做法。其模板图如图 4-33 所示，配筋图详见标准图集《预制混凝土剪力墙内墙板》(15G365-2)。

(4) 后浇段图　后浇段图主要反映后浇段与预制墙板位置关系，截面形状、配筋等，按照 16G101 平法标准识读。如图 4-34 所示。

(5) 剪力墙梁　与现浇结构梁表示方法相同。可以采用预制叠合梁，叠合部分与水平后浇带一起浇筑，也可以采用全现浇形式，与边缘构件后浇段一起浇筑。

4.4.2.2 楼面结构识图

楼面结构图包括楼板结构平面图和水平后浇带或圈梁平面布置图两部分内容。其中，楼面结构平面图包括预制底板平面布置图、现浇叠合层配筋（板顶配筋）和局部全现浇部分楼板配筋、标高等信息。叠合楼板包括预制底板和现浇层，较一般全现浇板厚度偏大。

全现浇部分和叠合板板顶配筋按平法标准 16G101-1 内容识读。预制底板详图按照《桁架钢筋混凝土叠合板（60mm 厚底板）》(15G366-1) 查找详图或者按照设计者要求及编号情况，在施工图中查找相应详图。

预制底板布置图（底板安装图）反映的是各预制楼板编号、在建筑中的定位（平面定位和竖向所在楼层）以及板之间接缝处理。

(1) 标准图集中叠合板底板识读。底板分单向板和双向板。

① 单向板标注。DBD 表示叠合板单向板，DBD××-××××-×，第 1 个数字代表厚度（单位 cm），第 2 个数字代表后浇叠合层厚度（cm），第 3、4 个数字表示标志跨度（dm），第 5、6 个数字表示标志宽度（dm），最后数字代表底板跨度方向钢筋（受力钢筋）代号（编号规则见表 4-2）。例如单向受力叠合板用底板 DBD67-3324-2，预制底板厚 60mm，现浇叠合层厚 70mm，底板预制板标志跨度 3300mm，标志宽度 2400mm，钢筋代号 2，底板跨度方向配筋为Φ8@150。

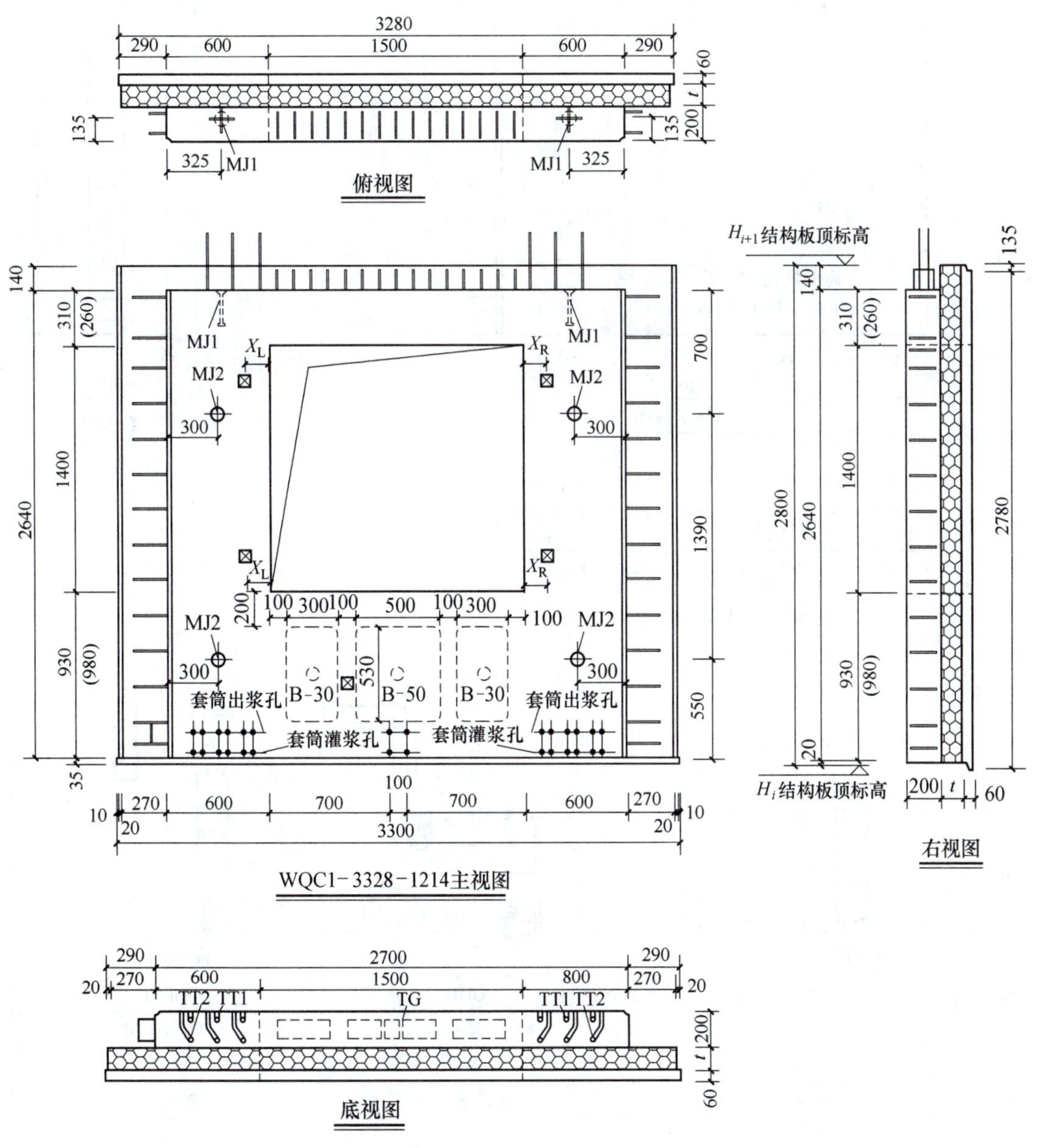

图 4-32 外墙板模板图

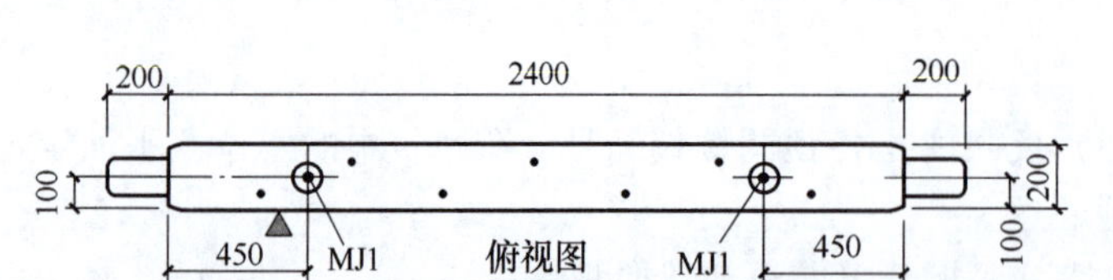

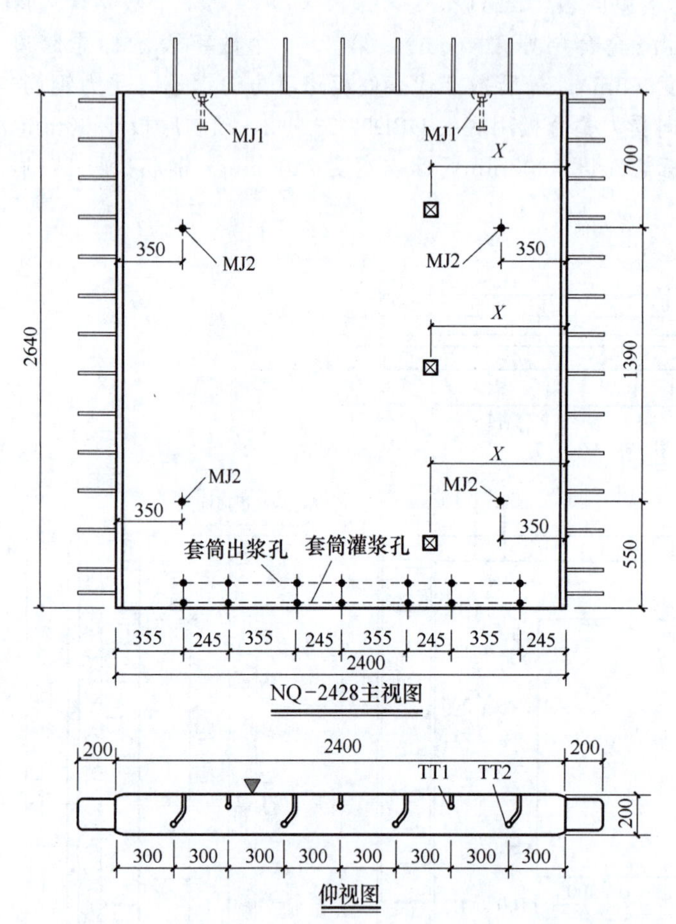

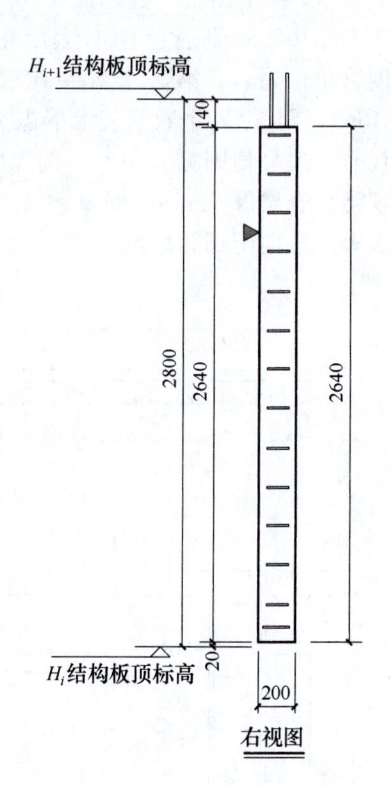

200 2400 200

TT1 TT2

200

300 300 300 300 300 300 300 300

仰视图

图 4-33　内墙板模板图

截面	200；500；10；200；100；200；10；预制墙板；预制墙板钢筋	200；300；200；10；200；300；200；10；预制墙板；预制墙板钢筋	200；700；200；10；预制墙板钢筋；预制墙板
编号	AHJ1	GHJ1	GHJ3
标高	8.300～58.800	8.300～58.800	8.300～58.800
纵筋	8⌀8	12⌀12	10⌀12
箍筋	⌀8@200	⌀8@200	⌀8@200

图 4-34　后浇段图

表 4-2　单向板钢筋编号规则

代号	1	2	3	4
受力钢筋规格及间距	⌀8@200	⌀8@150	⌀10@200	⌀10@150
分布钢筋规格及间距	⌀6@200	⌀6@200	⌀6@200	⌀6@200

② 双向板标注。DBS表示叠合板双向板，DBS×-××-××××-××-δ，第1个数字代表板类别1为边板、2为中板，第2个数字代表底板厚度（单位cm），第3个数字代表后浇叠合层厚度（cm），第4、5个数字表示标志跨度（dm），第6、7个数字表示标志宽度（dm），第8、9个数字代表底板跨度方向（桁架钢筋方向）及宽度方向的钢筋代号（编号规则见表4-3）；δ代表调整宽度。例如，双向受力叠合板用底板DBS1-67-3924-22，拼装位置为边板，预制底板厚60mm，现浇叠合层厚70mm，底板预制板标志跨度3900mm，标志宽度2400mm，底板跨度、宽度方向配筋为双向⌀8@150。

表 4-3　双向板钢筋编号规则

编号 / 跨度方向钢筋 / 宽度方向钢筋	⌀8@200	⌀8@150	⌀10@200	⌀10@150
⌀8@200	11	21	31	41
⌀8@150	—	22	32	42
⌀8@100	—	—	—	43

叠合板详图中符号如图4-35所示。

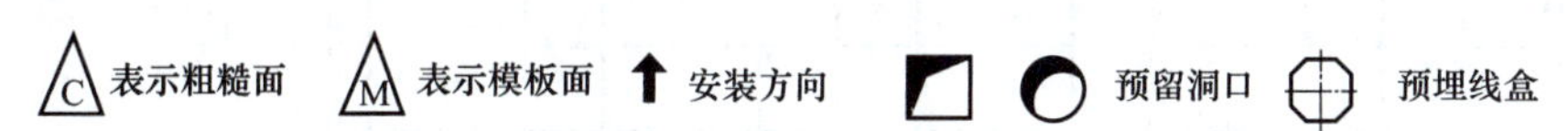

图 4-35　叠合板详图符号

(2) 板接缝。单向板之间的接缝一般采用密拼接缝（MF），在安装过程中相邻板紧贴即可，并在板缝处设加强钢筋。如图4-36所示。

双向板接缝做法如图4-37所示。有特殊要求时按照设计图纸进行，采用JF-××表示。

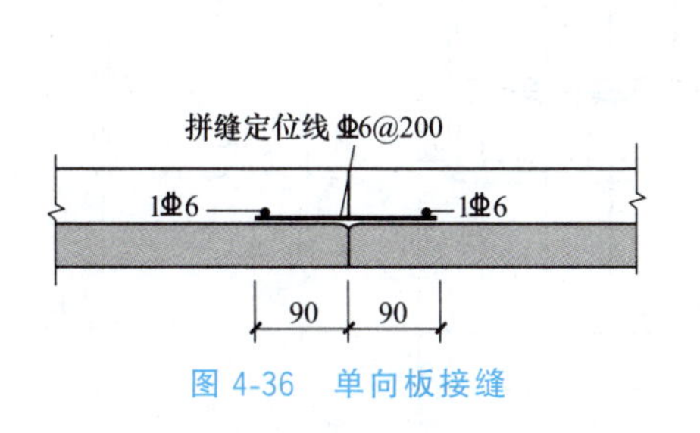

图 4-36　单向板接缝

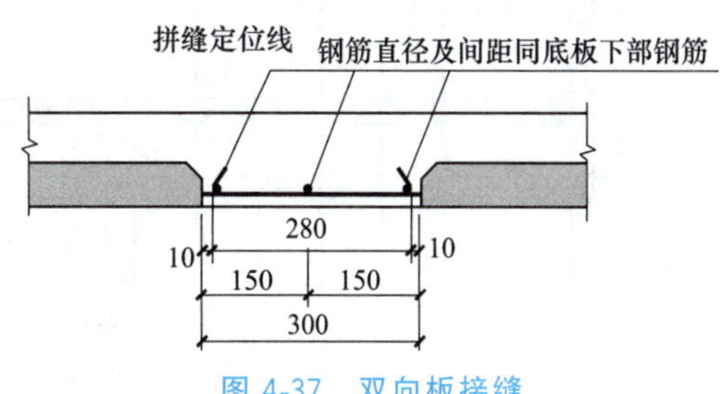

图 4-37　双向板接缝

(3) 非标准图的表示方法。在预制底板设计中，因预埋、预留较多，考虑工厂加工制作方便，可以考虑在标准设计基础上的更细化的设计。如图4-38所示底板布置详图中，预制板采用YB表示，预制板的配筋、板长宽厚尺寸、板定位尺寸等信息见预制底板详图，板缝宽度、预埋件和预留洞口等信息在平面模板图中详细标注。

以其中YB11a-1为例，其模板及配筋图如图4-39所示。其钢筋表，附件清单见表4-4、表4-5。

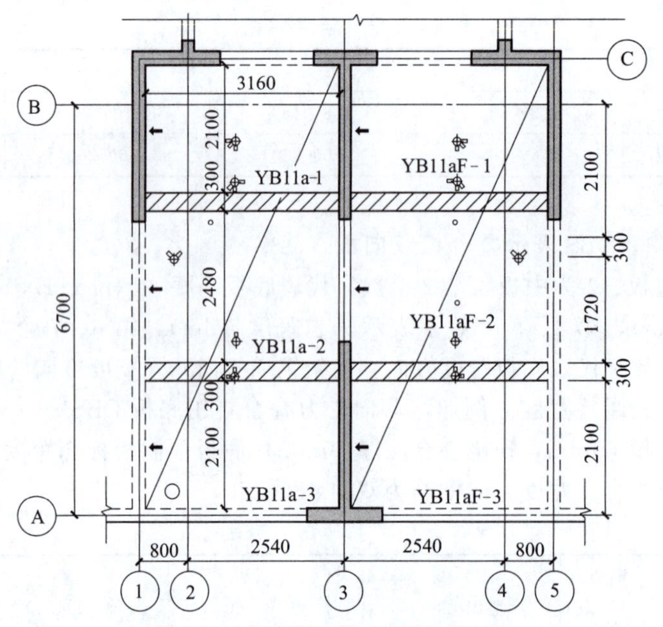

图 4-38 叠合板底板布置图（局部）

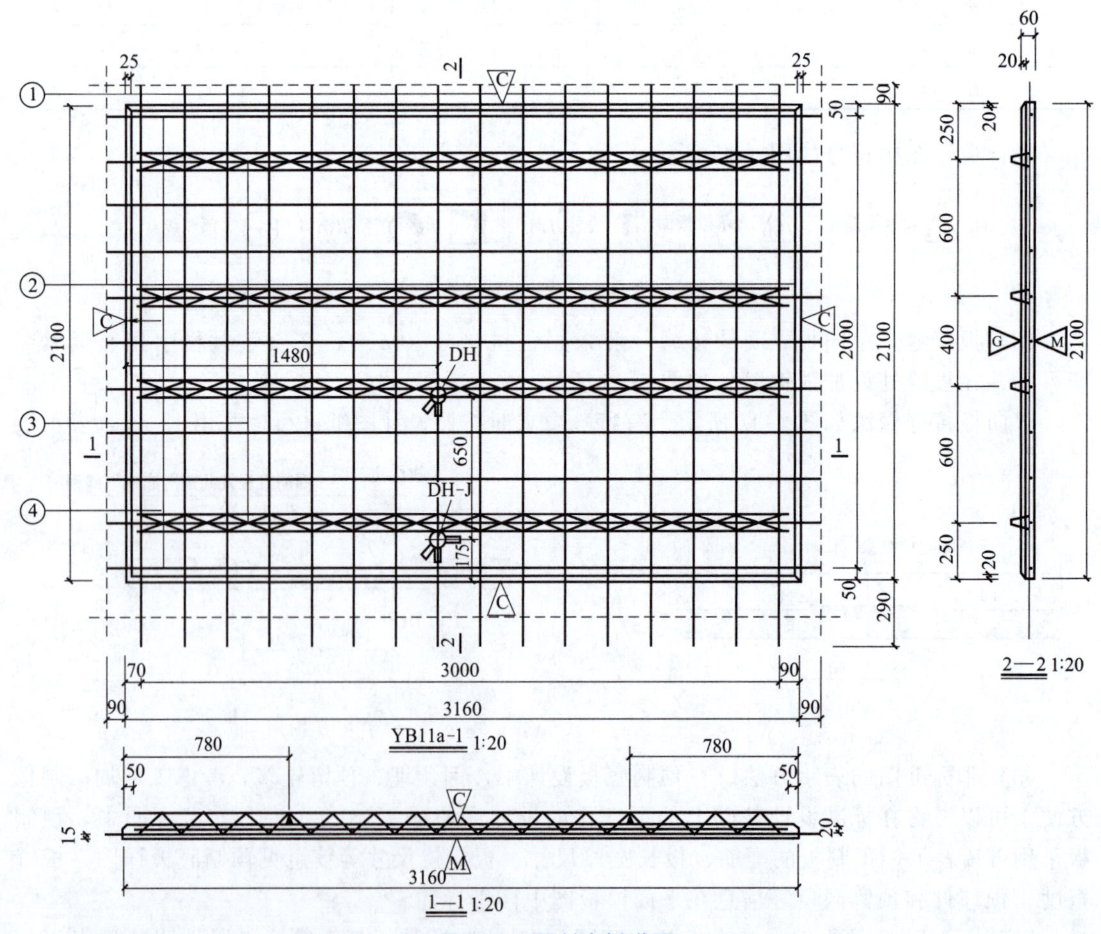

图 4-39 预制底板详图

表 4-4 板钢筋表

使用部位	钢筋类型	编号	钢筋规格	数量/根	钢筋加工尺寸/mm
底板	宽度方向	1	Φ8	16	2480 40
底板	跨长方向	2	Φ8	11	90 3160 90
底板	端头加固	3	Φ8	2	2070
钢筋桁架	钢筋桁架	4	A80	4	3060
底板	桁架加强筋	5	Φ8	8	280

表 4-5 附件清单

附件类型	名称	数量	规格/mm
DH	PVC 电盒	1	75×75×100
	PVC 线管	3	20
DH-J	金属电盒	1	75×75×100
	金属线管	3	20

匠心筑梦 启迪智慧

古诗“西北有高楼，上与浮云齐，交疏结绮窗，阿阁三重阶”，充分体现了古代建筑的宏伟和精美，当代北京的“中国尊”、广州的“小蛮腰”（广州塔）、天津之眼（摩天轮）等一大批地标性建筑拔地而起！连接香港、珠海和澳门的超大型跨海通道港珠澳大桥，由三座通航桥、一条海底隧道、四座人工岛及连接桥隧、深浅水区非通航孔连续梁式桥和港珠澳三地陆路联络线组成，它是中国乃至当今世界规模最大、标准最高、最具挑战性的跨海桥梁工程，被誉为桥梁界的“珠穆朗玛峰”。港珠澳大桥人工岛创造了 221 天完成两岛筑岛的世界工程记录，缩短工期超过 2 年。

这些创造了许多世界奇迹的基建工程，不仅是速度快，更是质量好。充分彰显了我国的综合实力，是中国建设者们自强不息、敢于创新、勇于奋斗的具体表现！更是工匠精神的完美传承！

能力训练题

4.5 装配式钢筋混凝土剪力墙结构识图工作页

1. 装配整体式结构中，不同构件之间是如何保证形成结构整体的？钢筋的连接形式有哪几种形式？若剪力墙钢筋为直径 12mm 的钢筋，其套筒两端连接长度各为多少？

2. 叠合板中上下层钢筋摆放与现浇结构有何明显差异？若为双向板，其后浇带宽度应该为多少？板底钢筋进入剪力墙内的长度为多少？形状如何？

3. 区分图 4-34 中后浇段图中 GHJ1 钢筋，哪些是预制构件内钢筋？哪些是现场绑扎钢筋？

4. 图集 15G365-2 中 NQ-2428 配筋图内墙板中各根竖向钢筋在预制段内长度、外露长度各为多少？

模块五

建筑钢结构工程

学习要点

• 本模块主要学习建筑钢结构的基础知识，要求掌握钢结构梁柱节点连接、柱脚连接的构造要求以及钢屋盖的组成和支撑布置，了解门式刚架结构的基础知识。正确识读建筑钢结构施工图

5.1 钢结构基础知识

以钢材为主制作的主要承重结构称为钢结构建筑。钢材种类繁多，性能各异，价格不同。适合建筑钢结构的钢材必须具有良好的机械性能（强度、塑性、韧性等）和加工工艺性能（冷加工、热加工、焊接等），同时还必须货源充足，价格合理。建筑钢结构中常用的钢材为碳素结构钢和低合金高强度结构钢中的几个牌号。

5.1.1 钢结构用钢的牌号

钢结构用钢的牌号是采用国家标准《碳素结构钢》（GB/T 700—2006）和《低合金高强度结构钢》（GB/T 1591—2018）的表示方法。它由代表屈服点的字母、屈服点的数值、质量等级符号、脱氧方法符号四个部分按顺序组成。所采用的符号分别用下列字母表示：

Q——钢材屈服点（“屈”字汉语拼音首位字母）；

A、B、C、D——质量等级，其中A级最差，D级最优；

F——沸腾钢（“沸”字汉语拼音首位字母）；

Z——镇静钢（“镇”字汉语拼音首位字母）；

TZ——特殊镇静钢（“特镇”两字汉语拼音首位字母）。

另外，A、B级钢分沸腾钢和镇静钢，而C级钢全为镇静钢，D级钢则全为特殊镇静钢。按上面牌号表示钢种和钢号，低碳素结构钢的Q235-AF表示屈服点为235N/mm^2、质量等级为A级的沸腾钢；Q235-B表示屈服点为235N/mm^2、质量等级为B级的镇静钢（“Z”与“TZ”符号可以省略）。

低合金高强度结构钢的等级符号，除与碳素结构钢A、B、C、D四个等级相同外增加一个等级E，主要是要求－40℃的冲击韧性。低合金高强度结构钢的Q345-C表示屈服点为345N/mm^2、质量等级为C级的镇静钢；Q420-E表示屈服点为420N/mm^2、质量等级为E级的特殊镇静钢（低合金高强度结构钢全为镇静钢或特殊镇静钢，故F、Z与TZ符号均省略）。

5.1.1.1　低碳素结构钢的品种与性能

低碳素结构钢是我国生产的专用于结构的普通碳素钢。碳素结构钢的牌号共分四种，即Q195、Q215、Q235、Q255和Q275。Q235的含碳量和强度、塑性、可焊性等均较适用，因此它是建筑钢结构中主要采用的品种。Q235共分A、B、C、D四个质量等级，各级的化学成分和力学性能也有所不同，其中A、B级钢有沸腾钢和镇静钢，而C级钢为镇静钢，D级钢为特殊镇静钢。在力学性能中，A级钢保证f_y、f_u和δ_5三项指标，不要求冲击韧性，冷弯试验也只在要求时才进行；B、C、D级均保证f_y、f_u、δ_5、冷弯性能和冲击韧性。化学成分中，要求碳（C）、锰（Mn）、硅（Si）、硫（S）、磷（P）的含量符合相应质量等级的规定，但A级钢的碳、锰含量在保证力学性能符合规定时可以不作为交货条件。

5.1.1.2　低合金高强度结构钢的品种与性能

低合金高强度结构钢是在钢的冶炼过程中添加少量合金元素（合金元素的总量低于5%），以提高钢材的强度、耐腐蚀性及低温冲击韧性等。其牌号采用《低合金高强度结构钢》（GB/T 1591—2018）的表示方法。与碳素钢的区别，主要在于屈服强度值更高，增加了交货状态。

交货状态包括热轧、正火或正火轧制（N）和热机械轧制（M）。其中，热轧和正火轧制的屈服点（最小上屈服强度）包括355、390、420和460四级，热机械轧制的屈服点除这四级外还包括500、550、620和690。

低合金高强度结构钢的质量等级分B、C、D、E、F五级，等级越高，低温下的冲击韧性要求越高。低合金高强度结构钢全为镇静钢或特殊镇静钢，故F、Z与TZ符号均省略。例如，Q355C表示屈服点为355N/mm^2、质量等级为C级的热轧镇静钢；Q420NE表示屈服点为420N/mm^2、正火轧制状态交货、质量等级为E级的特殊镇静钢。

普通建筑中多采用Q355、Q390、Q420级钢材，其中，Q355对应《钢结构设计标准》（GB 50017—2017）中的Q345。

5.1.2　建筑钢材的规格

建筑钢结构所用的钢材主要有热轧成型的钢板和型钢、冷弯成型的薄壁型钢和压型钢板，其中型钢可直接用作构件，减少制作工作量，因此在设计中应优先选用。

5.1.2.1　热轧钢板

钢板分厚板、薄板和扁钢。厚板的厚度为4.5～60mm，宽0.6～3m，长4～12m；薄板厚度为0.35～4mm，宽0.5～1.5m，长0.5～4m；扁钢厚度为4～60mm，宽度为12～200mm，长3～6m。厚板广泛用来组成焊接构件和连接钢板，薄板是冷弯薄壁型钢的原料。其代号用“宽×厚×长”（单位为mm×mm×mm）及其前面附加钢板横截面“**—**”的方法表示，如**—**800×12×2100。

5.1.2.2 热轧型钢

热轧型钢有角钢、工字钢、槽钢、H 型钢、T 型钢、钢管等，如图 5-1 所示。

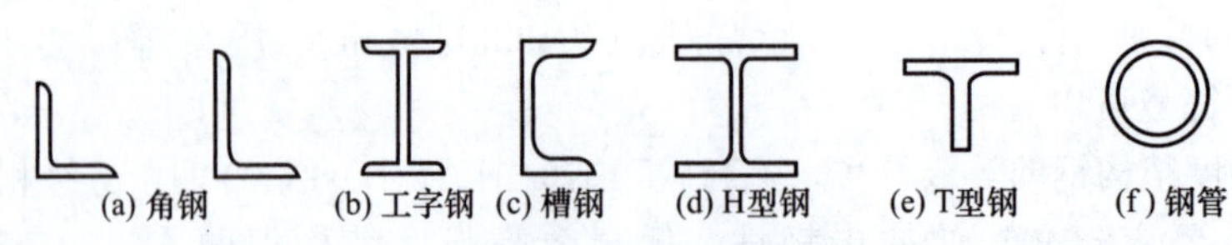

图 5-1 热轧型钢

工字钢分为普通工字钢和轻型工字钢两种。轻型工字钢的翼缘和腹板的厚度较小。普通工字钢以符号“I”后加截面高度（单位为 cm）表示，如 I16。20 号以上的工字钢，同一截面高度有 3 种腹板厚度，以 a、b、c 区分（其中 a 类腹板最薄），如 I30b。轻型工字钢以符号“QI”后加截面高度（单位为 cm）表示，如 QI25。我国生产的普通工字钢规格有 10～63 号，轻型工字钢规格有 10～70 号。工程中不宜使用轻型工字钢。热轧工字钢翼缘的内表面是倾斜的，翼缘内厚外薄，截面在宽度方向（即对平行于主轴的弱轴）的惯性矩和回转半径比在高度方向（即强轴）小得多，因此在应用上有一定的局限性，一般适用于单向受弯构件。

角钢分为等边角钢和不等边角钢两种。等边角钢其互相垂直的两肢长度相等，用符号“L”和边宽×肢厚的毫米数表示，如L100×10 表示肢宽 100mm、肢厚 10mm 的等边角钢。不等边角钢其互相垂直的两肢长度不相等，用符号“L”和长肢宽×短肢宽×厚度的毫米数表示，如L100×80×8 表示长肢宽 100mm、短肢宽 80mm、肢厚 8mm 的不等边角钢。我国目前生产的等边角钢规格有L20×3～L200×24，不等边角钢有L25×16×3～L200×125×18，长度均为 4～19m。

槽钢也分为普通槽钢和轻型槽钢两种，其代号分别用“[”和“Q[”加截面高度（单位为 cm）及号数表示，并以 a、b、c 区分同一截面高度中的不同腹板厚度，其意义与工字钢相同。如[20 与 Q[20 分别代表截面高度为 200mm 的普通槽钢和轻型槽钢。我国目前生产的普通槽钢规格有[5～[40c，轻型槽钢规格有 Q[5～Q[40。

H 型钢分为宽翼缘 H 型钢、中翼缘 H 型钢和窄翼缘 H 型钢三类，此外还有 H 型钢柱，其代号分别为 HW、HM、HN、HP。H 型钢的规格以代号后加“高度×宽度×腹板厚度×翼缘厚度”（单位为 mm×mm×mm×mm）表示，如 HW340×250×9×14。我国积极推广采用 H 型钢。H 型钢的腹板与翼缘厚度相同，常用作柱子构件。

钢管分无缝钢管和电焊钢管两种，型号用“ϕ”和外径×壁厚的毫米数表示，如 ϕ219×14 为外径 219mm、壁厚 14mm 的钢管。

5.1.2.3 冷弯薄壁型钢

冷弯薄壁型钢一般由厚度为 2～6mm 的热轧薄钢板经冷弯或模压而成型的，其截面各部分的厚度相同，转角处均圆弧形，如图 5-2 所示。因其壁薄，截面几何形状开展，因而与

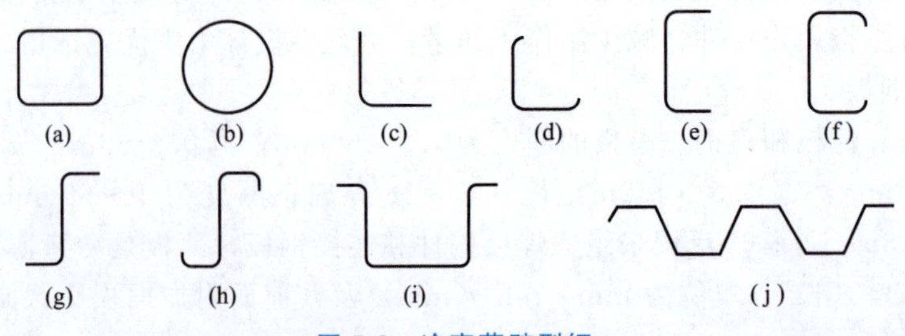

图 5-2 冷弯薄壁型钢

面积相同的热轧型钢相比，其截面惯性矩大，是一种高效经济的截面。其缺点是壁薄，对锈蚀影响较为敏感，故多用于跨度小，荷载轻的轻型钢结构中。

5.1.3 钢结构的制作

（1）放样 放样是按照经审核的施工图以 1∶1 的比例在样板上画出实样，求取实长，根据实长制成样板。样板一般用变形比较小、又可手工剪切成型的薄板状材料如白铁皮等制造。放样应根据工艺要求预留制作和安装时的焊接收缩余量及切割、刨边、铣平等加工余量。

（2）号料 号料以样板为依据在原材料上画出实样，并打上各种加工记号。

（3）切割 将号料后的钢板按要求的形状和尺寸下料。常用的切割方法有机械切割、气割、等离子切割。气割是使用氧-乙炔丙烷等火焰加热融化金属并用压缩空气吹去融蚀的金属液，从而使金属分离，适合于曲线切割和多头切割；等离子切割利用等离子弧线流实现切割，适用于不锈钢等高熔点材料的切割。

（4）成型加工 成型加工主要包括弯曲、卷板、边缘加工、折边和模压五种方法。这五种方法又可分为热加工和冷加工。

（5）制孔 制孔分为钻孔和冲孔两类。钻孔孔壁损伤小，精度高，一般在钻床上进行，适用性较强；冲孔一般只能在较薄的钢板和型钢上进行，且孔径一般不小于钢材的厚度，可用于次要连接。冲孔效率高但孔壁质量差，冲孔一般用冲床。

（6）组装 将零件或半成品按施工图的要求装配为独立的成品构件。在工厂里将多个成品构件按设计要求的空间位置试组装成整体，以检验各部分之间的连接状况称为预总装。

（7）焊接 焊接应严格按照钢结构施工规程进行，满足验收规范的要求。详见本模块单元 5.2 内容。

（8）矫正 矫正是通过外力和加热作用，迫使已发生变形的钢材反变形，以使材料或构件达到平直及设计的几何形状的工艺方法。钢结构的制作过程中要进行 3～4 次矫正，材料矫正、组装时矫正、焊接后矫正，有的还有热镀锌后的矫正。

5.1.4 钢结构施工图

钢结构施工图编制分两个阶段，一是设计图阶段，二是施工详图阶段。设计图由设计单位负责编制，施工详图则由制造厂根据设计单位提供的设计图和技术要求编制。当制造厂技术力量不足无法承担编制工作时，也可委托设计单位进行。

设计图阶段是根据已批准的初步设计进行编制，内容以图纸为主，应包括：封面、图纸目录、设计说明、图纸、工程预算书等。施工图设计文件一般以子项为编排单位，各专业的工程计算书（包括计算机辅助设计的计算资料）应经校审、签字后，整理归档。

施工详图设计文件的深度应满足能据以编制施工图预算、能据以安排材料、设备订货和非标准设备的制作、能据以进行施工和安装、能据以进行工程验收的要求。设计图纸表达的主要内容有：图纸目录、设计总说明、结构布置图、构件截面表、标准焊缝详图、标准节点图、钢材材料表。

5.1.4.1 设计总说明

在设计总说明中首先应说明设计依据的规范、规程和规定，业主提供的设计任务书及工程概况，自然条件，基本风压、基本雪压、地震基本烈度，本设计采用的抗震设防烈度、地基和基础设计依据的工程地质勘察报告、场地土类别、地下水位埋深等，以及材料要求，各部分构件选用的钢材牌号、标准及其性能要求，高强度螺栓连接副型式、性能等级、摩擦系数值及预拉力值、焊接栓钉的钢号、标准及规格、楼板用压型钢板的型号、有关混凝土的标号等；并应注明本设计为钢结构设计图，施工前需依据本说明编制钢结构施工详图。

其次需要说明设计计算中的主要要求，如：楼面活荷载及其折减系数、设备层主要荷载；抗震设计的计算方法、层间剪力分配系数、按两阶段抗震设计采用的峰值加速度、选用的输入地震加速度波等；地震作用下的侧移限值（层间侧移、整体侧移和扭转变形）。

还需要说明结构的主要参数与选型。结构的主要参数包括结构总高度、标准柱距、标准层高、最大层高、建筑物高宽比、建筑物平面；结构选型，包括结构的抗侧力体系，梁、柱截面形式，楼板结构做法。高层建筑钢结构设计中侧向位移是考虑的主要因素，必须有足够的刚度保证侧移在允许范围内。

最后需要明确制作与安装要求。钢结构的制作、安装及验收应符合《钢结构工程施工质量验收标准》(GB 50205—2020)、《高层民用建筑钢结构技术规程》(JGJ 99—2015)，以及业主、设计、施工三方协议执行的企业标准和有关规定。制作要求，包括柱的修正长度、切割精度、焊接坡口等；运输、安装要求，高强度螺栓摩擦面的处理方法及预拉力施拧方法，构件各部位焊缝质量等级及检验标准、焊接试验、焊前预热及焊后热处理要求等；涂装要求，构件表面处理采用的除锈方法、要求达到的除锈等级、涂料品种、涂装遍数及要求的涂膜总厚度；防火要求、建筑物防火等级、构件的耐火极限、要求采用的防火材料、采用的规程。

5.1.4.2 结构布置图

结构布置图分结构平面布置图和结构立（剖）面布置图。它们分别表示高层钢结构水平和竖向构件的布置情况及其支撑体系。布置图应注明柱列轴线编号和柱距，在立（剖）面图中应注明各层的相对标高，与一般结构布置图没有太大的差别。高层钢结构中的梁、柱一般为实腹构件，对主梁和柱宜用双轴实线表示，次梁用单粗实线表示，平面布置图中的柱可按柱截面形式表示。立面布置图中的梁柱均用双细实线表示，布置图中应明确表示构件连接点的位置，柱截面变化处的标高。布置图中如部分为钢骨混凝土构件时，同样可以只表示钢结构部分的连接，混凝土部分另行出图配合使用。

结构平面布置相同的楼层（标准层），可以合并绘制。平面布置较复杂的楼层，必要时应增加辅助剖面，以表示同一楼层中构件间的竖向关系。

各结构系统的布置图可单独编制，如支撑（剪力墙）系统、屋顶结构系统（包括透光厅）均需编制专门的布置图。其节点图可与布置图合并编制。

柱脚基础锚栓平面图，应标注各柱脚锚栓相对于柱轴线的位置尺寸、锚栓规格、基础顶面的标高。当锚栓用固定件固定时，应给出固定件详图，同时应表示出锚栓与柱脚的连接关系。

结构布置图中构件标号的编制原则与一般结构相比有以下特点：柱构件从下到上虽截面变化但仅标注一个符号，在钢结构施工详图构件编号时，仍可沿用此标号，如第 4 层 C1 柱表示为 4C1；梁构件轴线位置相同，但每层截面不同者，也可标注一个标号，在钢结构施工详图构件编号时，同样可沿用此标号，如第 8 层的 B1 梁表示为 8B1；结构立面布置图可不标注构件标号，仅表示构件间竖向关系和支撑系统，支撑系统和屋顶结构系统布置图，应标注构件标号。

5.1.4.3 构件截面表

高层钢结构的构件截面一般采用列表表示，表的横向为构件标号，竖向为楼层号，这样可以很方便地查到每节柱所在楼层位置和截面尺寸，及各层在同一位置梁的截面尺寸。支撑系统的截面也可以在支撑系统布置图中列表表示。

5.1.4.4　**标准焊缝详图**

高层钢结构大量采用焊缝连接，为了统一焊接坡口和焊接尺寸，减少制图工作量，并便于施工图的编制，一般均编制标准焊缝详图，分别适用手工电弧焊、自动埋弧焊、半自动气体保护焊等焊接工艺的要求，焊缝详图以焊缝的横剖面详图表示，图中应详细表示母材加工要求、坡口形式、焊缝型式及尺寸、垫板要求及规格、角焊缝的焊角尺寸等，所有标准焊缝均须按规定的焊缝符号绘制。

5.1.4.5　**标准节点图**

节点图详细表示各构件间相互连接关系及其构造特点，图中应表明相关尺寸。常见的节点图有梁与柱的刚性连接、梁与柱的铰接连接、主梁与次梁的铰接连接、柱接头的连接、支撑与梁柱的连接、剪力墙板与梁柱的连接以及梁柱加劲肋板的焊接等。节点图中的连接板厚度、数量、螺栓的规格数量等一般可列表表示。

5.1.4.6　**钢材材料表**

钢材材料表是供制造厂制定材料计划和订货使用的，应按钢材规格、材质、质量等项次列表。要求钢材定尺的应注明定尺长度，对材质有特殊要求的（如 Z 向性能）应在备注中注明。钢材用量系按设计图计算的，可能有一定的误差，准确的钢材用量应以施工大样图为准。

5.2 钢结构的连接

钢结构是由各种型钢或板材通过一定的连接方法而组成的。因此，连接方法及其质量优劣直接影响钢结构的工作性能。钢结构的连接必须符合安全可靠，传力明确、构造简单、制造方便和节约钢材的原则。钢结构所用的连接方法有焊缝连接、螺栓连接和铆钉连接三种。见图 5-3。

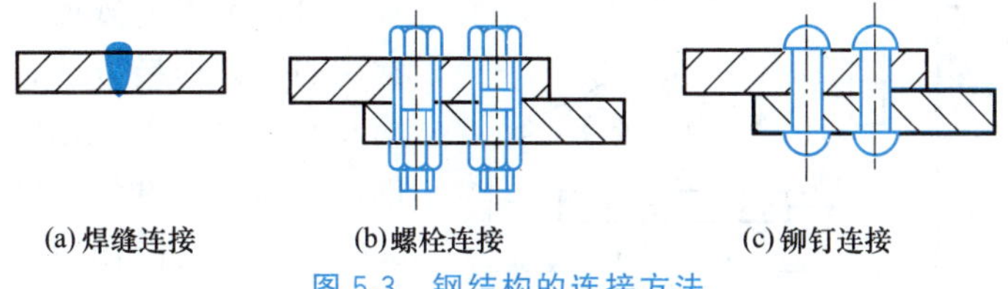

图 5-3　钢结构的连接方法

焊缝连接是通过电弧产生热量使焊条和焊件局部熔融，再经冷却凝结形成焊缝，使被连接焊件成为一体。它是钢结构最主要的连接方法，其优点是：构造简单，任何形式的构件都可直接相连；用料经济、不削弱截面；加工制作方便，可实现自动化操作，生产效率高；连接的密闭性好，结构刚度大。但也有缺点：在焊缝附近，钢材因焊接高温作用形成热影响区，导致局部材质变脆；焊接过程中钢材受到分布不均匀的高温和冷却，使结构产生残余应力和残余变形，影响构件承载力、刚度和使用性能；局部裂纹一旦发生，就容易扩展到整体，尤其是低温下易发生冷脆现象；施焊时可能会产生焊接缺陷，使构件的疲劳强度降低。

螺栓连接是通过紧固件把被连接件连接成为一体。其优点是：施工工艺简单、安装方便，特别适合于工地安装连接，也便于拆卸，适用于需要拆装结构和临时性连接，紧固工具和工艺较简便，易于实施，施工进度和质量容易保证。缺点是：需要在板件上开孔使构件截面削弱；拼装时对孔，对制造的精度要求较高；被连接件常需相互搭接或设辅助板连接，因而构造较烦琐且浪费钢材。

螺栓连接分普通螺栓连接和高强度螺栓连接两种。普通螺栓常用Q235钢制成，分为A、B、C三级。C级为粗制螺栓，由未经加工的圆钢压制而成，制作精度差，螺栓孔的直径比螺栓杆的直径大1.5～3mm，对于采用C级螺栓的连接，由于螺栓杆与螺栓孔之间有较大的间隙，受剪力作用时，将会产生较大的剪切滑移，连接的变形大。但安装方便，且能有效的传递拉力，故可用于沿螺栓杆轴心受拉的连接，以及次要结构的抗剪连接或安装时的临时固定中。A、B级精制螺栓是由毛坯在车床上经过切削加工精制而成。表面光滑，尺寸准确，螺栓直径与螺栓孔径之间的缝隙只有0.3～0.5mm。由于有较高的精度，因而受剪性能好，但制作和安装复杂，价格较高，已很少在钢结构中采用。

高强度螺栓用高强度钢材制成并经热处理，需用特制扳手把被连接件加紧。有两种类型：一种是只依靠摩擦阻力传力，并以剪力不超过接触面摩擦力作为设计准则的，称为摩擦型连接；另一种是允许接触面滑移，以连接达到破坏的极限承载力作为设计准则的，称为承压型连接。摩擦型连接的剪切变形小，弹性性能好，施工较简单，可拆卸，耐疲劳，特别适用于承受动力荷载的结构。承压型连接的承载力高于摩擦型，连接紧凑，但剪切变形大，故不得用于承受动力荷载的结构中。

铆钉连接是将一端带有半圆形预制钉头的铆钉，经将钉杆烧红后迅速插入被连接板件的钉孔中，然后用铆钉枪将另一端打铆成钉头，使连接达到紧固。铆钉连接的塑性和韧性较好，传力可靠，质量易于检查，常在一些重型和直接承受动力荷载的结构中采用，如铁路桥梁结构。由于其构造复杂，费工费料，且劳动强度高，建筑结构现已很少采用。

5.2.1 焊缝连接

5.2.1.1 焊缝连接的方法

钢结构的焊接方法有电弧焊、电阻焊和气焊。其中常用的是电弧焊，电弧焊有手工电弧焊、埋弧焊（自动或半自动焊）以及气体保护焊等。

5.1 手工电弧焊

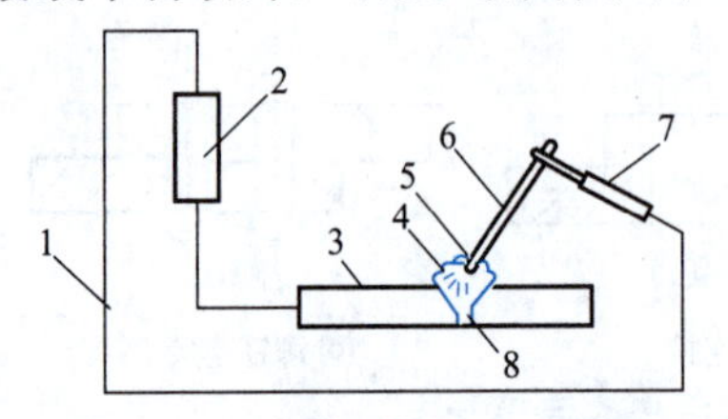

图5-4 手工电弧焊的工作原理

1—导线；2—焊机；3—焊件；4—电弧；5—保护气体；6—焊丝；7—焊钳；8—熔池

(1) 手工电弧焊　手工电弧焊是最常用的一种焊接方法，它的工作原理见图5-4。通电后，在涂有药皮的焊条与焊件之间产生电弧。电弧的温度可高达3000℃。在高温作用下，电弧周围的金属熔化，形成熔池，同时焊条中的焊丝很快熔化，滴落入熔池中，与焊件的熔融金属相互结合，冷却后即形成焊缝。焊条表面都敷有一层1～1.5mm厚的药皮，药皮的作用是：在焊接过程中产生气体，使熔融金属与大气隔离以防止空气中的氮氧侵入而使焊缝变脆，并形成熔渣覆盖着焊缝，防止空气中氧、氮等有害气体与熔化金属接触而形成易脆的化合物。

手工电弧焊的设备简单，操作灵活方便，适用于任意空间位置的焊接，特别适用于工地安装焊缝、短焊缝和曲折焊缝，但生产效率低，劳动强度大，弧光炫目，焊接质量在一定程度上取决于焊工的技术水平，容易波动。

我国建筑钢结构常用的焊条有碳钢焊条和低合金焊条，其牌号为E43××、E50××、E55××型等。其中E表示焊条；两位数字表示熔敷金属抗拉强度的最小值（单位为kg/mm^2）；第三位数字表示适用的焊缝位置，0和1表示适用于全位置施焊（平、横、立、仰），2表示适用于平焊及水平角焊，4表示适用于向下立焊；第三位和第四位数字组合表示药皮的类型和适用的电流的种类（交、直流电源）。当不同强度的钢材连接时，可采用与低强度钢材相适应的焊接材料。手工焊采用的焊条应符合国家标准的规定。手工电弧焊所用焊条应与焊接钢材（或称主体金属）的强度和性能相适应：对Q235钢材采用E43型焊条，对Q345钢材采用E50型焊条，对Q390钢材和Q420钢材采用E55型焊条。不同钢种的钢材相焊接时，例如Q235钢材与Q345钢材相焊接，宜采用与低强度钢材相适应的焊条E43型。

（2）埋弧焊（自动或半自动焊）　埋弧焊是电弧在焊剂层下燃烧的一种电弧焊方法。自动埋弧焊原理见图5-5，主要设备是自动电焊机，它可沿轨道按选定的速度移动，通电后，由于电弧的作用，使埋于焊剂下的焊丝和附近的焊剂熔化，熔渣浮在熔化的焊缝金属上面，使熔化金属不与空气接触，并供给焊缝金属以必要的合金元素。随着焊机的自由移动，颗粒状的焊剂不断地由料斗漏下，电弧完全被埋在焊剂之内，同时焊丝也自动地边熔化边下降，这就是自动焊的原理。而电弧按焊接方向靠人工移动电焊机，就称为“埋弧半自动电弧焊”。

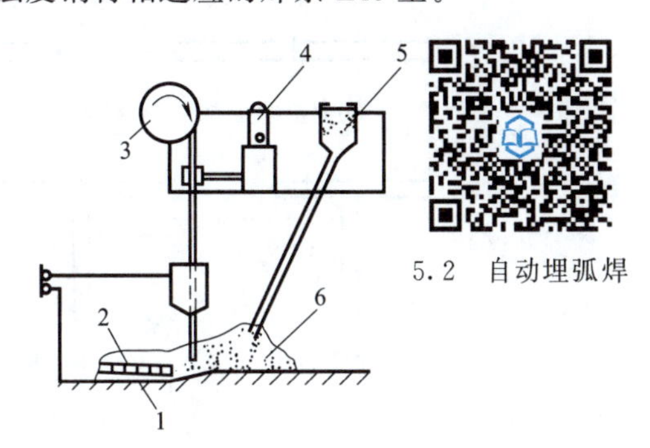

图5-5　自动埋弧焊工作原理

1—焊缝金属；2—熔渣；3—焊丝转盘；
4—送丝器；5—焊剂漏斗；6—焊剂

埋弧焊电弧热量集中，熔深大，适用于厚钢板的焊接。采用自动操作，焊接时的工艺条件稳定，焊缝的化学成分均匀，故形成的焊缝质量好，焊件变形小，特别适用于焊缝较长的直线焊缝。半自动电弧焊的质量介于手工电弧焊和自动焊之间，因由人工操作，故适用于焊曲线或任意形式的焊缝。

和手工电弧焊相比，埋弧自动焊或埋弧半自动焊优点是焊接速度快、生产效率高、劳动条件好、焊缝质量稳定可靠；其缺点是焊前装配要求技术严格，施焊位置受限制，不如手工焊灵活。

埋弧焊所用焊丝和焊剂应与主体金属强度相适应，即要求焊缝与主体金属等强度。埋弧自动焊或埋弧半自动焊所采用的焊丝一般采用专门的焊接用钢丝。对Q235钢，可采用H08A、H08等焊丝，相应的焊剂为HJ401。对低合金高强度结构钢尚应根据坡口情况相应选用。对Q345钢，不开坡口的对接焊缝，可用H08A焊丝，中厚板开坡口对接可用H08MnA、H10Mn2和H10MnSi焊丝，焊剂可用HJ402或SJ301；对Q390钢用H08Mn2Si等焊丝。同时，较高的焊速可减少热影响区的范围。但埋弧焊对焊件边缘的装配精度（如间隙）要求比手工焊高。

（3）气体保护焊　气体保护焊是用喷枪喷出二氧化碳气体或其他惰性气体，作为电弧焊的保护介质，把电弧熔池与大气隔离，焊工能够清楚地看到焊缝成形的过程，保护气体有助于熔滴的过渡。用这种方法焊接，电弧加热集中，焊接速度快，焊件熔深大，故所形成的焊缝强度比手工电弧焊高，塑性和抗腐蚀性好，适用于全位置的焊接。在操作时也可采用自动或半自动焊方法。但这种焊接方法的设备复杂，电弧光较强，焊缝表面成型不如埋弧自动焊或埋弧半自动焊所述的电弧焊平滑，一般用于厚钢板或特厚钢板的焊接。另外，气体保护焊受自然条件的影响较大，不太适用于室外操作。

5.2.1.2　焊缝连接形式

（1）按被连接件之间的相对位置分类　焊缝连接形式按被连接钢材的相互位置可分为平接、搭接、T形连接和角部连接四种，如图5-6所示。这些连接所采用的焊缝主要有对接焊缝和角焊缝。

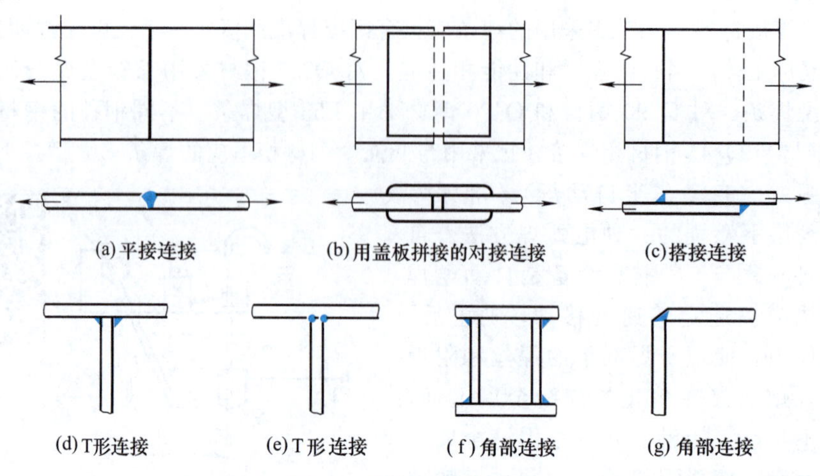

图 5-6 焊缝连接的形式

平接连接主要用于厚度相同或接近相同的两构件的相互连接。图 5-6（b）为采用对接焊缝的对接连接，由于相互连接的两构件在同一平面内，因而传力均匀平缓，没有明显的应力集中，且用料经济，但焊件边缘需要加工，被连接两板的间隙有严格的要求。

用双层盖板和角焊缝的对接连接，这种连接传力不均匀、费料，但施工简便，所连接两板的间隙大小无需严格控制。

用角焊缝的搭接连接，适用于不同厚度构件的连接。这种连接作用力不在同一直线上，材料较费，但构造简单，施工方便。

T 形连接省工省料，常用于制作组合截面。当采用角焊缝连接时焊件间存在缝隙，截面突变，应力集中现象严重，疲劳强度较低，可用于不直接承受动力荷载的结构中。对于直接承受动力荷载的结构，如重级工作制吊车梁，其上翼缘与腹板的连接，应采用图 5-6（e）所示的 K 形坡口焊缝进行连接。角部连接主要用于制作箱形截面。

（2）按焊缝的构造不同分类　依据焊缝构造不同（即焊缝本身的截面形式不同），可分为对接焊缝和角焊缝两种形式。按作用力与焊缝方向之间的关系，对接焊缝可分为对接正焊缝和对接斜焊缝；角焊缝可分为正面角焊缝和侧面角焊缝。

（3）按施焊时焊件之间的空间相对位置分类　依据相对位置不同可将焊缝分为平焊、竖焊、横焊和仰焊四种。平焊也称为俯焊，施焊条件最好，质量易保证；仰焊的施工条件最差，质量不易保证，在设计和制造时应尽量避免。

5.2.1.3　焊缝质量级别及检验

（1）焊缝缺陷　焊缝缺陷指焊接过程中产生于焊缝金属附近热影响区钢材表面或内部的缺陷。常见的缺陷有裂纹、焊瘤、烧穿、弧坑、气孔、夹渣、咬边、未熔合、未焊透，如图 5-7 所示，以及焊缝尺寸不符合要求、焊缝成形不良等。以上这些缺陷，一般都会引起应力集中削弱焊缝有效截面，降低承载能力，尤其是裂纹对焊缝的受力危害最大。产生裂纹的原因很多，如钢材的化学成分不当，焊接工艺条件（如电流、电压、焊速、施焊次序等）选择不合适，焊件表面油污未清除干净等，它会产生严重的应力集中，并易扩展引起断裂，按规定是不允许出现裂纹的。因此若发现有裂纹，应彻底铲除后补焊。

（2）焊缝质量检验　焊缝缺陷的存在将削弱焊缝的受力面积，在缺陷处引起应力集中，故对连接的强度、冲击韧性及冷弯性能等均有不利影响。因此，焊缝质量检验极为重要。

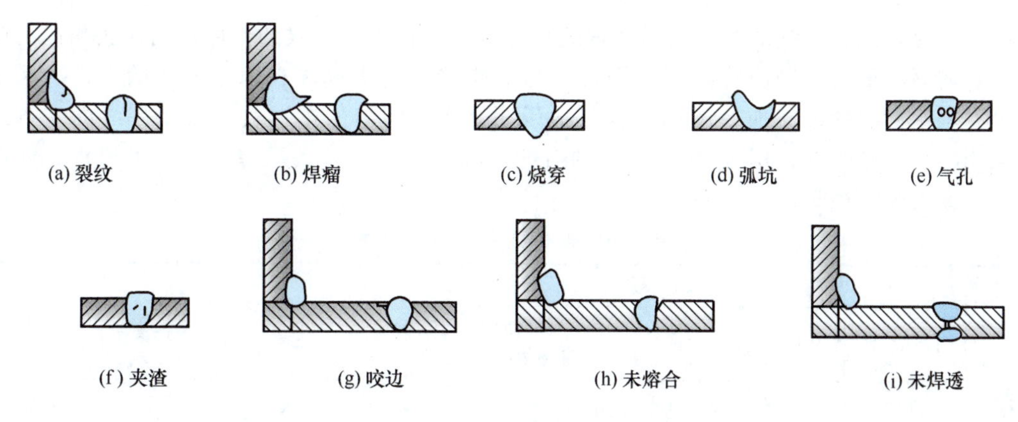

图 5-7　焊缝缺陷

焊缝质量检验一般可用外观检查及内部无损检验，前者检查外观缺陷和几何尺寸，后者检查内部缺陷。内部无损检验目前广泛采用超声波检验，使用灵活、经济，对内部缺陷反应灵敏，但不易识别缺陷性质。有时还用磁粉检验、荧光检验等较简单的方法作为辅助检验。当前采用的检验方法为 X 射线或 γ 射线透照或拍片，其中 X 射线应用较广。

《钢结构工程施工质量验收标准》(GB 50205—2020) 规定，焊缝按其检验方法和质量要求分为一级、二级和三级。三级焊缝只要求对全部焊缝作外观检查且符合三级质量标准。一级、二级焊缝则除外观检查外，还应采用超声波探伤进行内部缺陷的检验。超声波探伤不能对缺陷作出判断时，应采用射线探伤。一级焊缝超声波和射线探伤的比例均为 100%，二级焊缝超声波探伤和射线探伤的比例均为 20%且均不小于 200mm。当焊缝长度小于 200mm 时，应对整条焊缝探伤。探伤应符合《焊缝无损检测　超声检测 技术、检测等级和评定》(GB/T 11345—2013) 或《焊缝无损检测 射线检测 第 1 部分：X 和伽玛射线的胶片技术》(GB/T 3323.1—2019) 的规定。

钢结构中一般采用三级焊缝，便可满足通常的强度要求；但对接焊缝的抗拉强度有较大的变异性，《钢结构设计标准》(GB 50017—2017) 规定其设计值只为主体钢材的 85%左右。因而对有较大拉应力的对接焊缝以及直接承受动力荷载构件的较重要的对接焊缝，宜采用二级焊缝；对直接承受动力荷载和对疲劳性能有较高要求处可采用一级焊缝。

焊缝质量等级须在施工图中标注，但三级焊缝不需标注。

5.2.1.4　焊缝代号及标注方法

在钢结构施工图上的焊缝应采用焊缝符号表示，焊缝符号及标注方法应按《建筑结构制图标准》(GB/T 50105—2010) 和《焊缝符号表示法》(GB/T 324—2008) 中规定执行。

《焊缝符号表示法》(GB/T 324—2008) 规定：焊缝代号由引出线、图形符号和辅助符号三部分组成。如图 5-8 所示，引出线由横线和带箭头的斜线组成，箭头指到图形上的相应

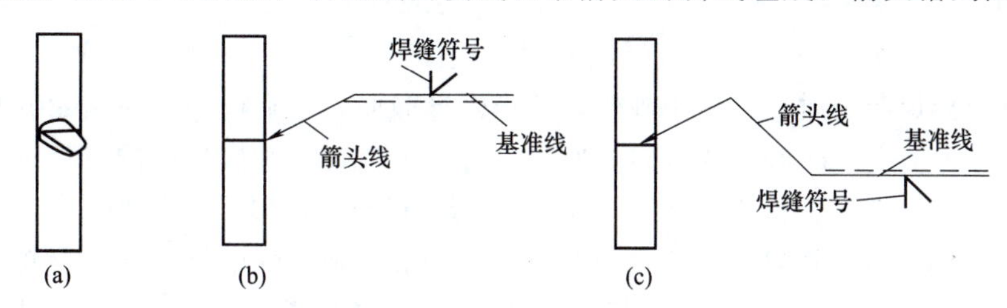

图 5-8　焊缝指引线表示方法

焊缝处，横线的上面和下面用来标注焊缝的图形符号和焊缝尺寸。当引出线的箭头指向焊缝所在的一面时，应将焊缝的图形符号和焊缝尺寸等标注在水平横线的上面；当箭头指向对应焊缝所在的另一面时，则应将焊缝的图形符号和焊缝尺寸等标注在水平横线的下面。必要时，可在水平横线的末端加一尾部作为其他说明之用。焊缝的图形符号表示焊缝的基本形式，如用◺表示角焊缝，用V表示V形的对接焊缝。辅助符号表示焊缝的辅助要求，如用◣表示现场安装焊缝等，详见表5-1。

表5-1 焊缝符号中的基本符号、辅助符号和补充符号

基本符号	名称	对接焊缝					角焊缝	塞焊缝与槽焊缝	点焊缝
		I形焊缝	V形焊缝	单边V形焊缝	带钝边的V形焊缝	带钝边的U形焊缝			
	符号	‖	V	/	Y	Y	◺	⊓	○

名称		示意图	符号	示例
辅助符号	平面符号		—	
	凹面符号		◡	
补充符号	三面围焊焊缝符号		⊏	

当焊缝分布比较复杂或上述标注方法不能表达清楚时，在标注焊缝代号的同时，可在图形上加栅线表示，如图5-9所示。

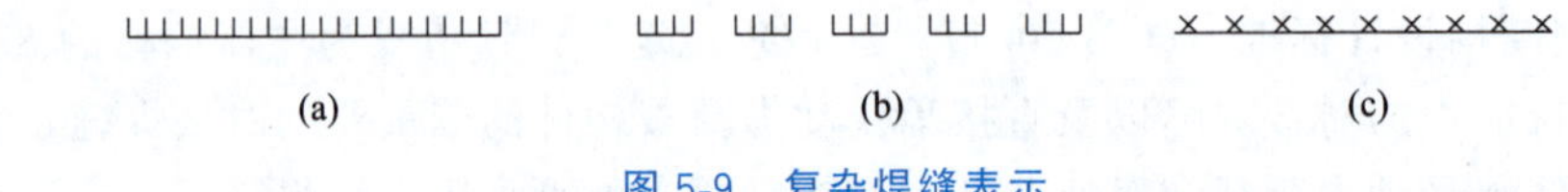

图5-9 复杂焊缝表示

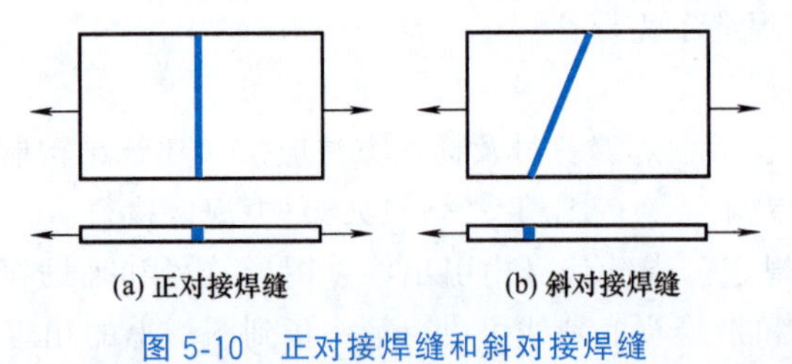

图5-10 正对接焊缝和斜对接焊缝

5.2.1.5 对接焊缝连接的构造

对接焊缝可分为焊透的和未焊透的两种焊缝。焊透的对接焊缝强度高，传力性能好，一般的对接焊缝多采用焊透的形式；未焊透的对接焊缝可按角焊缝来考虑，本书只讲述焊透的对接焊缝。

对接焊缝按受力方向分为正对接焊缝和斜对接焊缝，如图5-10所示。

为了保证对接焊缝的质量，便于施焊，减小焊缝截面，通常按焊件厚度及施焊的条件不同，将焊口边缘加工成不同形式的坡口，所以也称为坡口焊。对接焊缝的坡口形式如图5-11所示，可分为：直边缝I形、单边V形、双边V形、U形、K形、X形坡口等。

坡口形式取决于焊件厚度 t，当焊件厚度 $t \leqslant 10$mm时，可用直边缝；当焊件厚度 t 为10～20mm时，可用斜坡口的单边V形或V形焊缝；当焊件厚度 $t>20$mm时，则采用U

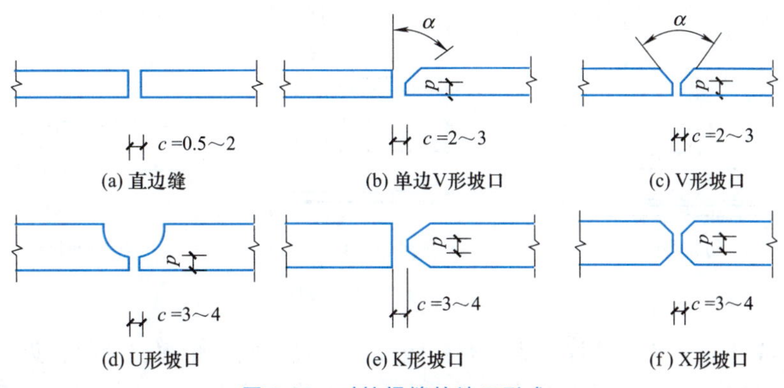

图 5-11　对接焊缝的坡口形式

形、K 形和 X 形坡口焊缝。对于 U 形焊缝和 V 形焊缝正面焊好后在背面要清底补焊，没有条件清根和补焊者要事先加垫板，工地现场的对接焊接多采用加垫板施焊的方法。埋弧焊的熔深较大，同样坡口形式的适用板厚 t 可适当加大，对接间隙 c 可稍小些，钝边高度 p 可稍大。对接焊缝坡口形式的选用，应根据板厚和施工条件按现行标准《气焊、焊条电弧焊、气体保护焊和高能束焊的推荐坡口》（GB/T 985.1—2008）和《埋弧焊的推荐坡口》（GB/T 985.2—2008）的要求确定。

在焊缝的起灭弧处，常会出现弧坑等缺陷，此处极易产生应力集中和裂纹，对承受动力荷载尤为不利，故焊接时对直接承受动力荷载的焊缝，必须采用引弧板，如图 5-12 所示，焊后将它割除。对受静力荷载的结构设置引弧板有困难时，允许不设置引弧板。在工厂钢板接长时，可首先对整板加引弧板对接焊接在一起，然后再根据构件的实际尺寸切割成不同宽度的板材。而对现场的焊缝除重要的结构一般不加引弧板施焊，在计算时应加以注意。

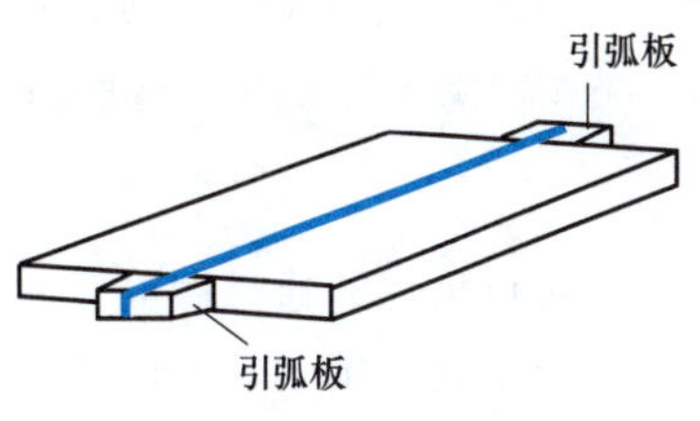

图 5-12　引弧板示意图

当对接焊缝拼接处的焊件宽度不同或厚度相差 4mm 以上时，应将较宽或较厚的板件的一侧或两侧，朝窄（薄）板方向加工成不大于 1∶4 坡度的斜坡，以使截面过渡缓和，传力平顺，减小应力集中。如果两钢板厚度相差小于 4mm 时，也可不做斜坡，直接用焊缝表面斜坡来找坡，焊缝的计算厚度等于较薄板的厚度。如图 5-13 所示。

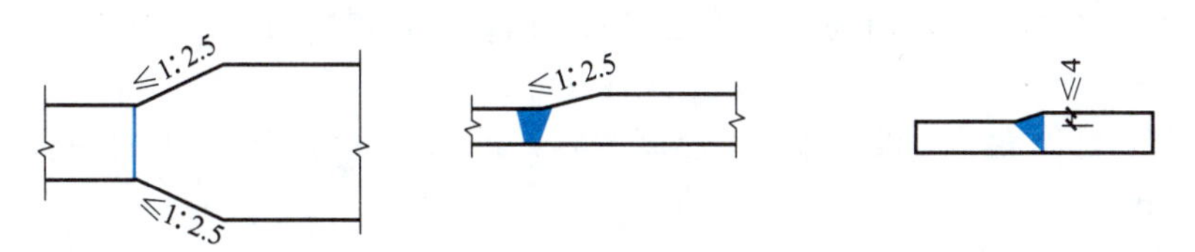

图 5-13　对接焊缝拼接处焊件宽度不同

当钢板在纵横两个方向都进行对接焊接时，可采用十字交叉焊缝或 T 形交叉焊缝；若为后者，两交叉点的距离口应不小于 200mm。

5.2.1.6　角焊缝连接的构造

（1）角焊缝的形式　角焊缝是最常用的焊缝。角焊缝按其与作用力的关系可分为：焊缝长度方向与作用力垂直的正面角焊缝，焊缝长度方向与作用力平行的侧面角焊缝以及斜焊缝。焊缝沿长度方向的布置分为连续角焊缝和间断角焊缝。如图 5-14 所示。

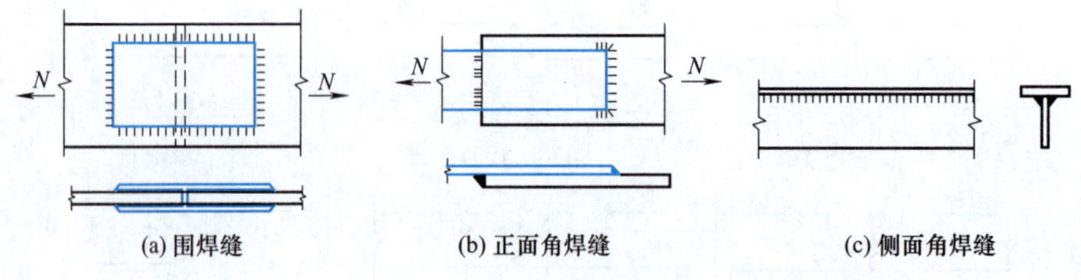

图 5-14　角焊缝示意图

连续角焊缝的受力性能较好，为主要的角焊缝形式。间断角焊缝的起、灭弧处容易引起应力集中，只能用于一些次要构件的连接或受力很小的连接中，重要结构应避免采用。间断角焊缝的间断距离 l 不宜过长，以免连接不紧密，潮气侵入引起构件锈蚀。一般在受压构件中应满足 $l \leqslant 15t$，在受拉构件中 $l \leqslant 30t$，t 为较薄焊件的厚度。

角焊缝按截面形式可分为直角角焊缝和斜角角焊缝，如图 5-15 所示。

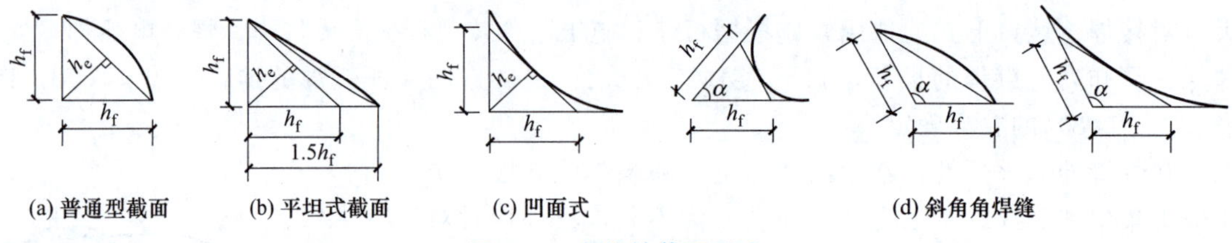

图 5-15　角焊缝截面形式

直角角焊缝通常做成表面微凸的等腰直角三角形截面。在直接承受动力荷载的结构中，为了减小应力集中，正面角焊缝的截面常采用如图 5-15（b）所示的平坦式截面；侧面角焊缝的截面则作成凹面式，如图 5-15（c）所示。

两焊脚边的夹角 $\alpha > 90°$ 或 $\alpha < 90°$ 的焊缝称为斜角角焊缝，见图 5-15（d）。斜角角焊缝常用于钢漏斗和钢管结构中，对于夹角 $\alpha > 120°$ 或 $\alpha < 60°$ 的斜角角焊缝，除钢管结构外，不宜用作受力焊缝。

（2）角焊缝的构造要求

① 最大焊脚尺寸。角焊缝的 h_f 过大，则焊接时热量输入过大，焊缝收缩时将产生较大的焊接残余应力和残余变形，且热影响区扩大易产生脆裂，较薄焊件易烧穿。板件边缘的角焊缝与板件边缘等厚时，施焊时易产生咬边现象。因此，角焊缝的 h_{fmax} 应符合以下规定：

$$h_{fmax} \leqslant 1.2t_{min}$$

t_{min} 为较薄焊件厚度。对板件边缘（厚度为 t_1）的角焊缝尚应符合下列要求：

当 $t_1 > 6$mm 时，$h_{fmax} = t_1 - (1 \sim 2)$mm；

当 $t_1 \leqslant 6$mm 时，$h_{fmax} = t_1$。

② 最小焊脚尺寸。如果板件厚度较大而焊缝焊脚尺寸过小，则施焊时焊缝冷却速度过快，可能产生淬硬组织，易使焊缝附近主体金属产生裂纹。因此，《钢结构设计标准》（GB 50017—2017）规定角焊缝的最小焊脚尺寸角 h_{fmin} 应满足：当母材厚度 $t \leqslant 6$mm 时，$h_f \geqslant 3$mm；当 $6\text{mm} < t \leqslant 12$mm，$h_f \geqslant 5$mm；当 $12\text{mm} < t \leqslant 20$mm，$h_f \geqslant 6$mm；当 $h > 20$mm 时，$h_f \geqslant 8$mm。其中，采用不预热的非低氢焊接方法进行焊接时，t 等于焊接连接部位中较厚件厚度，宜采用单道焊缝；采用预热的非低氢焊接方法或低氢焊接方法进行焊接时，t 等于焊接连接部位中较薄件厚度。

③ 最小焊缝长度。角焊缝的焊缝长度过短，焊件局部受热严重，且施焊时起落弧坑相距过近，再加上一些可能产生的缺陷使焊缝不够可靠。因此规定角焊缝的计算长度 $l_w \geqslant 8h_f$，且≥40mm。

④ 侧面角焊缝的最大计算长度。侧缝沿长度方向的剪应力分布很不均匀，两端大而中间小，且随焊缝长度与其焊脚尺寸之比的增大而更为严重。当焊缝过长时，其两端应力可能达到极限，而中间焊缝却未充分发挥承载力。因此，侧面角焊缝的计算长度应满足：$l_w \leqslant 60h_f$（承受静力荷载或间接承受动力荷载）或 $l_w \leqslant 40h_f$（直接承受动力荷载）。当侧缝的实际长度超过上述规定数值时，超过部分在计算中不予考虑。若内力沿侧缝全长分布时则不受此限制，例如工字形截面柱或梁的翼缘与腹板的角焊缝连接。

⑤ 在搭接连接中，为减小因焊缝收缩产生过大的焊接残余应力及因偏心产生的附加弯矩，要求搭接长度 $l \geqslant 5t_1$（t_1 为较薄构件的厚度）且≥25mm，如图 5-16 所示。

⑥ 板件的端部仅用两侧缝连接时如图 5-17 所示，为避免应力传递过于弯折而致使板件应力过分不均匀，应使 $l_w \geqslant b$；同时为避免因焊缝收缩引起板件拱曲变形过大，尚应使 $b \leqslant 16t$（当 $t > 12$mm 时）或 $b \leqslant 200$mm（当 $t \leqslant 12$mm 时）。若不满足此规定则应加焊端缝。

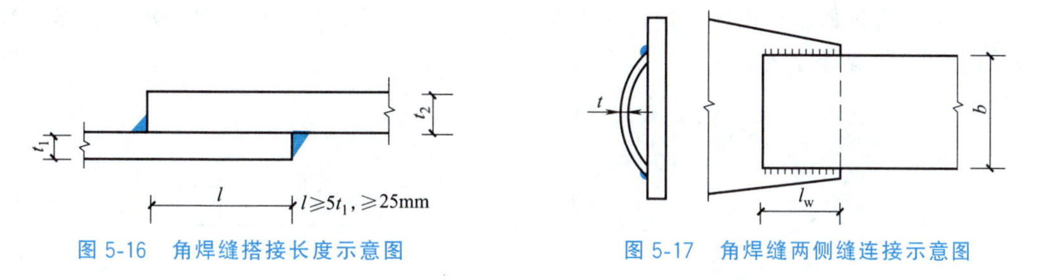

图 5-16 角焊缝搭接长度示意图　　图 5-17 角焊缝两侧缝连接示意图

⑦ 当角焊缝的端部在构件的转角处时，为避免起落弧缺陷发生在应力集中较严重的转角处，宜作长度为 $2h_f$ 的绕角焊，如图 5-18 所示，且转角处必须连续施焊，以改善连接的受力性能。

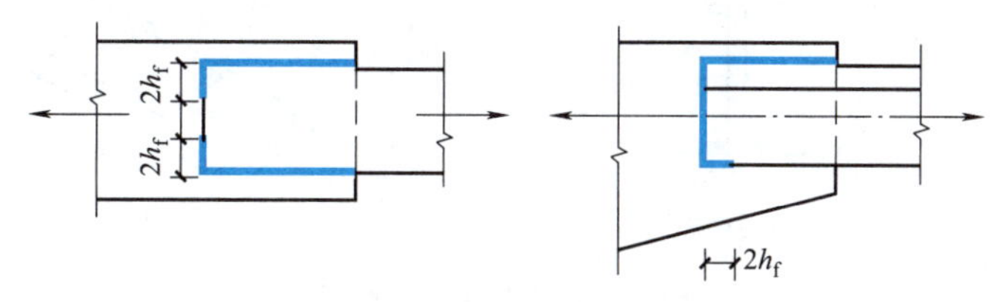

图 5-18 角焊缝绕角焊示意图

5.2.1.7 **焊接应力和焊接变形**

钢结构在施焊过程中，会在焊缝及附近区域局部范围内加热至钢材熔化再冷却凝结，焊缝周围区域温度急剧升降。这样焊缝各部分之间热胀冷缩的不同步及不均匀，将使结构在受外力作用之前就在局部形成变形和应力，称为焊接残余变形和焊接残余应力。见图 5-19。

焊接残余变形和焊接残余应力将影响结构的工作，使构件安装困难，严重时甚至无法使用。焊接残余应力虽然不会降低结构在静力荷载作用下的承载力，但它会使结构的刚度和稳定性下降，引起低温冷脆和抗疲劳强度降低。

例如两块钢板用 V 形坡口焊缝连接，在焊缝连接过程中，焊缝金属被加热到熔融状态时，完全处于塑性状态，两块钢板处于一个平面。此后，熔融金属逐渐冷却、收缩，由于 V

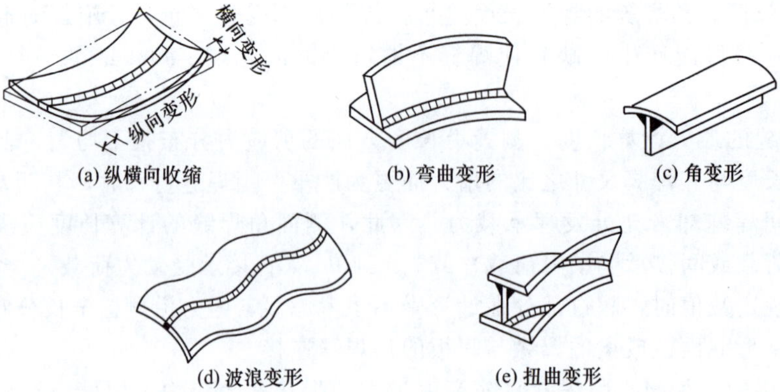

横向变形
纵向变形

(a) 纵横向收缩 (b) 弯曲变形 (c) 角变形

(d) 波浪变形 (e) 扭曲变形

图 5-19 焊接残余变形

5.3 焊接残余变形

形坡口焊缝靠外圈金属较长，收缩量较大，而靠内圈金属相对较短，其收缩量小，因此，冷却凝固后，钢板两端就会因外圈收缩较大而翘曲，钢板不再保持原有的平面。

为减少和限制焊接残余应力和焊接残余变形，在设计和制作过程中必须考虑残余变形和残余应力对结构的不利影响，工艺制作上应采取必要措施。

（1）采取合理的施焊次序。钢板对接焊接时可采用分段施焊，厚焊缝采用分层焊，工字形截面按对角跳焊等方法，如图 5-20 所示。

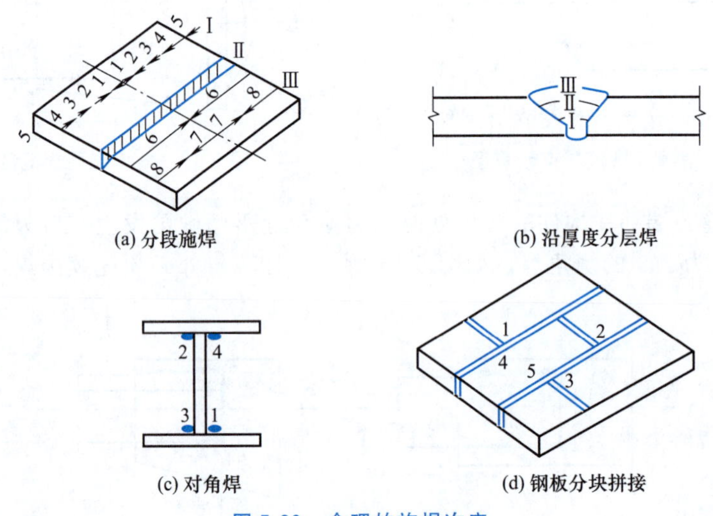

(a) 分段施焊 (b) 沿厚度分层焊

(c) 对角焊 (d) 钢板分块拼接

图 5-20 合理的施焊次序

（2）采用反变形。施焊前给构件以一个与焊接变形反方向的预变形，使之与焊接所引起的变形相抵消，从而达到减小焊接变形的目的。如图 5-21 所示。

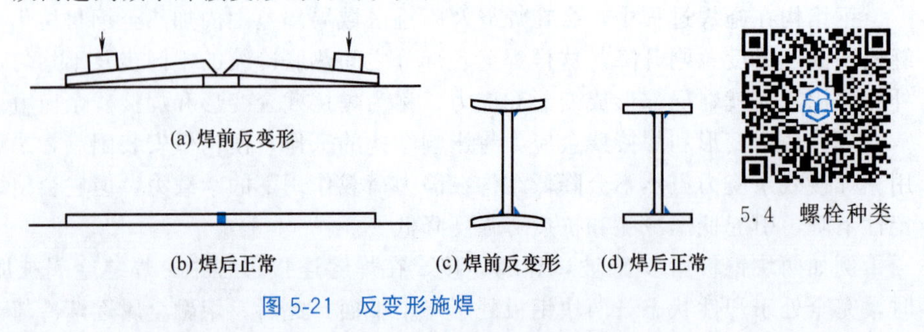

(a) 焊前反变形

(b) 焊后正常 (c) 焊前反变形 (d) 焊后正常

图 5-21 反变形施焊

5.4 螺栓种类

（3）小尺寸焊件。对于小构件可在焊前预热或焊后回火加热至600℃左右，然后缓慢冷却，可以消除焊接应力和焊接变形。

（4）尽可能采用对称焊缝，焊缝厚度不宜太大。

5.2.2　螺栓连接

5.2.2.1　普通螺栓连接的构造

（1）螺栓的规格。钢结构采用的普通螺栓形式为大六角头型，其代号用字母 M 和公称直径的毫米数表示。为制造方便，一般情况下，同一结构中宜尽可能采用一种栓径和孔径的螺栓，需要时也可采用 2 种或 3 种螺栓直径。螺栓直径 d 根据整个结构及其主要连接的尺寸和受力情况选定，受力螺栓一般采用 M16 以上，建筑工程中常用 M16、M20、M24 等。

钢结构施工图的螺栓和螺栓孔的制图应符合表 5-2 的要求，其中细“+”线表示定位线，同时应标注或统一说明螺栓的直径和孔径。

表 5-2　螺栓及螺栓孔图例

名称	永久螺栓	高强度螺栓	安装螺栓	圆形螺栓孔	长圆形螺栓孔
图例				ϕ	b　ϕ

（2）螺栓的排列。螺栓的排列有并列和错列两种基本形式，如图 5-22 所示。并列较简单，但栓孔对截面削弱较多；错列较紧凑，可减少截面削弱，但排列较繁杂。

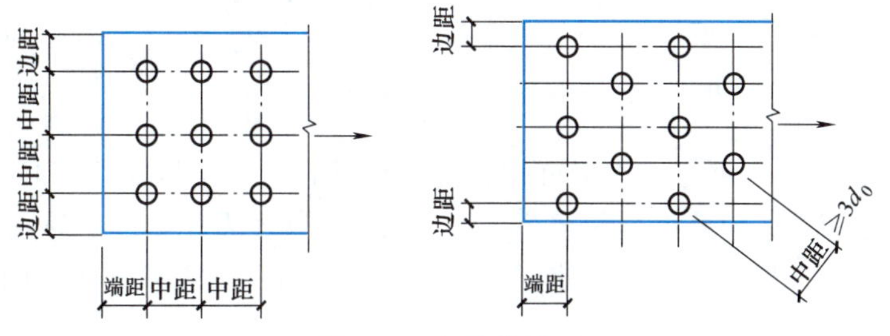

图 5-22　螺栓的排列

螺栓在构件上的排列、螺栓间距及螺栓至构件边缘的距离不应太小，否则螺栓之间的钢板以及边缘处螺栓孔前的钢板可能沿作用力方向被剪断；同时，螺栓间距及边距太小，也不利扳手操作。另一方面，螺栓的间距及边距也不应太大，否则连接钢板不易夹紧，潮气容易侵入缝隙引起钢板锈蚀。对于受压构件，螺栓间距过大还容易引起钢板鼓曲。因此，《钢结构设计标准》（GB 50017—2017）根据螺栓孔直径、钢材边缘加工情况（轧制边、切割边）及受力方向，规定了螺栓中心间距及边距的最大、最小限制，见表 5-3。

对于角钢、工字钢和槽钢上的螺栓排列，除应满足表 5-3 要求外，还应注意不要在靠近截面倒角和圆角处打孔，还应分别符合规范规定值的要求，如图 5-23 所示。

（3）螺栓连接的构造要求。螺栓连接除了满足上述螺栓排列的允许距离外，根据不同情况尚应满足下列构造要求：

表 5-3 螺栓的最大、最小允许距离

名称	位置和方向			最大允许距离（取两者的较小值）	最小允许距离
中心间距	外排（垂直内力方向或顺内力方向）			$8d_0$ 或 $12t$	$3d_0$
	中间排	垂直内力方向		$16d_0$ 或 $24t$	
		顺内力方向	压力	$12d_0$ 或 $18t$	
			拉力	$16d_0$ 或 $24t$	
	沿对角线方向			—	
中心至构件边缘距离	顺内力方向			$4d_0$ 或 $8t$	$2d_0$
	垂直内力方向	剪切边或手工气割边			$1.5d_0$
		轧制边自动精密气割或锯割边	高强度螺栓		
			其他螺栓或铆钉		$1.2d_0$

注：1. d_0 为螺栓或铆钉孔直径，t 为外层较薄板件的厚度。
2. 板边缘与钢性构件（如角钢、槽钢等）相连的螺栓的最大间距，可按中间的数值采用。

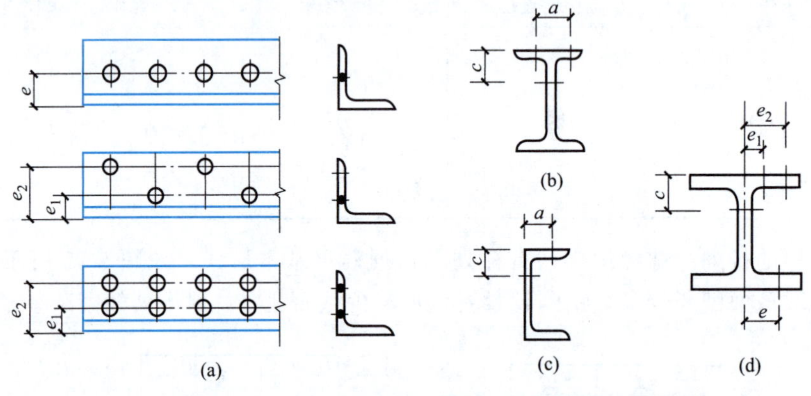

图 5-23 角钢、工字钢和槽钢上的螺栓排列

① 为了使螺栓的传力更好，连接可靠，每一杆件在节点上以及拼接接头的一端，永久性螺栓数不宜少于两个，但根据实践经验，组合构件的缀条及钢梁的隅撑其端部可采用一个螺栓。在螺栓设计中，螺栓的排列应使连接紧凑，节省材料，方便施工，间距宜为 5mm 的倍数。

② 对直接承受动力荷载的普通螺栓连接应采用双螺帽或其他防止螺帽松动的有效措施。例如采用弹簧垫圈，或将螺帽和螺杆焊死等方法。

③ 由于 C 级螺栓与孔壁有较大间隙，只宜用于沿其杆轴方向受拉连接。承受静力荷载结构的次要连接、可拆卸结构的连接和临时固定构件用的安装连接，也可用 C 级螺栓受剪。但在重要的连接中，例如制动梁或吊车梁上翼缘与柱的连接，由于传递制动梁的水平支承反力，同时受到反复动力荷载作用，不得采用 C 级螺栓。

5.2.2.2 高强度螺栓连接的构造

（1）高强度螺栓连接的种类与构造　高强度螺栓连接按其受力特征分为摩擦型连接和承压型连接两种。摩擦型高强度螺栓连接是依靠连接件之间的摩擦阻力传递内力，设计时以剪力达到板件接触面间可能发生的最大摩擦阻力为极限状态。承压型高强度螺栓连接在受剪时允许摩擦力被克服并发生相对滑移，之后外力可继续增加，由栓杆抗剪或孔壁承压的最终破坏为极限状态。承压型的承载力比摩擦型高得多，但变形较大，不适用于承受动力荷载结构的连接，在受拉时，两者没有区别。我国在建筑工程上常用摩擦型高强度螺栓连接。

高强度螺栓的构造和排列要求，除栓杆与孔径的差值较小外，与普通螺栓相同。高强度螺栓的螺孔一般采用钻成孔，摩擦型高强度螺栓因受力时不产生滑移，其孔径比螺栓公称直径可稍大些，一般采用 1.5mm（≤M16）或 2mm（≥M20）；承压型高强度螺栓则应比摩擦型减少 0.5mm，一般为 1.0mm（≤M16）或 1.5mm（≥M20）。

高强度螺栓的材料和性能等级。高强度螺栓和与之配套的螺母和垫圈合称连接副，其所用材料一般为热处理低合金钢或优质碳素钢。根据材料抗拉强度和屈强比值的不同，高强度螺栓被分为 10.9 级和 8.8 级两种。其中整数部分 10 和 8 表示螺栓成品的抗拉强度 f_u 不低于 $1000N/mm^2$ 和 $800N/mm^2$，小数部分 0.9 和 0.8 则表示其屈强比 f_y/f_u 为 0.9 和 0.8。

10.9 级的高强度螺栓材料可用 20MnTiB（20 锰钛硼）、40B（40 硼）和 35VB（35 钒硼）钢；8.8 级的高强度螺栓材料则常用 45 钢和 35 钢。螺母常用 45 钢、35 钢和 15MnVTi（15 锰钒钛）钢；垫圈常用 45 钢和 35 钢。螺栓、螺母、垫圈制成品均应经过热处理以达到规定的指标要求。

（2）高强度螺栓的紧固法　我国现有大六角头型和扭剪型两种型式的高强度螺栓，如图 5-24 所示。它们的预拉力是安装螺栓时通过紧固螺帽来实现的，为确保其数值准确，施工时应严格控制螺母的紧固程度。通常有转角法、力矩法和扭掉螺栓尾部梅花卡头三种紧固方法。大六角头型用前两种，扭剪型用后者。

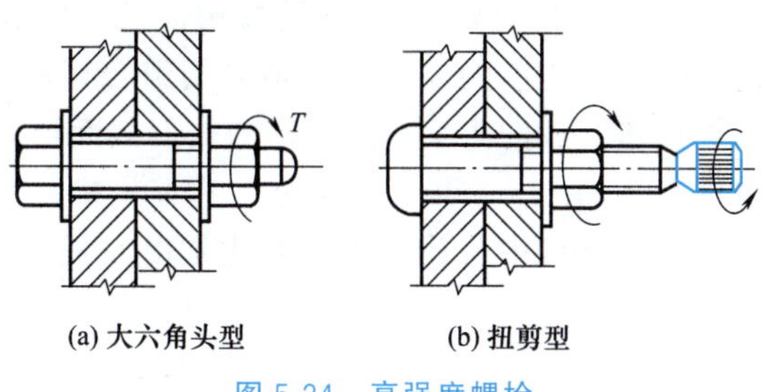

图 5-24　高强度螺栓

5.5　钢结构高强度螺栓连接紧固方法

转角法：先用普通扳手进行初拧，使被连接板件相互紧密贴合，再以初拧位置为起点，按终拧角度，用长扳手或风动扳手旋转螺母，拧至该角度值时，螺栓的拉力即达到施工控制预拉力。此法实际上是通过螺栓的应变来控制预拉力，不须专用扳手，工具简单但不够精确。

力矩法：先用普通扳手初拧（不小于终拧扭矩值的 50%），使连接件紧贴，然后按 100%拧紧力矩用电动扭矩扳手终拧。拧紧力矩可由试验确定，务必使施工时控制的预拉力为设计预拉力的 1.1 倍。此法简单，易实施、费用少，但由于连接件和被连接件的表面质量和拧紧速度的差异，测得的预拉力值误差大且分散，一般误差为±25%。

扭掉螺栓尾部梅花卡头法：利用特制电动扳手的内外套，分别套住螺杆尾部的卡头和螺母，通过内外套的相对旋转，对螺母施加扭矩，最后螺杆尾部的梅花卡头被剪断扭掉。由于螺栓尾部连接一个截面较小的带槽沟的梅花卡头，而槽沟的深度是按终拧扭矩和预拉力之间的关系确定的，故当这带槽沟的梅花卡头被扭掉时，即达到规定的预拉力值。此法安装简便，强度高，质量易于保证，可单面拧，对操作人员无特殊要求。

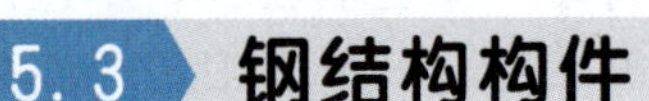

5.3 钢结构构件

5.3.1 钢结构梁

梁是典型的受弯构件，承受横向荷载作用。钢梁按照使用功能，可分为楼盖梁、屋盖梁、车间的工作平台梁及墙梁、吊车梁、檩条等；按照支承情况可分为简支梁、连续梁、伸臂梁和框架梁等；按受力不同可分单向弯曲梁和双向弯曲梁，平台梁、楼盖梁等属于单向弯曲梁，吊车梁、檩条、墙梁等则属于双向弯曲梁；按截面形式不同，可分为型钢截面和组合截面两大类，如图 5-25 所示。

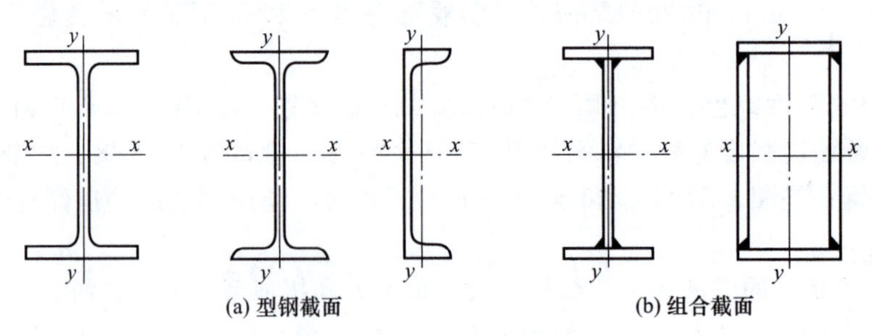

图 5-25 钢结构梁的截面

型钢梁制造简单，成本较低，应优先采用。工字型钢、H 型钢常用于单向受弯构件，而槽钢、Z 型钢、C 型钢常用于墙梁、檩条等双向受弯构件。当梁的跨度或荷载过大时，现有的型钢规格将不能满足梁强度、刚度的要求，必须采用组合截面梁。大跨度的楼盖主梁、重型吊车梁等常采用钢板焊接组合成的工字形或封闭的箱形截面形式。

钢结构中常常采用纵横交叉的主、次梁组成梁格，再在梁格上铺设面板，形成承重结构体系，如屋盖、楼盖等。在这种结构中荷载的传递方式是由面板到次梁，次梁再传给主梁，主梁传给柱或墙，最后传给基础。

5.3.1.1 梁的加劲肋

钢结构组合梁一般由翼缘板和腹板等板件组成，薄板在压应力、剪应力作用下会产生出平面的波形鼓曲，这种现象称为板的屈曲（梁的局部失稳），如图 5-26 所示。

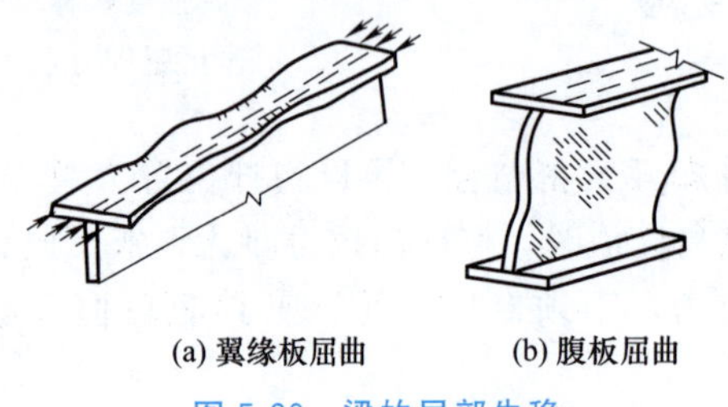

图 5-26 梁的局部失稳

可以通过增大板的厚度或减小板的周边尺寸实现。翼缘的局部稳定通过限制板件宽厚比来保证；对腹板的局部稳定，通过增加厚度来减小高厚比，以提高其局部稳定承载能力的方法显然不够经济。通常采用设置加劲肋的方法将腹板划分成若干个小区格，以减小板的周边尺寸来提高抵抗局部失稳的能力。加劲肋有横向加劲肋、纵向加劲肋和短加劲肋，如图 5-27 所示。

横向加劲肋垂直梁跨度方向每隔一定距离设置。横向加劲肋对防止剪应力和局部压应力引起的屈曲最有效。纵向加劲肋在腹板受压区沿梁跨度方向布置。纵向加劲肋的设置对弯曲压应力引起的屈曲最有效。短加劲肋在上翼缘受到的局部压应力很大时才需设置，作用是防止局部压应力引起较大范围屈曲。

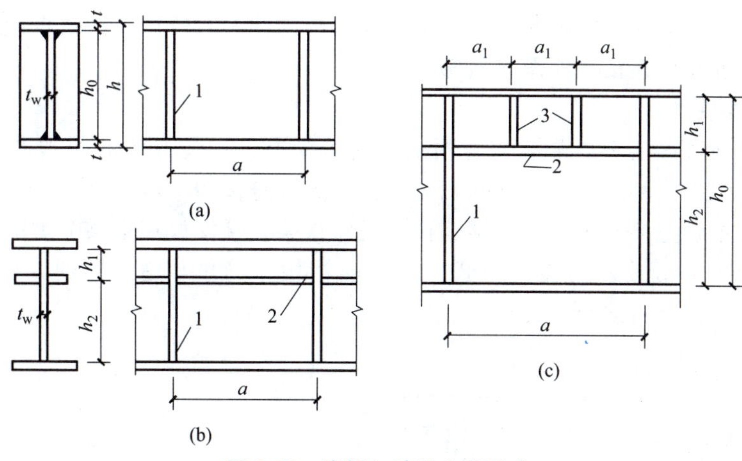

图 5-27　腹板加劲肋布置形式

1—横向加劲肋；2—纵向加劲肋；3—短加劲肋

加劲肋一般用钢板制成，对于大型梁也可用角钢做成。加劲肋宜在钢板两侧成对配置，也可单面配置。但支承加劲肋和重级工作制吊车梁的加劲肋不应单侧配置。

5.3.1.2　梁的拼接

梁的拼接一般为接长，分为工厂拼接和工地拼接。

(1) 工厂拼接　受钢板规格限制，需将钢板接宽、接长，这些工作一般在工厂完成，因此称为工厂拼接。为避免焊缝过于密集带来的不利影响，翼缘和腹板的拼接位置应错开，并且不得与加劲肋和次梁重合。腹板拼接焊缝与加劲肋的距离至少为 $10t_w$，如图 5-28 所示。工厂拼接的焊缝一般采用设置引弧板的对接直焊缝，三级受拉焊缝计算不满足时，可将拼接位置移到受力较小处或改用对接斜焊缝。

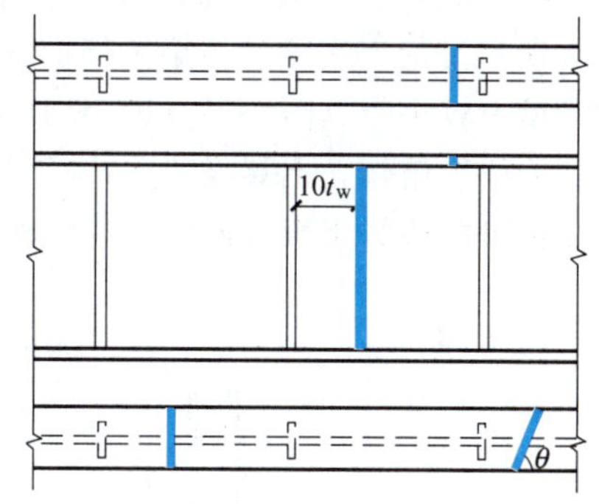

图 5-28　工厂拼接

(2) 工地拼接　工地拼接时受运输或安装条件限制，将大型梁在工厂做成几段（运输单元或安装单元）再在工地拼接成整体。工地拼接分为焊缝连接和高强度螺栓连接。

采用焊缝连接时，运输单元端部常做成图 5-29 所示的形式。图 5-29 (a) 的形式便于运输，缺点是焊缝过于集中，易产生较大的应力集中。施焊时可采用跳跃施焊的顺序以缓解应力集中。如图 5-29 (b) 所示，翼缘与腹板不在同一截面上，受力较好，但运输时端头突出部位易损坏，须加以保护。两种拼接的上、下翼缘对接焊缝应开坡口。运输单元端部翼缘与腹板间的焊缝留出约 500mm，待对接焊缝完成以后再焊。

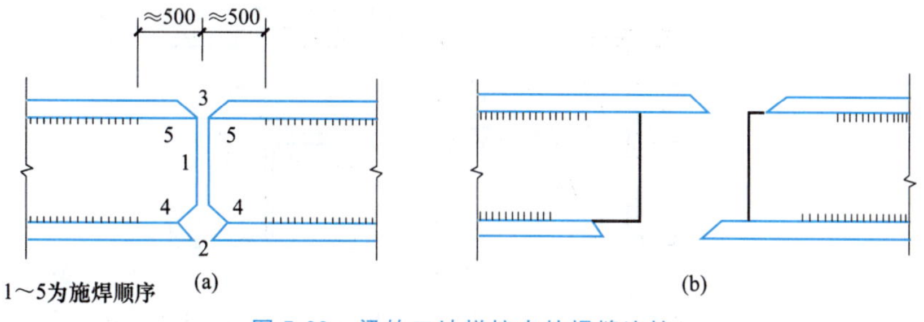

图 5-29　梁的工地拼接中的焊缝连接

焊缝连接受工地施焊条件限制，质量不宜保证。因此，对较重要的或直接承受动力荷载的梁宜采用高强度螺栓连接，如图 5-30 所示。

5.3.1.3 梁的连接

梁的连接必须遵循安全可靠、传力明确、制造简单、安装方便的原则。从受力角度区分，梁的连接分为铰接和刚接。按梁的相对位置可分为叠接和平接。

（1）次梁与主梁叠接　次梁与主梁叠接，是将次梁直接安放在主梁上，用焊缝或者螺栓相连。如图 5-31 所示是常见的叠接形式。这种连接构造简单，施工方便，次梁可以简支，也可以连续。但结构所占空间较大。

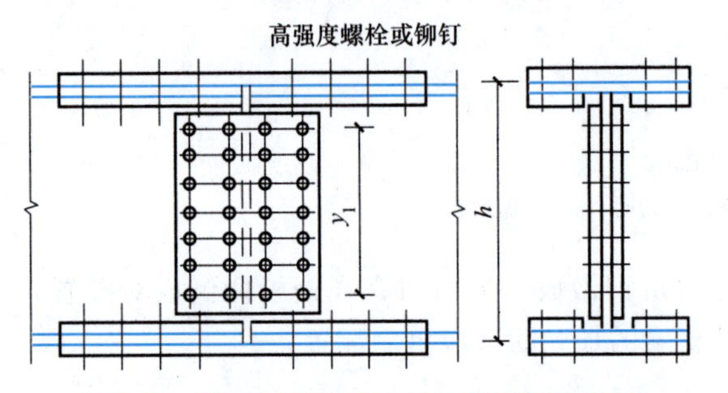

图 5-30　梁的工地拼接中的高强度螺栓连接

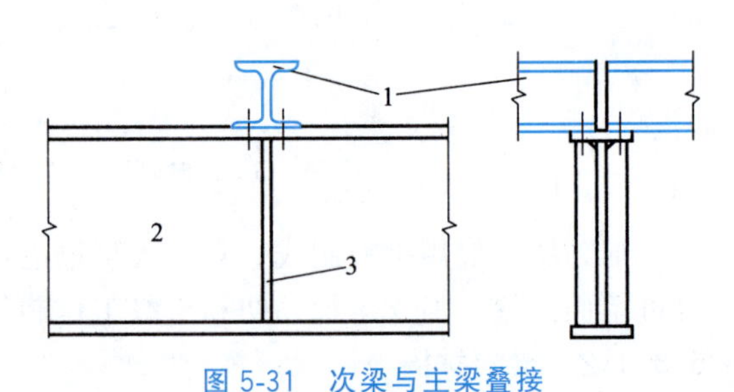

图 5-31　次梁与主梁叠接

1—次梁；2—主梁；3—加劲肋

（2）次梁与主梁平接　平接是将次梁从侧面连接于主梁上，可节约建筑空间。如图 5-32 所示是简支次梁与主梁平接的形式。图 5-32（a）为次梁直接连接于加劲肋上，适用于次梁反力较小时。图 5-32（b）适用于次梁反力较大时，次梁放在焊于主梁的支托上。

为便于俯焊，上翼缘的连接板比上翼缘略窄，下翼缘的连接板比下翼缘略宽。下翼缘的连接板可两块焊于腹板两侧。连续次梁与主梁的平接见图 5-33。

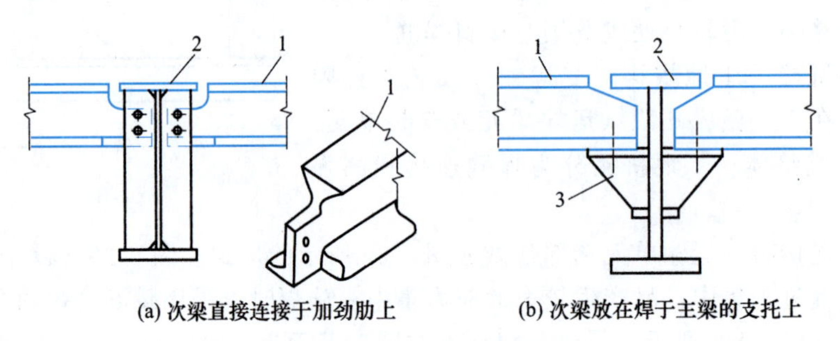

(a) 次梁直接连接于加劲肋上　(b) 次梁放在焊于主梁的支托上

图 5-32　简支次梁与主梁平接

1—次梁；2—主梁；3—承托

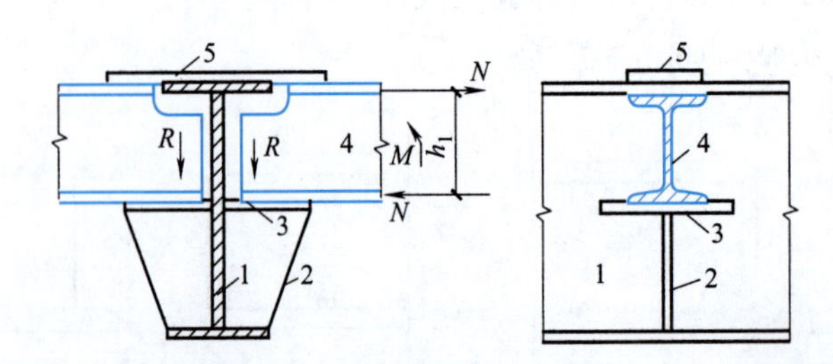

图 5-33　连续次梁与主梁平接

1—主梁；2—承托竖板；3—承托顶板；4—次梁；5—次梁上翼缘连接板

5.3.2 钢结构柱

钢结构的柱可分为轴心受压柱和偏心受压柱。框架柱、工作平台柱是用于支承上部结构的受压构件，若只承受轴心压力作用时，习惯上称为轴心受压柱，如图 5-34 所示。当作用在构件上的轴向力 N 作用线与构件的截面形心线不重合时，或既有轴向力 N 作用又有弯矩 M 作用时，构件将受到偏心力的作用，称为偏心受压构件，如框架结构的边柱等，见图 5-35。

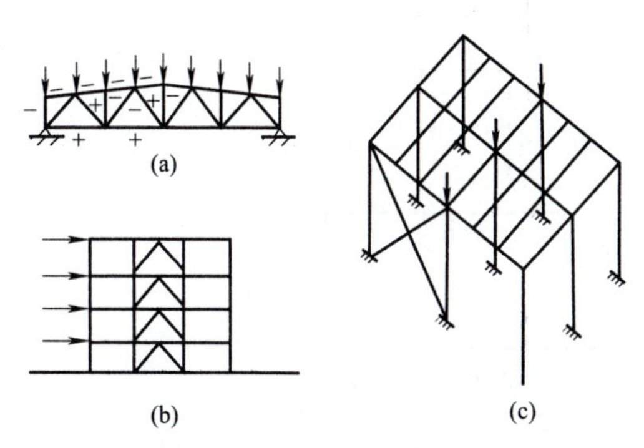

图 5-34　轴心受力构件示例

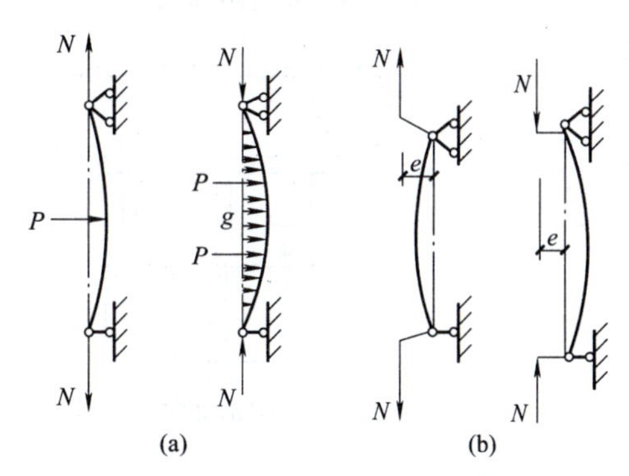

图 5-35　拉弯构件和压弯构件

5.3.2.1 截面形式和分类

截面形式分为型钢截面和组合截面。型钢截面有圆钢、圆管、角钢、槽钢、工字型钢、H 型钢、剖分 T 型钢等，如图 5-36 所示。型钢截面制造简单，省时省工，适用于受力较小的构件。组合截面又可分为实腹式组合截面和格构式组合截面。组合截面形状、尺寸不受限制，可以节约用钢，但费工费时，适用于受力较大的构件。

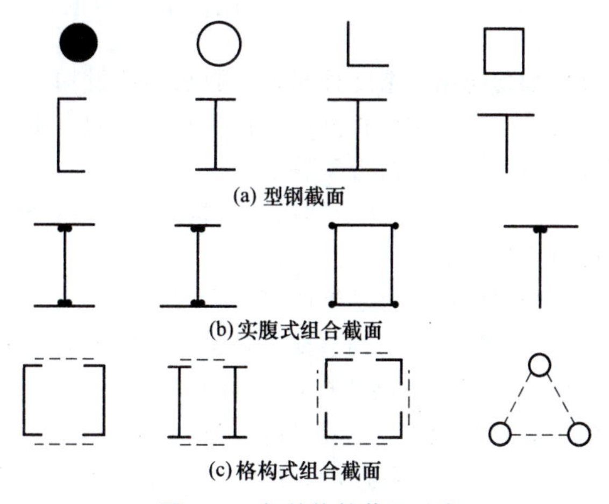

图 5-36　钢结构柱截面形式

5.3.2.2 轴心受压柱的柱头

柱头是指梁与柱的连接部分，承受梁传来的荷载并将其传给柱身。轴心受压柱的柱头只承受轴心压力而无弯矩作用，因此梁与柱采用铰接连接。下面介绍几种常见的柱头构造。

（1）柱顶支承梁的构造　如图 5-37（a）所示是一种最简单的柱头形式。柱顶上焊接一矩形顶板（一般取 16～20mm 厚），顶板上直接搁置梁，梁与顶板用普通螺栓连接。

应注意使梁端的支承加劲肋对准柱翼缘，这样梁的大部分反力将通过支承加劲肋及垫板直接传给柱翼缘。为便于安装，相邻梁之间留出一定的缝隙，待梁安装就位后用连接板与构造螺栓将两侧梁相连，以防止单个梁倾斜。这种连接传力明确，构造简单，施工方便，适用于两相邻梁传来压力相差不大的情况，当两相邻梁传来压力相差较大时，会引起柱偏心受压，一侧梁传来压力很大时还可能引起柱翼缘局部屈曲。

如图 5-37（b）所示将梁端部的凸缘支承加劲肋刨平顶紧于柱中心处的加劲肋支座板上，支座板与顶板用焊缝连接或刨平顶紧。两相邻梁的空隙待梁调整好后嵌入填板，填板与

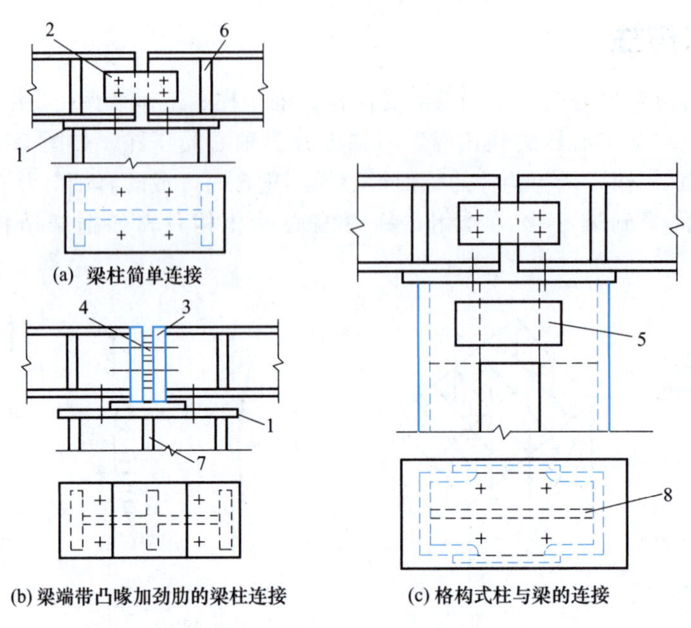

图 5-37　柱顶支承梁的构造

1—顶板；2—连接板；3—凸缘支承加劲肋；4—填板；5—缀板；
6—梁端加劲肋板；7—柱腹板；8—分肢间的支承加劲肋

两梁的加劲肋用构造螺栓相连。腹板两侧设加劲肋，加劲肋与腹板焊缝连接，与顶板刨平顶紧，可以起到加强腹板并防止柱顶板弯曲的作用。这种连接形式即使两相邻梁传来的压力相差较大时，柱也能接近于轴心受压。

如图 5-37（c）所示适用于格构式轴心受压柱，柱顶必须设置缀板，同时分肢间的顶板下面也应设置加劲肋。

柱的顶板应具有足够刚度，厚度一般取 20mm 左右。顶板与柱身、加劲肋与柱身的连接焊缝应满足计算与构造要求，刨平顶紧处应满足局部承压要求。

（2）柱侧支承梁的构造　如图 5-38（a）所示，柱两侧焊接 T 形牛腿，梁直接搁置在牛腿上，调整就位后，梁与柱身间缝隙嵌入填板，并用构造螺栓连接柱身与梁。或者梁与柱身用小角钢和构造螺栓连接，这种连接方式构造简单，适用于梁反力较小的情况。如图 5-38（b）所示柱两侧焊接厚钢板做承托，梁的突缘支承加劲肋刨平顶紧于承托上，适用于梁反力较大的情况。

两梁反力相差较大时必须采用图 5-38（c）所示的形式，以保证柱轴心受压。

5.3.2.3　偏压柱的柱头

框架柱的柱头同样有铰接和刚接两种，比较常用的是刚节点。这种连接要求能可靠地将梁的弯矩和剪力传给柱身，因此刚节点对制造和安装的要求都较高，施工复杂。如图 5-39 所示为几种常见的刚性连接。

5.3.2.4　轴压柱的柱脚

柱脚的作用是将柱身的压力传给基础，并和基础牢固连接。轴心受压柱的柱脚主要采用铰接形式，如图 5-40 所示。图 5-40（a）称为平板式柱脚，是一种最简单的构造形式。适用于柱轴力很小时，柱身的压力经过焊缝传给底板，底板将其传给基础。图 5-40（b）除底板外，又增加了靴梁、隔板和肋板等构件，适用于柱轴力较大时。柱身的压力经过竖向焊缝传

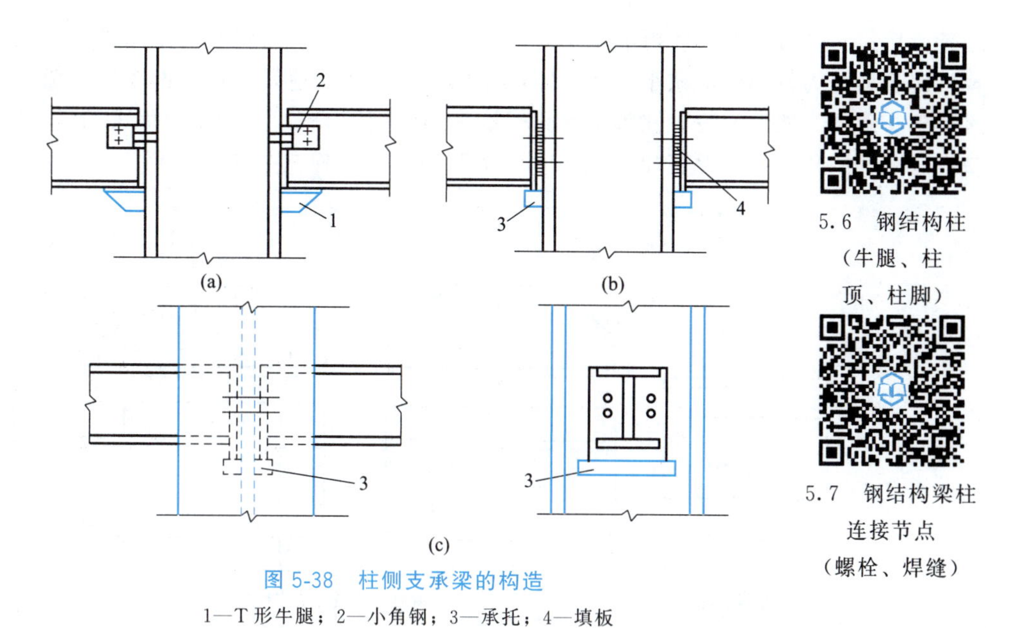

图 5-38　柱侧支承梁的构造

1—T 形牛腿；2—小角钢；3—承托；4—填板

5.6　钢结构柱（牛腿、柱顶、柱脚）

5.7　钢结构梁柱连接节点（螺栓、焊缝）

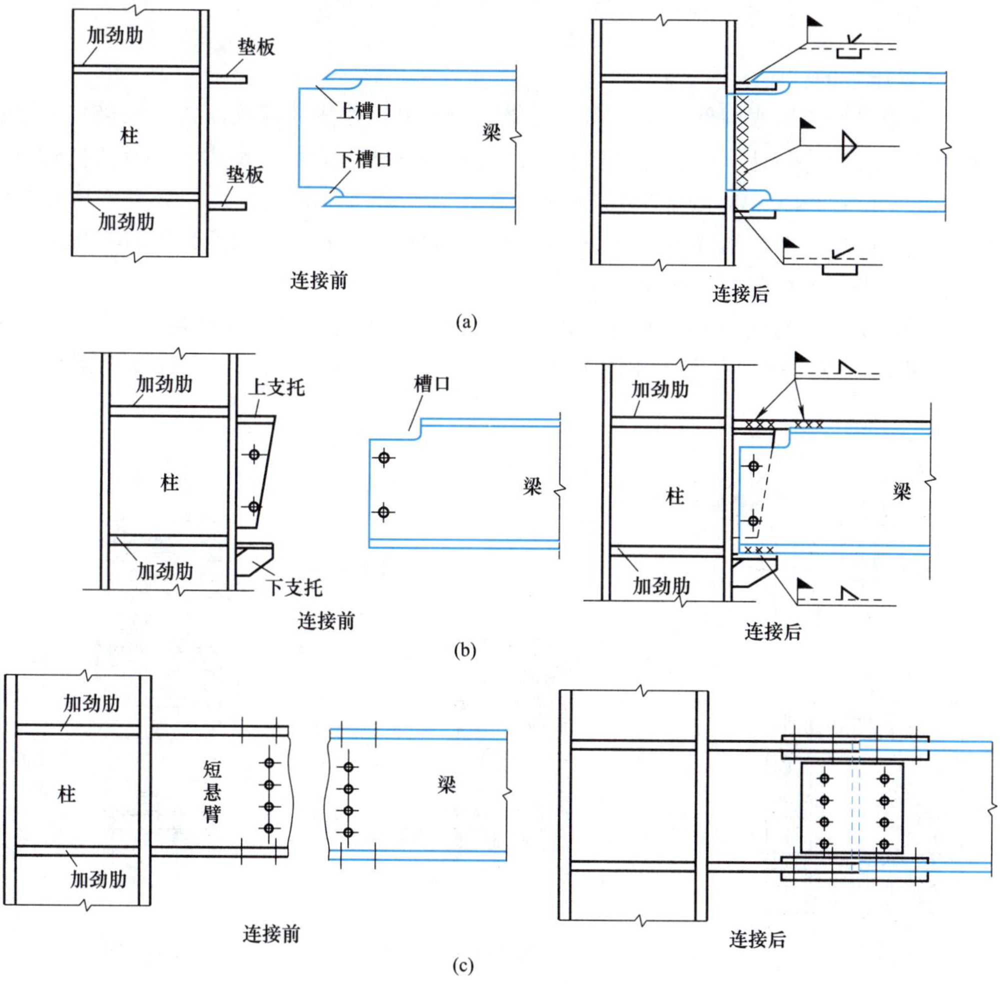

加劲肋　垫板　柱　垫板　加劲肋　上槽口　下槽口　梁

连接前　连接后

(a)

加劲肋　上支托　柱　加劲肋　下支托　槽口　梁　加劲肋　柱　梁　加劲肋

连接前　连接后

(b)

加劲肋　柱　短悬臂　加劲肋　梁

连接前　连接后

(c)

图 5-39　梁柱刚性连接

给靴梁后，再经过靴梁与底板的水平焊缝传给底板，最后底板将其传给基础。隔板和肋板起着将底板划分为较小区格减小底板弯矩的作用。一般按构造要求设置两个柱脚锚栓，将柱脚固定于基础。为便于安装，柱脚锚栓孔径取为锚栓直径的1.5～2倍或做U形缺口，待柱调整就位后再用孔径比锚栓直径大1～2mm的垫板套住锚栓并与底板焊牢。

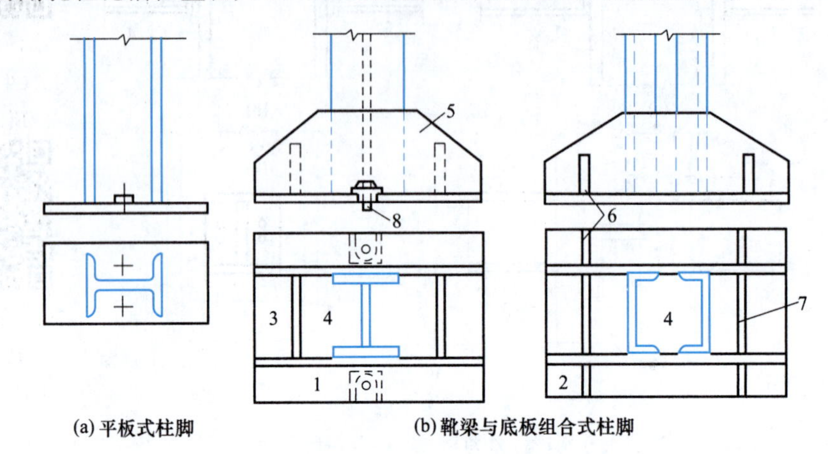

(a) 平板式柱脚　　(b) 靴梁与底板组合式柱脚

图5-40　轴压柱的柱脚构造

1—悬臂板；2—二边支承板；3—三边支承板；4—四边支承板；5—靴梁；6—肋板；7—隔板；8—锚栓

5.3.2.5　偏压柱的柱脚

框架柱是典型的压弯构件，其柱脚根据受力情况可以作成铰接或刚接，铰接只传递轴心压力和剪力，其构造和计算同轴心受压柱。刚接柱脚分整体式和分离式，一般实腹柱或分肢间距小于1.5m的格构柱常采用整体式柱脚；分肢间距较大的格构柱采用分离式柱脚较为经济，分离式柱脚中，对格构柱各分支按轴心受压布置成铰接柱脚，然后用缀材将各分肢柱脚连接起来，以保证有一定的空间刚度。

刚接柱根据柱脚与地面的关系可分为露出式柱脚、埋入式柱脚和外包式柱脚三种类型，如图5-41所示。刚接柱脚在弯矩作用下产生的拉力由锚栓承受，锚栓承受较大的拉力，其

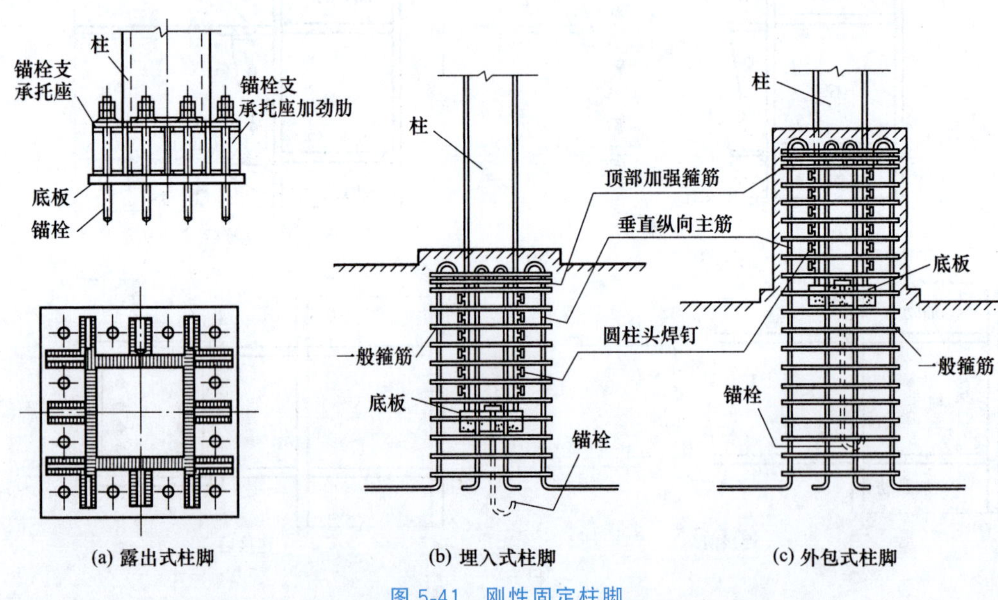

(a) 露出式柱脚　　(b) 埋入式柱脚　　(c) 外包式柱脚

图5-41　刚性固定柱脚

直径和数量需经过计算确定。为了有效地将拉力传递给锚栓，锚栓不应直接固定在底板上，如底板刚度不足，不能保证锚栓受拉的可靠性，而应固定在焊接于靴梁上的刚度较大的支托座上，使柱脚与基础形成刚接。

5.4 钢屋盖

钢屋盖结构一般由屋面承重结构、屋面维护系统、屋面支撑系统和辅助构件组成。主要包括屋面板、檩条、屋架、天窗架、托架、水平支撑、垂直支撑等。钢屋盖结构按照受力模式不同可以分为空间结构体系和平面结构体系，空间结构体系（网架、网壳、悬索、膜结构等）常应用于大型公共建筑，如大型体育场馆、会展中心等，如图 5-42 所示；平面结构体系（平面桁架结构、门式刚架结构）常用于单层工业厂房，本书主要学习后者。

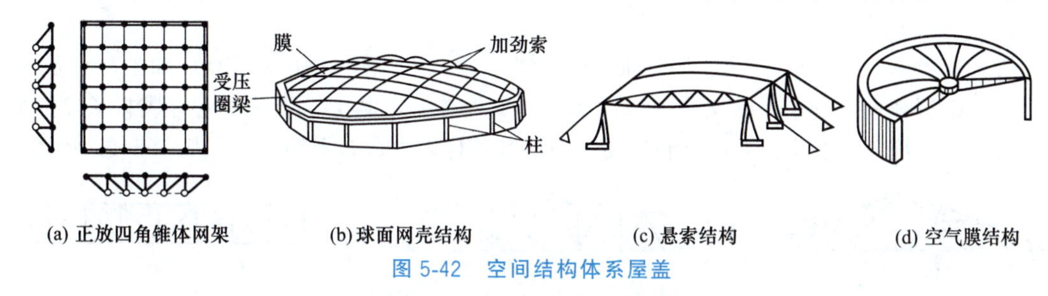

图 5-42　空间结构体系屋盖

平面结构体系根据屋面所用材料的不同和屋盖结构的布置情况，屋盖结构可分为有檩屋盖结构和无檩屋盖结构两种承重方案。有檩屋盖结构如图 5-43（a）所示，主要用于跨度较小的中小型厂房，其屋面常采用压型钢板、太空板、石棉水泥波形瓦、瓦楞铁和加气混凝土屋面板等轻型屋面材料，屋面荷载由檩条传给屋架。有檩屋盖的构件种类和数量较多，安装效率低；但其构件自重轻，用料省，运输和安装方便。

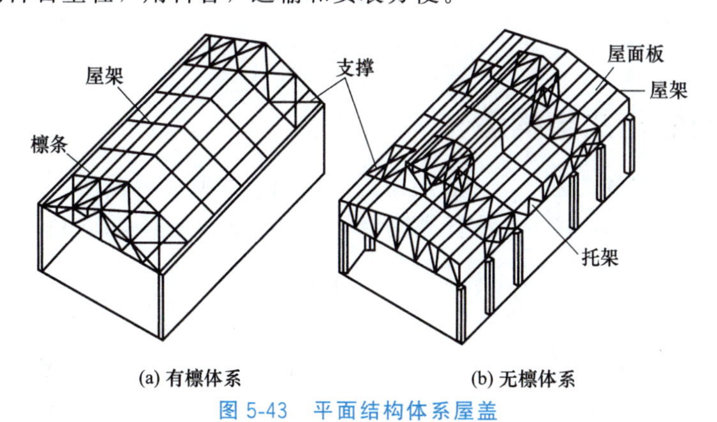

图 5-43　平面结构体系屋盖

无檩屋盖结构如图 5-43（b）所示，主要用于跨度较大的大型厂房，其屋面常采用钢筋混凝土大型屋面板或太空板，屋面荷载由大型屋面板（或太空板）直接传递给屋架。无檩屋盖的构件种类和数量都较少，安装效率高，施工进度快，而且屋盖的整体性好，横向刚度大；但无檩屋盖的屋面板自重大，用料费，运输和安装不便。

屋架的跨度和间距取决于柱网布置，而柱网布置则根据建筑物工艺要求和经济合理等各方面因素而定。有檩屋盖的屋架间距和跨度比较灵活，不受屋面材料的限制。有檩屋盖比较经济的屋架间距为 4～6m。无檩屋盖因受大型屋面板尺寸的限制（大型屋面板的尺寸一般为 1.5m×6m)，故屋架跨度一般取 3m 的倍数，常用的有 18m、21m、……、36m 等，屋架间距为 6m；当柱距超过屋面板长度时，就必须在柱间设置托架，以支承中间屋架，如图 5-43（b）所示。

在工业厂房中，为了采光和通风换气的需要，一般要设置天窗，天窗的主要结构是天窗架，天窗架一般都直接连接在屋架的上弦节点处。

5.4.1 常用的屋架形式

按外形可分为三角形屋架、梯形屋架和平行弦屋架三种形式。

（1）三角形屋架　三角形屋架适用于屋面坡度较大（$i<1/3\sim1/2$）、中小跨度的有檩轻型屋面结构。三角形屋架的腹杆布置有芬克式、人字式、单斜式三种，如图 5-44 所示。芬克式屋架的腹杆受力合理（长腹杆受拉，短腹杆受压），且可分为两小榀屋架制造，使运输方便，故应用较广。

（2）梯形屋架　梯形屋架适用于屋面坡度较小（$i<1/3$）的无檩屋盖结构。如图 5-45 所示。

（3）平行弦屋架　平行弦屋架多用于托架或支撑体系，其上、下弦平行，腹杆长度一致，杆件类型少，符合标准化、工业化制造要求，但其弦杆内力分布不够均匀，如图 5-46 所示。

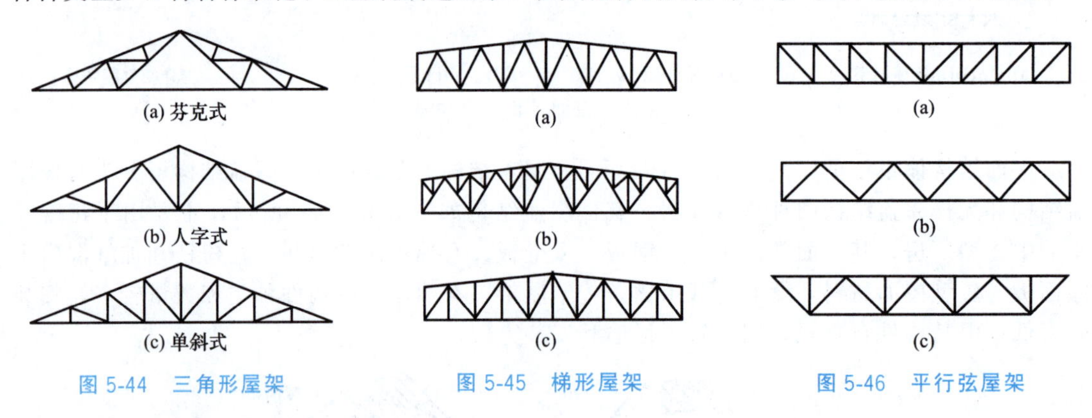

图 5-44　三角形屋架　　图 5-45　梯形屋架　　图 5-46　平行弦屋架

5.4.2 檩条的形式与构造

檩条常用形式为实腹式檩条，一般用槽钢、角钢和薄壁型钢截面，如图 5-47 所示。薄壁型钢檩条受力合理，用钢量少，应优先选用。槽钢檩条和角钢檩条的制作、运输和安装都

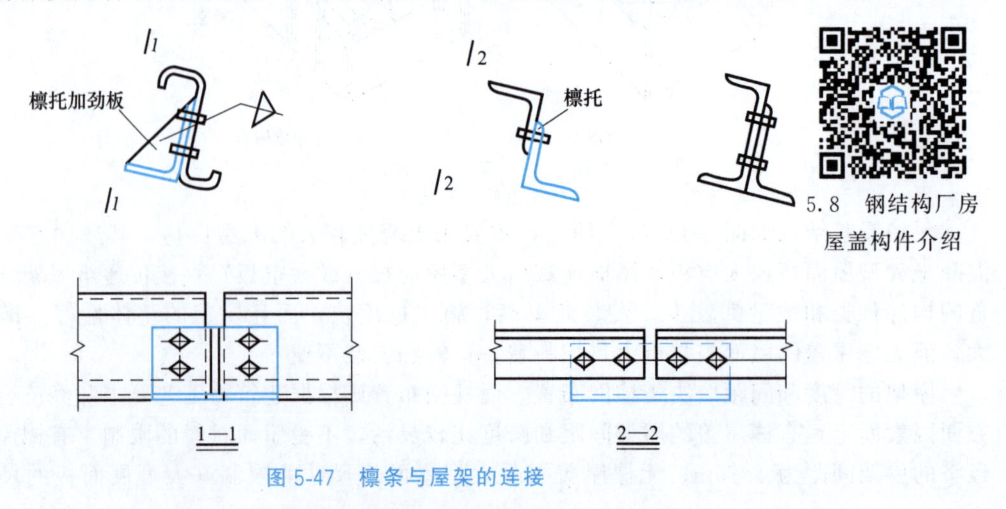

图 5-47　檩条与屋架的连接

较简单，但其壁厚，用钢量大，只适用于跨度、檩距及荷载都较小的情况。

檩条宜布置在屋架上弦节点处，由屋檐起沿上弦等距离设置。一般用檩托与屋架上弦相连，檩托用短角钢或薄壁角钢制成，先焊在屋架上弦，然后用 C 级螺栓（不少于 2 个）或焊缝与檩条连接。用薄壁角钢制成的檩条，宜将上翼缘肢尖（或卷边）朝向屋脊方向，以减小屋面荷载偏心而引起的扭矩。

为了减少檩条在安装和使用阶段的侧向变形和扭转，保证其整体稳定性，一般需在檩条间设置拉条和撑杆。拉条的直径为 10～16mm 钢筋。撑杆用角钢、钢管和方管制作。当檐口处有承重天沟或圈梁时，可只设拉条。如图 5-48 所示。

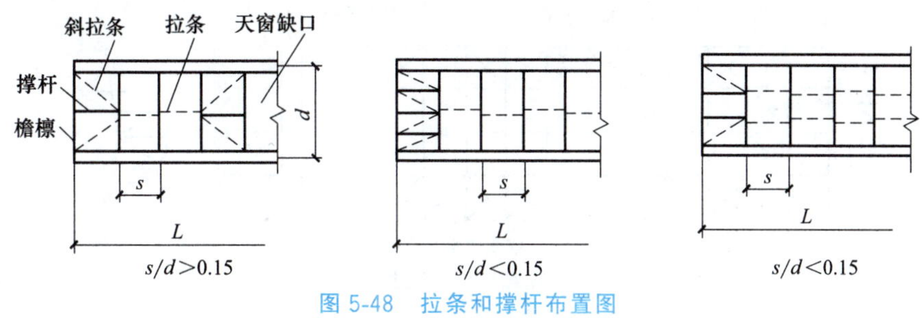

图 5-48　拉条和撑杆布置图

L—屋架跨度；d—屋架间距；s—檩距

5.4.3　支撑的布置与连接构造

无论是无檩屋盖还是有檩屋盖，仅将支承在柱顶的钢屋架用大型屋面板或檩条连系起来是一种几何可变体系，在水平荷载作用下，屋架可能向侧向倾倒。其次，由于屋架上弦侧向支承点间的距离过大，受压时容易发生侧向失稳大大降低其承载能力。因此，必须在屋盖系统中设置支撑，承担和传递水平荷载（风荷载、吊车荷载、地震荷载等），使整个屋盖结构连成整体，形成一个空间稳定体系，保证结构整体空间作用。

钢屋盖的支撑分为：上弦横向水平支撑、下弦横向水平支撑、下弦纵向水平支撑、垂直支撑和系杆五种，如图 5-49 所示。一般钢屋盖都应设置上、下弦横向水平支撑、垂直支撑和系杆。

（1）上弦横向水平支撑一般布置在屋盖两端的第一柱间和横向伸缝区段的两端；当需与第二柱间开始的天窗架上的支撑配合时，也可设在第二柱间，但必须用刚性系杆与端屋架连接，如图 5-49（a）所示。支撑的间距不宜大于 60m，即当温度区段较长时，在区段中间应增设横向水平支撑。

（2）下弦横向水平支撑一般都和上弦横向水平支撑布置在同一柱间，以便组成稳定的空间结构体系。当下弦横向水平支撑布置在第二柱间时，同样应在第一柱间设置刚性系杆，如图 5-49（b）所示。

（3）下弦纵向水平支撑一般只在对房屋的整体刚度要求较高时设置。当房屋内设有较大吨位的重级或中级工作制的桥式吊车，或有锻锤等较大振动设备，或有托架和中间屋架时，以及房屋较高，跨度较大时，均应在屋架下弦（三角形屋架可在上弦）端节间平面设置纵向水平支撑，并与下弦横向水平支撑形成封闭的支撑系统。

（4）垂直支撑。凡设有横向水平支撑的柱间都要设置垂直支撑，如图 5-49（d）、（e）所示。当采用三角形屋架且跨度小于 24m 时，只在屋架跨度中央布置一道，当跨度大于 24m 时，宜在屋架大约 1/3 的跨度处各设置一道。当采用梯形屋架且跨度小于 30m 时，在屋架两端及跨度中央均应设置垂直支撑；当跨度大于 30m 时，除两端设置外，应在跨中 1/3 处

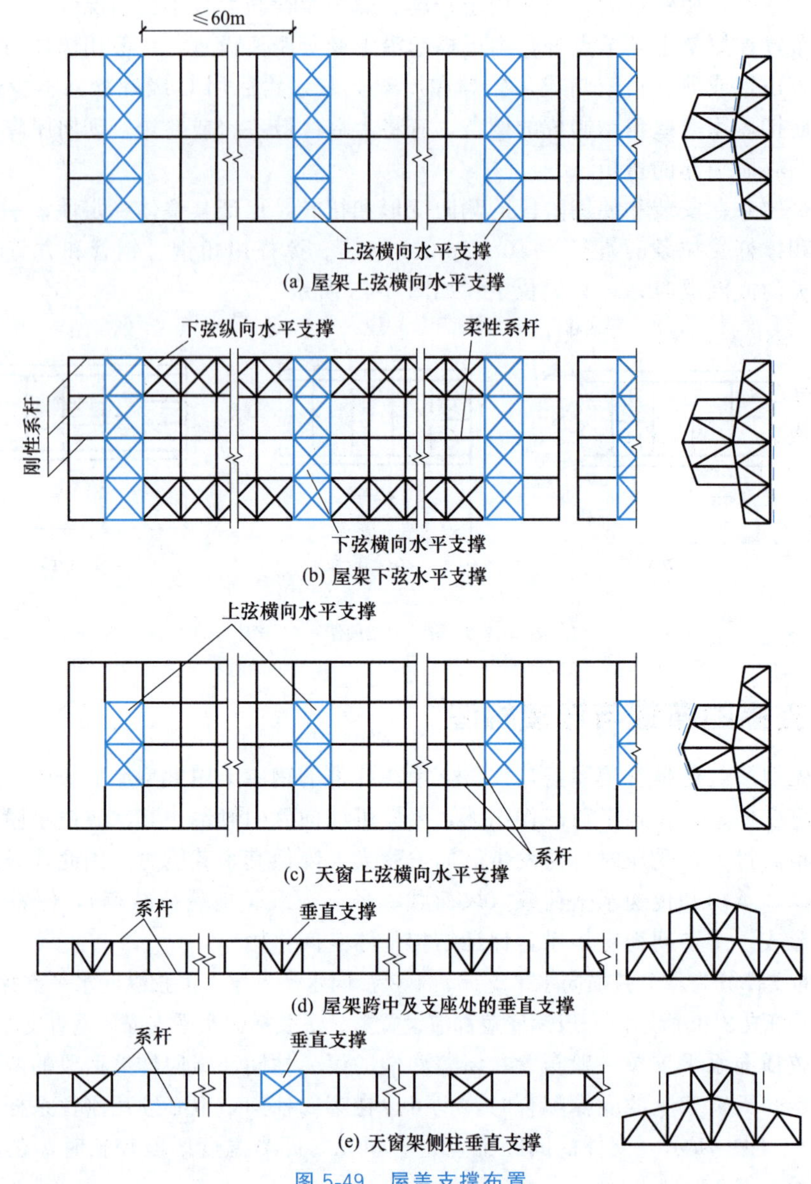

图 5-49 屋盖支撑布置

各设置一道。当屋架两端有托架时，可用托架代替。

(5) 系杆。对于不和横向水平支撑相连的屋架，在垂直支撑平面内的屋架上、下弦节点处，沿房屋的纵向通长设置系杆。系杆分刚性系杆和柔性系杆两种。刚性系杆一般由两个角钢组成，能承受压力。柔性系杆则常由单角钢或圆钢组成，只能承受拉力。刚性系杆设置在第一柱间的上、下弦处，支座节点处和屋脊处，其余的可采用柔性系杆。

当有天窗时，应设置和屋架类似的支撑，如图 5-49 (c)、(d)、(e) 所示。当天窗宽度大于 12m 时，应在天窗架中间再加设一道垂直支撑。

支撑与屋架的连接一般采用 M20 螺栓（C 级），支撑与天窗架的连接可采用 M16 螺栓（C 级）。上弦横向水平支撑的角钢肢尖宜朝下，交叉斜杆与檩条连接处中断，如图 5-50 (a) 所示。如不与檩条相连，则一根斜杆中断，另一根斜杆可不断，如图 5-50 (b) 所示。下弦支撑的交叉斜杆可以肢背靠肢背用螺栓加垫圈连接，杆件无需中断，如图 5-50 (c) 所示。

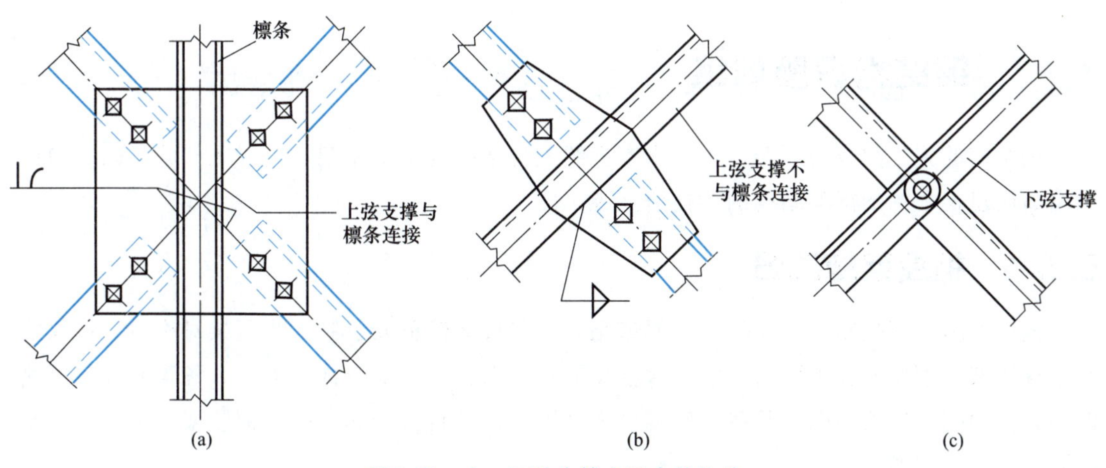

图 5-50　上、下弦支撑交叉点的构造

上弦横向支撑与屋架的连接如图 5-51 所示，连接时应使连接的杆件适当离开屋架节点，以免影响大型屋面板或檩条的安放。

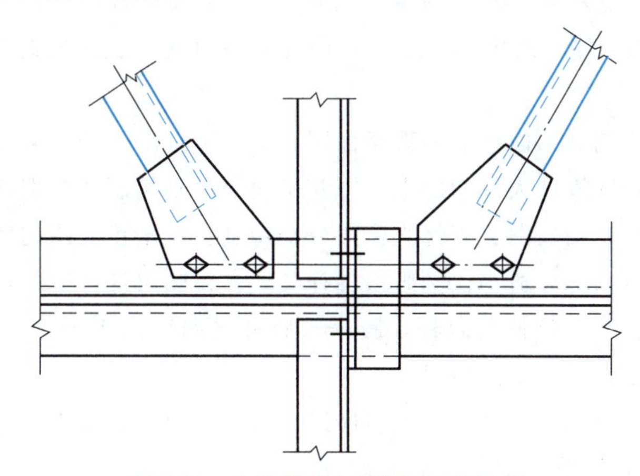

图 5-51　上弦横向支撑与屋架的连接

垂直支撑与屋架的连接如图 5-52 所示。

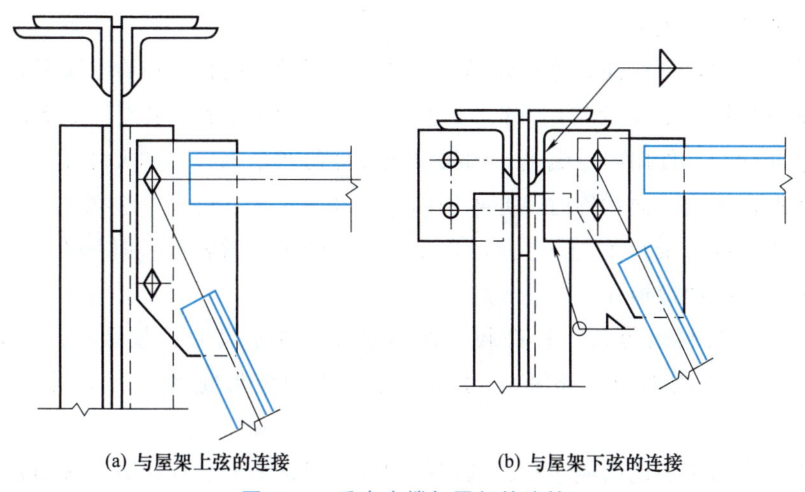

图 5-52　垂直支撑与屋架的连接

5.5 钢结构识图训练

钢结构的施工图较为复杂，本书重点介绍钢排架结构中钢屋架、门式刚架施工图，简要介绍高层建筑中的钢框架结构的梁柱节点施工图。

5.5.1 钢屋架施工图

钢屋架施工图是制作钢屋架的主要依据，一般按运输单元绘制，当屋架对称时，可仅绘制半榀屋架。钢屋架施工图内容主要包括屋架正面图，上、下弦杆平面图，各重要部分的侧面图、剖面图，屋架简图，某些特殊零件大样图，以及材料表和说明。钢屋架施工图的绘制特点和要求说明如下。

（1）图纸绘制比例，一般轴线用 1∶20 或 1∶30 比例绘制，杆件截面和节点板尺寸用 1∶10 或 1∶15 比例绘制，零件图可适当放大，以便清楚地表达节点细部尺寸。在图纸的左上角绘制一屋架简图，它的左半跨注明屋架几何尺寸，右半跨注明杆件内力的设计值。梯形屋架跨度≥24m、三角形屋架跨度≥15m 时，应在制造时起拱、拱度约为跨度的 1/500，并标注在屋架简图中。

（2）施工图的主要图面用以绘制屋架正面图，上、下弦平面图，必要的侧面图和剖面图以及某些安装节点或特殊零件大样图。上、下弦平面图分别绘制在屋架正面图的上、下弦杆的上方和下方，侧面图、剖面图、零件大样图分别绘制在屋架正面图的四周。

（3）绘制施工图时，先按适当比例画出各杆轴线，再画出杆件廓线，使杆件截面重心线与屋架几何轴线重合，并在弦杆与腹杆，腹杆与腹杆之间留出 15～20mm 的间隙，最后根据节点构造和焊缝长度，绘出节点板尺寸。

（4）绘制节点板伸出弦杆尺寸和角钢肢厚尺寸时，应以两条线表示清楚，可不按比例绘制。零件间的连接焊缝注明焊脚尺寸和焊缝长度。

（5）施工图中应注明各杆件和零件的加工尺寸、定位尺寸、安装尺寸和孔洞位置。腹杆应注明杆端至节点中心的距离，节点板应注明上、下两边至弦杆轴线的距离以及左、右两边至通过节点中心的垂线距离。

（6）在施工图中，各杆件和零件要详细编号，不同种类的杆件应在其编号前冠以不同的字母代号，如屋架用 W、天窗架用 TJ、支撑用 C。编号的次序按主次、上下、左右顺序逐一进行。完全相同的零件用同一编号。如果组成杆件的两角钢型号和尺寸相同，仅因孔洞位置或斜切角等原因而成镜面对称时，亦采用同一编号，并在材料表中注明正、反字样，以示区别。有支撑连接的屋架和无支撑连接的屋架可用一张施工图表示，但在图中应注明哪种编号的屋架有连接支撑的螺栓孔。

（7）施工图的材料表包括：杆件和零件的编号、规格尺寸、数量、重量，以及整个屋架的总重量。不规则的节点板重量可按长宽组成的矩形轮廓尺寸计算，不必扣除斜切边。

（8）施工图中的文字说明应包括：选用的钢号、焊条型号、焊接方法和质量要求，未注明的焊缝尺寸、螺栓直径、螺栓孔径，以及防锈处理、运输、安装和制造要求等内容。

5.5.2 门式刚架

门式刚架结构是梁、柱单元构件组成的平面组合体，其形式多种多样。在单层工业与民用钢结构建筑中应用较多的为单跨、双跨或多跨的单、双坡门式刚架，如图 5-53 所示。根据工程通风、采光的具体要求，刚架结构可设置通风口、采光带和天窗架。

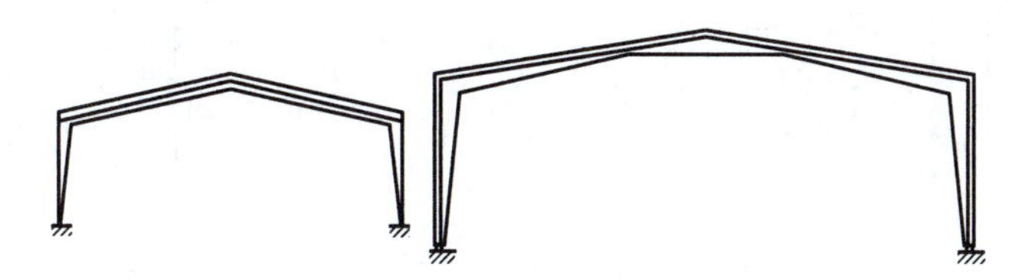

图 5-53 门式刚架的基本形式

檩条、墙梁和支撑系统使单独的平面刚架形成空间体系，增加了建筑物的整体性，提高了抵抗风荷载、地震荷载、吊车制动荷载等水平力的作用。与传统的由屋架和柱组成的平面排架体系钢结构厂房比较，门式刚架的构件种类少，外形规则，施工现场整洁，其次刚架刚度较好，自重较轻，横梁与柱可以组装，为制作、运输、安装提供了有利条件。其用钢量仅为普通钢屋架用钢量的 1/10～1/5，是一种经济可靠的结构形式。近年来已大量用于各类工业厂房、仓储车间及小型体育馆、会展厅、超市等建筑。

门式刚架结构房屋主要由屋盖系统、柱子系统、吊车梁系统、墙架系统、支撑系统等部分组成。

（1）屋面系统主要由檩条、拉条、撑杆、隅撑、屋面板等组成。檩条主要有 C 形和 Z 形两种截面形式，C 形截面檩条适用于坡度较小的屋面，Z 形截面檩条适用于坡度较大的屋面。檩条是由交替的撑杆和拉条支承的。在斜梁的下翼缘受压区设置隅撑，保证刚架平面外的稳定性。屋面支撑体系主要由屋面横向水平支撑和系杆组成。水平支撑为圆钢，用花篮螺栓张紧；系杆用圆管。屋面横向水平支撑系统主要用来传递风荷载，增强结构的整体稳定性能。

（2）柱子系统由承重钢柱和柱间支撑组成。柱间支撑的截面形式主要有：采用两个角钢组成的 T 形截面、圆钢管截面，一般布置在厂房两端第一开间或者是第二开间，若厂房长度较长（超过 60m），则需要在中部再加设一道支撑。柱间支撑根据厂房使用要求可以布置成十字形或者八字形。柱间支撑主要传递山墙传来的风荷载。

（3）墙架系统主要由墙梁、拉条、斜拉条、撑杆以及墙面板等组成。拉条的作用主要是承受墙梁竖向荷载，减小墙梁平面内竖向挠度。墙梁主要承受由墙板传递的风荷载。墙梁的截面主要是 C 形和 Z 形两种冷弯薄壁型钢截面形式。

5.5.3 钢框架结构梁柱连接节点

钢框架结构由于其强度高、自重轻、刚度大，本身有良好的延性，是一种抗震性能很好的结构，广泛用于节能住宅、办公、超市、商场，是目前国内外应用和发展速度最快的新型结构形式。常见的钢框架结构梁柱连接节点见图 5-54。

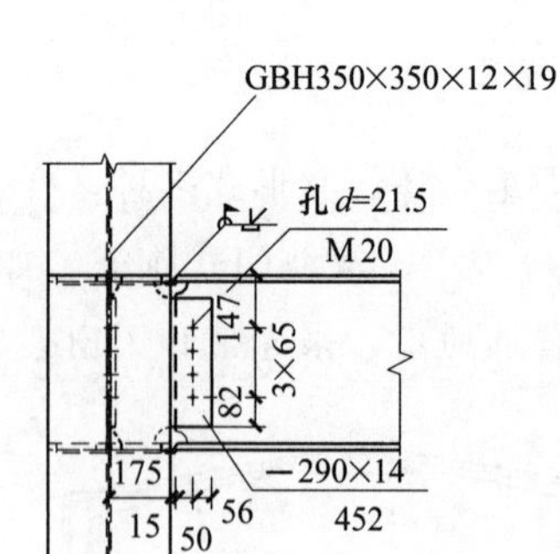

GBH350×350×12×19
孔d=21.5
M20
147
3×65
82
175
15
50
56
−290×14
452

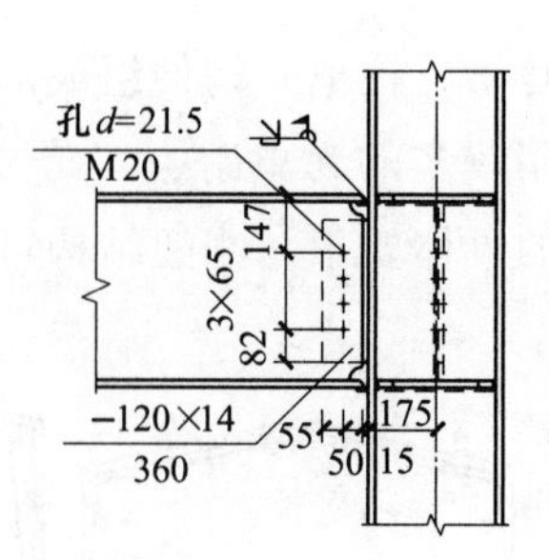

孔d=21.5
M20
147
3×65
82
−120×14
360
55
50
15
175

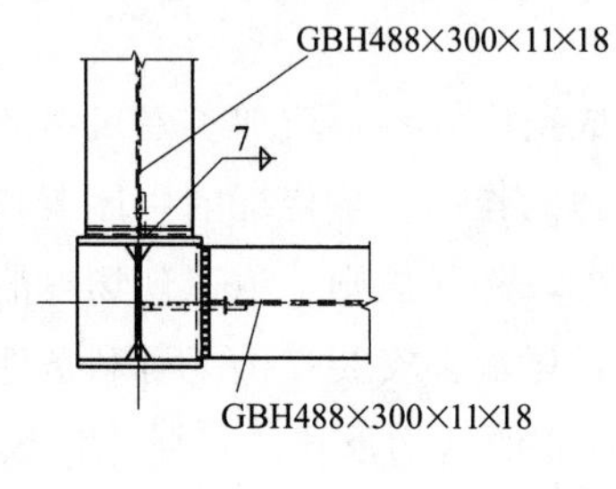

GBH488×300×11×18
7
GBH488×300×11×18

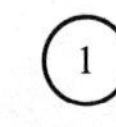

1

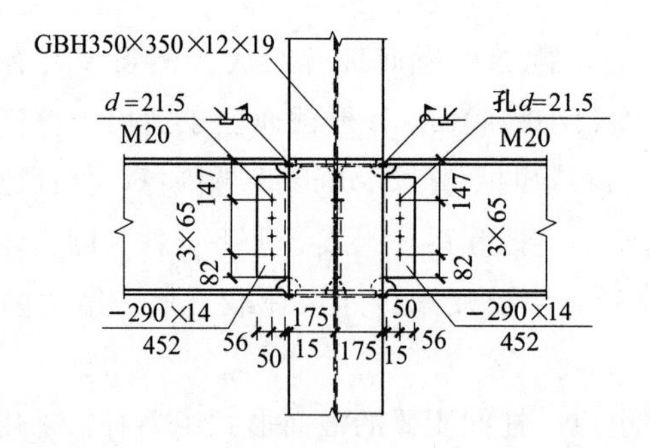

GBH350×350×12×19
d=21.5
M20
孔d=21.5
M20
147
3×65
82
147
3×65
82
−290×14
452
56
50
175
15
50
15
175
15
56
−290×14
452

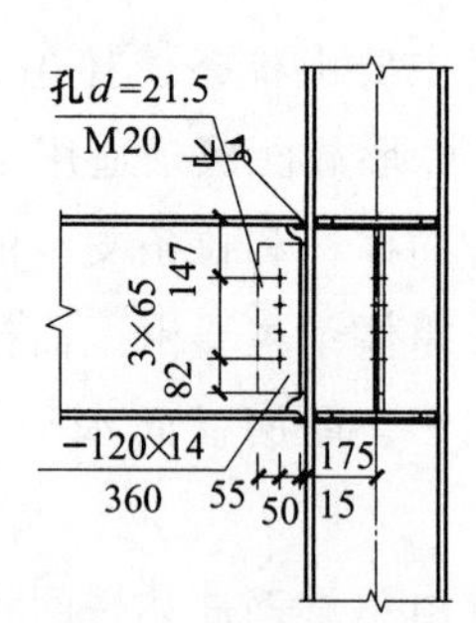

孔d=21.5
M20
147
3×65
82
−120×14
360
55
50
175
15

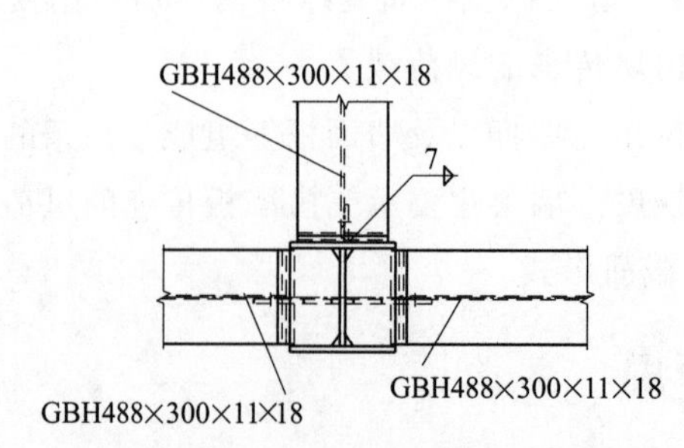

GBH488×300×11×18
7
GBH488×300×11×18
GBH488×300×11×18

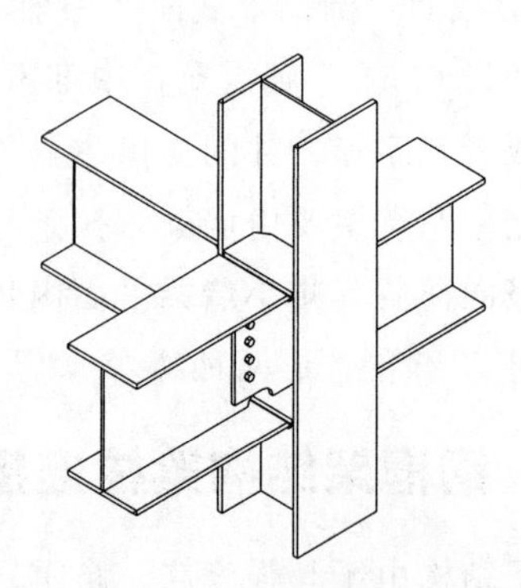

2

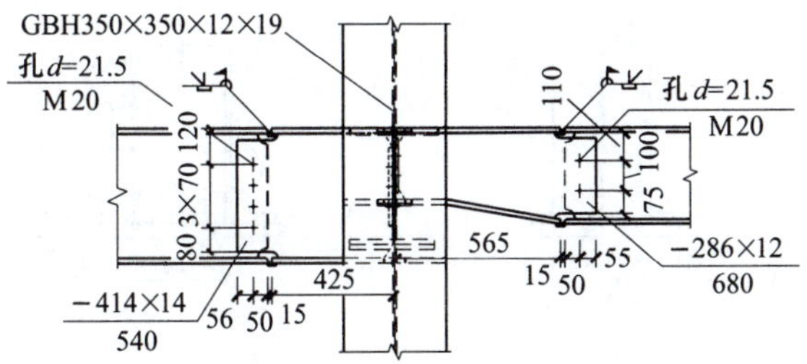
GBH350×350×12×19
孔d=21.5
M20
120
3×70
80
−414×14
540
56 50 15
425
565
15 50 55
110
孔d=21.5
M20
100
75
−286×12
680

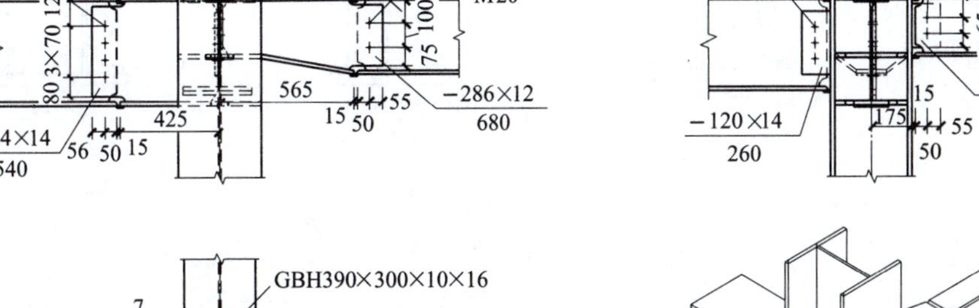
孔d=21.5
M20
−120×14
260
175
15
50 55
孔d=21.5
M20
93
57 65
−120×10
180

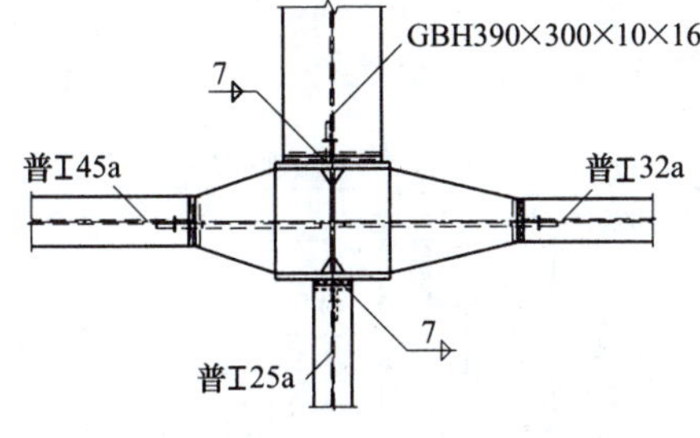
GBH390×300×10×16
普工45a
普工32a
普工25a
7

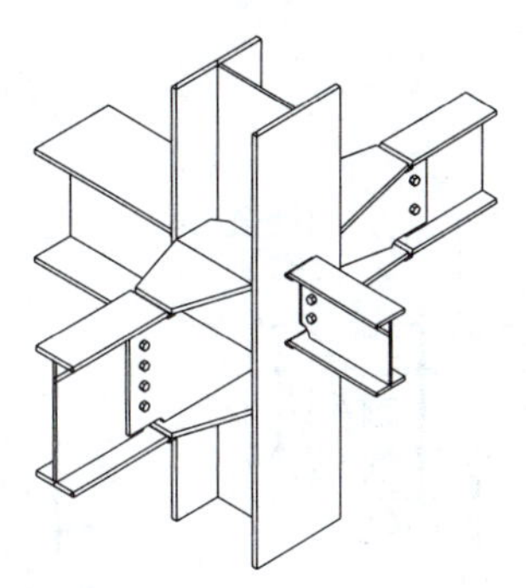

3

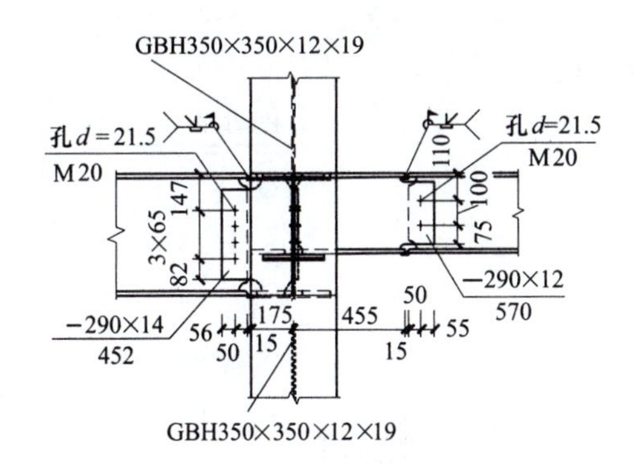
GBH350×350×12×19
孔d=21.5
M20
147
3×65
82
−290×14
452
56 50 175 15
455
15 50 55
110
孔d=21.5
M20
100
75
−290×12
570
GBH350×350×12×19

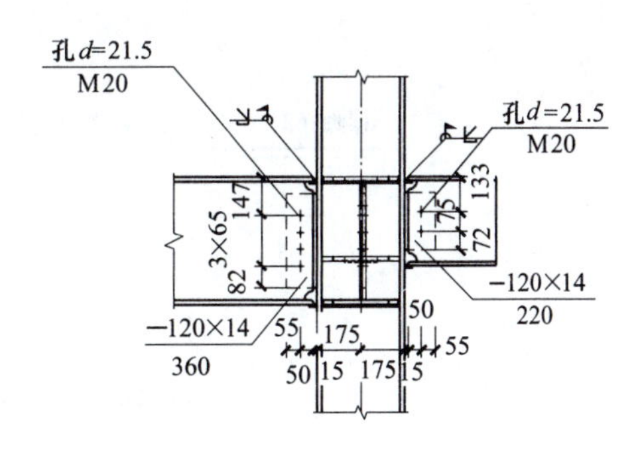
孔d=21.5
M20
147
3×65
82
−120×14
360
55 175
50 15 175 15
50 55
孔d=21.5
M20
133
75
72
−120×14
220

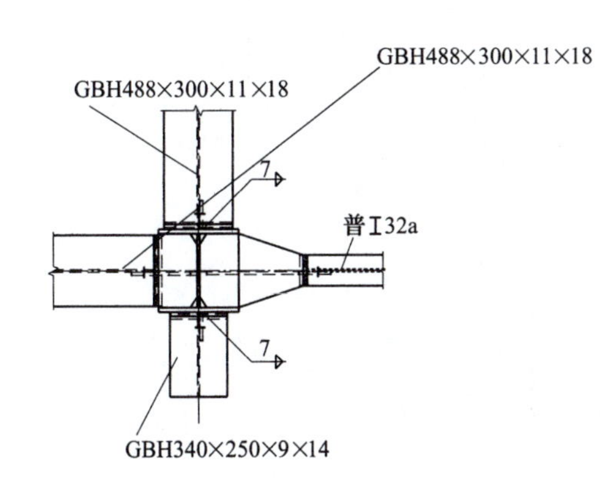
GBH488×300×11×18
GBH488×300×11×18
7
普工32a
GBH340×250×9×14

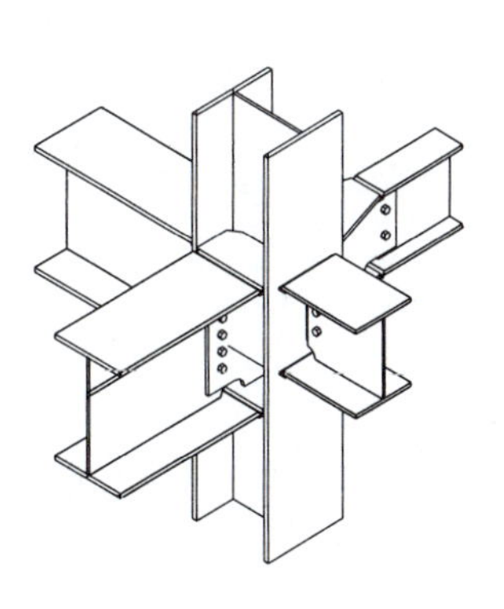

4

图 5-54

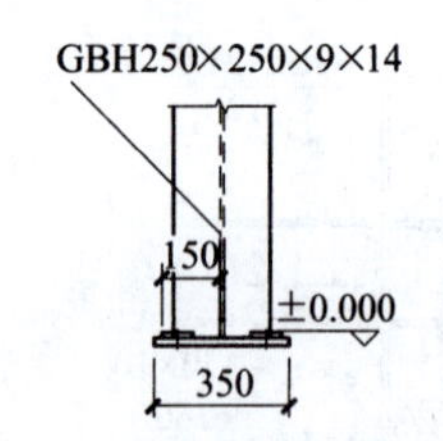

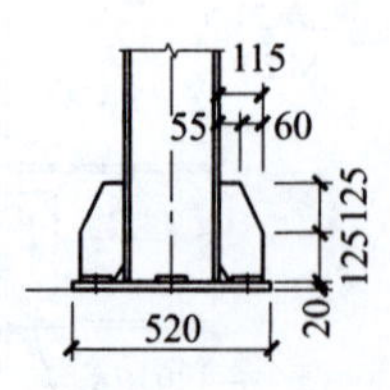

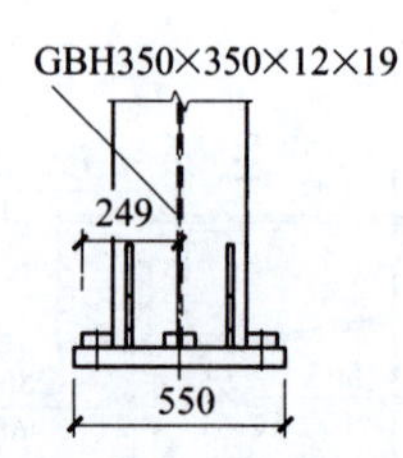

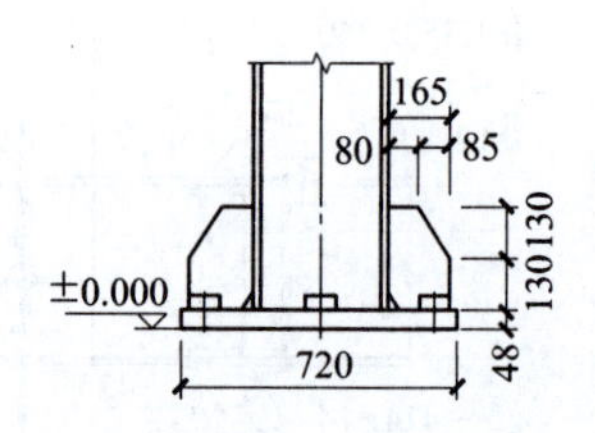

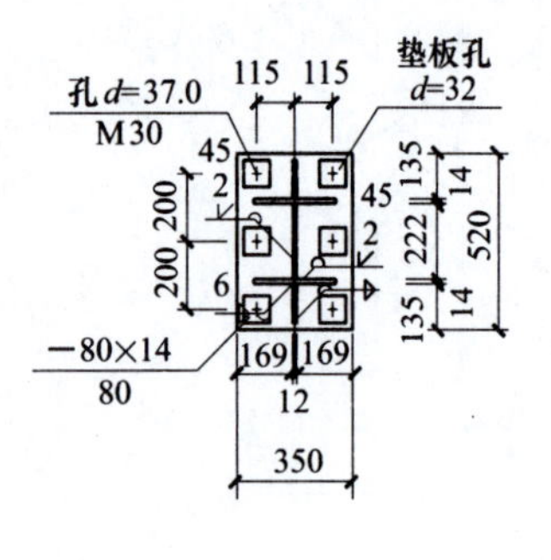

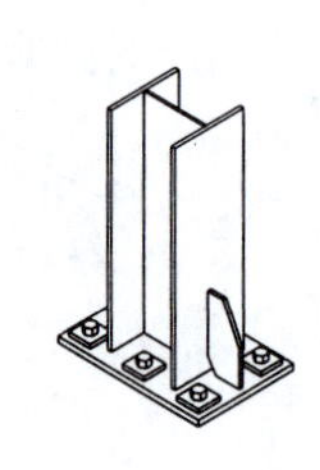

柱脚详图（一）

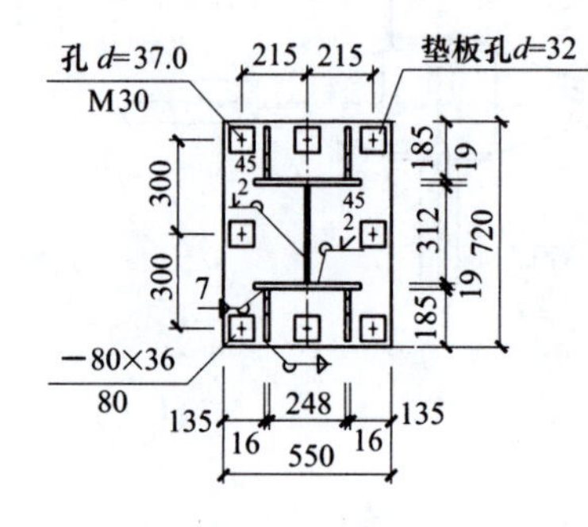

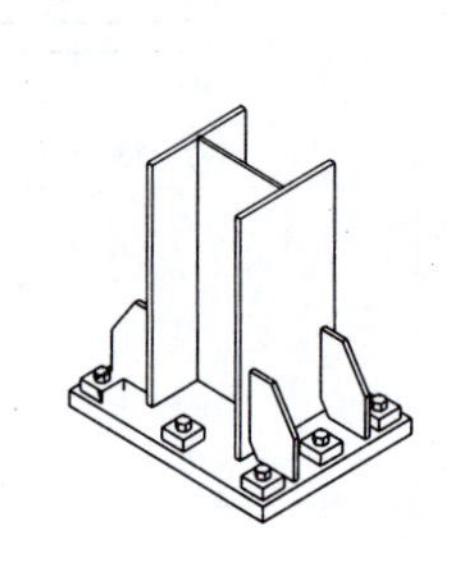

柱脚详图（二）

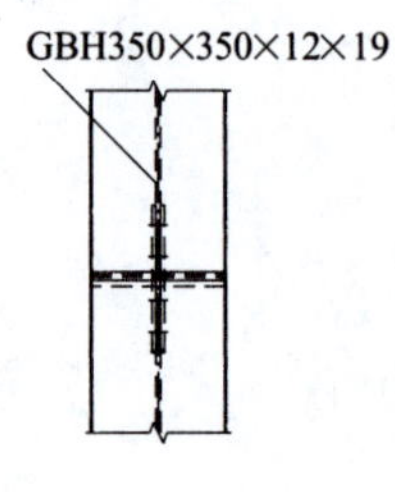

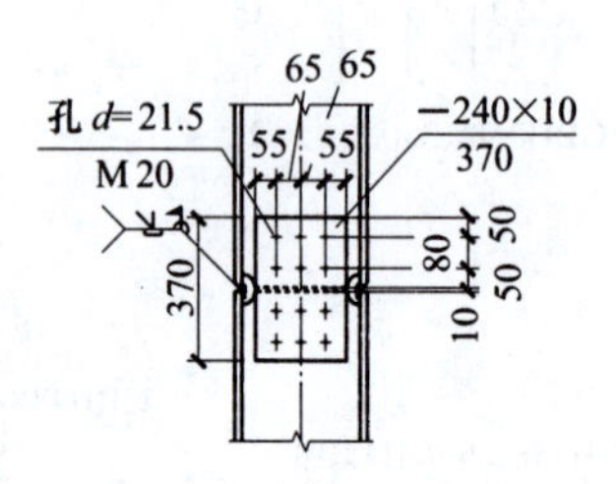

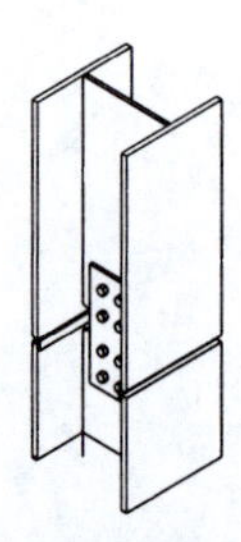

柱拼接图

图 5-54　钢框架结构梁柱连接节点施工图示例

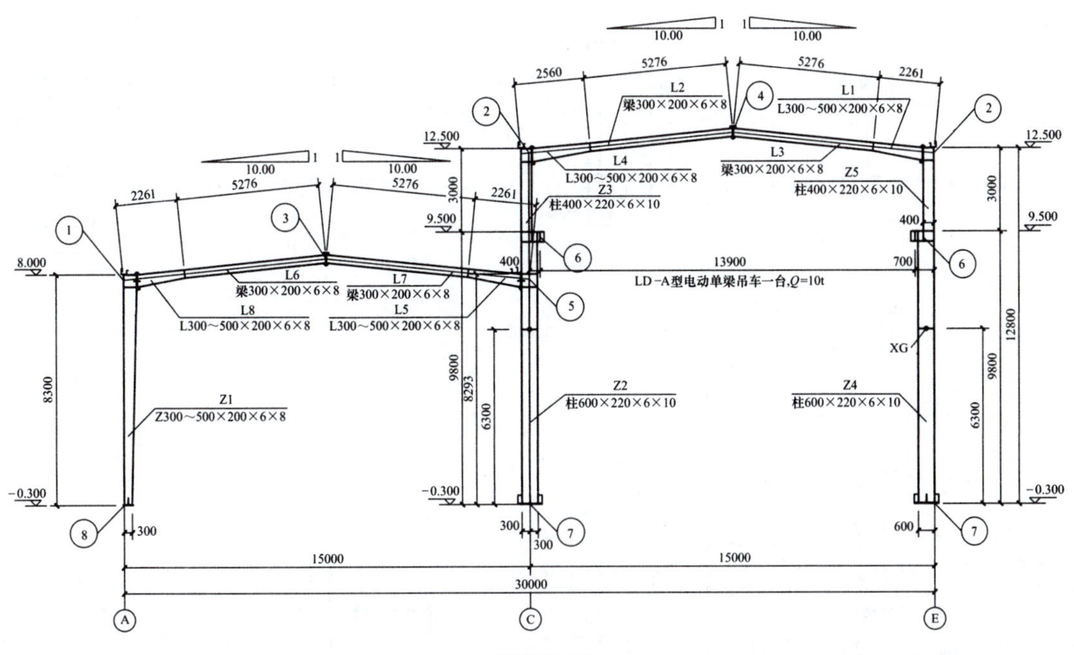

刚架图1:100

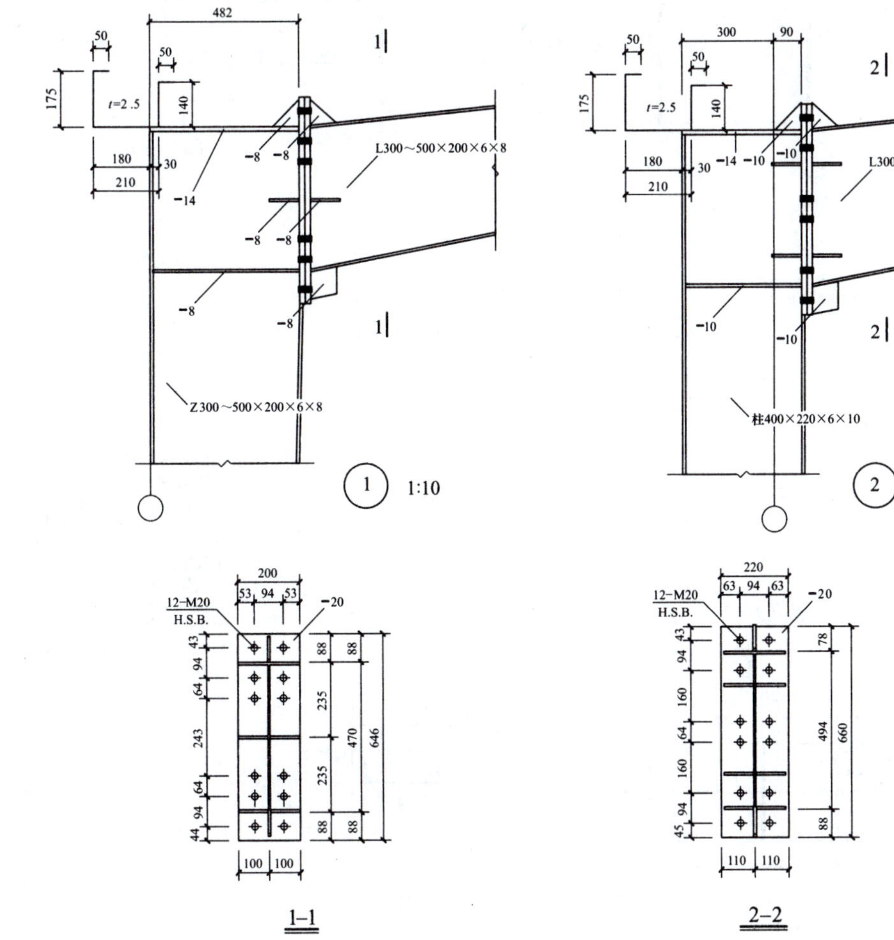

图 5-55

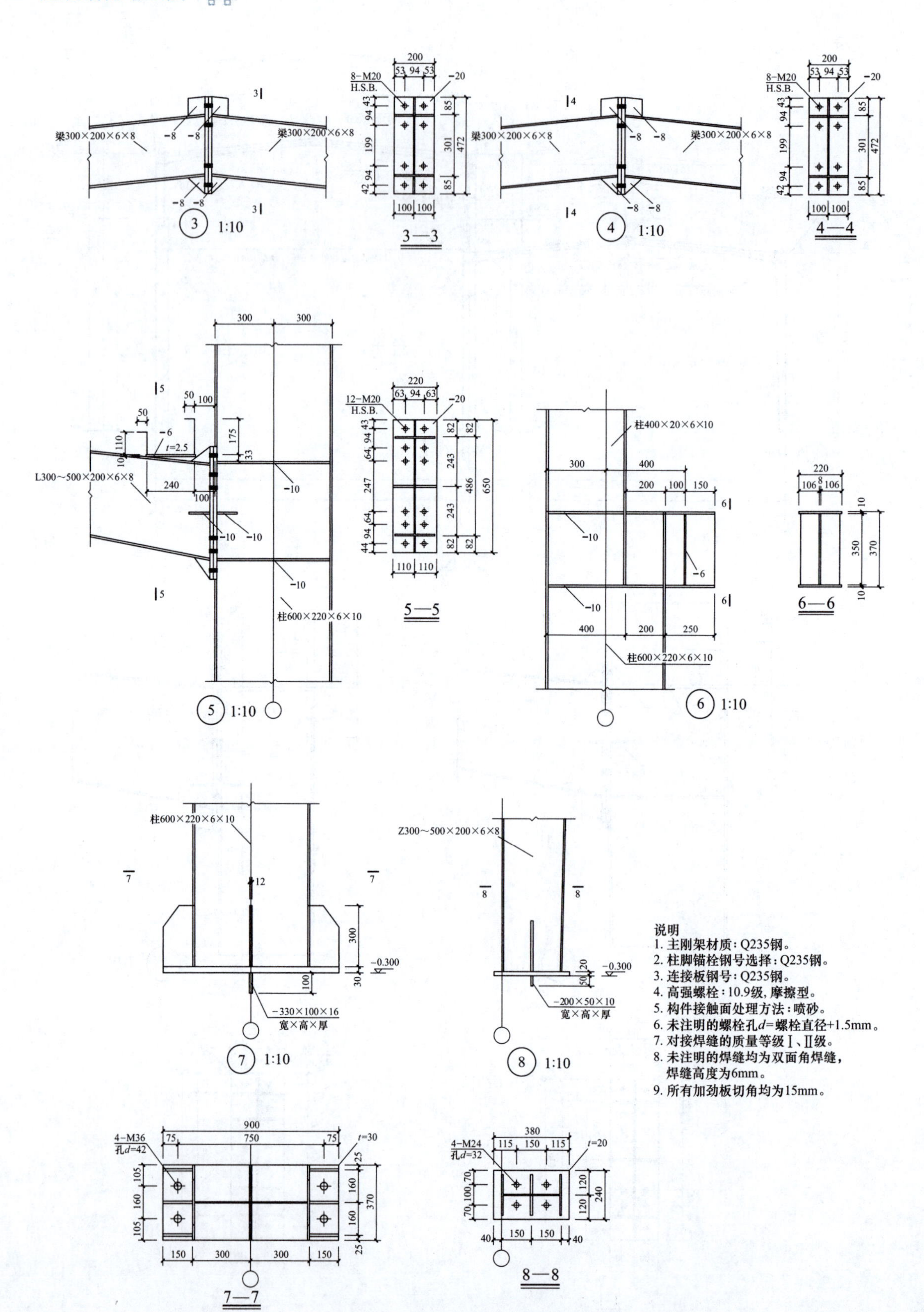

图 5-55 刚架结构施工图示例

匠心筑梦　启迪智慧

被誉为“第四代体育馆”的伟大建筑——国家体育馆（鸟巢）是近年来钢结构建筑的典范，用树枝般的钢网把一个可容10万人的体育场编织成的一个温馨“鸟巢”，其加工制作安装要求十分精细，一块块各型各样的钢架在几十米的高空对接，各种位置的焊接，技术人员悬空作业，仰面电气焊，火花四溅，一个个小小的缝隙，在他们像绣花一样的精湛技术下，完美焊绣……这便是很多业内人士称鸟巢为“焊绣鸟巢”的原因。

“行谨则能坚其志，言谨则能崇其德”（宋·胡宏《胡子知言·文王》），正是对建筑工程技术人员一丝不苟、精益求精的写照，于细微之处见精神，于细微之处见境界，于细微之处见水平。把做好每件事情的着力点放在每一个环节、每一个步骤上，不心浮气躁，不好高骛远，特别注重把自己岗位上的、自己手中的事情点点滴滴做精做细，做得出彩。鸟巢的建设打开了一扇让世界了解中国的大门，为实现质量强国的梦想迈出了坚实的一步。

能力训练题

一、某工程梁柱连接节点见图5-54节点4。该建筑柱子总高12m，工厂制作单根柱子高度6m。

1. 该柱脚的连接方式是什么？柱与梁连接采用何种方式？并阐述围绕该节点的连接过程，各连接方式的特点。

2. 若柱、梁采用Q345B钢，角焊缝抗拉强度达到315MPa，问现场焊接选择何种型号焊条？在工厂用钢板焊接柱子的过程中，采用何种焊丝？

3. 正视图中，右侧现场焊接角焊缝长度、高度应该是多少？

二、某刚架结构见图5-55。

1. 第4节点处梁的连接属于刚接还是铰接？属于工厂拼接还是工地拼接？常用的梁的连接形式有几种？

2. 第1号节点的柱头连接是刚接还是铰接？第7号节点的柱脚连接属于何种连接，刚接还是铰接？

5.9　钢结构识图训练工作页

三、结合图5-54和图5-55叙述钢结构施工图中表达的内容。

参考文献

[1] 16G101-1. 混凝土结构施工图平面整体表示方法制图规则和构造详图：现浇混凝土框架、剪力墙、梁、板.

[2] GB 50007—2011. 建筑地基基础设计规范.

[3] GB 50003—2011. 砌体结构设计规范.

[4] GB 50010—2010. 混凝土结构设计规范（2015年版）.

[5] GB 50204—2015. 混凝土结构工程施工质量验收规范.

[6] GB 50011—2010. 建筑抗震设计规范（2016年版）.

[7] GB 50017—2017. 钢结构设计规范.

[8] 吴学清. 建筑识图与构造. 第2版. 北京：化学工业出版社，2018.

[9] 张宪江. 建筑结构：附建筑结构施工图集. 第2版. 北京：化学工业出版社，2019.

[10] 段丽萍. 平法解读与应用. 第2版. 北京：化学工业出版社，2019.

[11] 段丽萍. 建筑工程施工图实例读解. 第3版. 北京：化学工业出版社，2020.

[12] 张维斌. 多层及高层钢筋混凝土结构设计释疑及工程实例. 北京：中国建筑工业出版社，2011.

[13] 朱炳寅，等. 建筑地基基础设计方法及实例分析. 第2版. 北京：中国建筑工业出版社，2018.

[14] 高立人，等. 高层建筑结构概念设计. 北京：中国计划出版社，2010.

[15] 燕兰，等. 钢结构. 北京：化学工业出版社，2014.

[16] JGJ 6—2011. 高层建筑筏形与箱形基础技术规范.

[17] 15G365-1. 预制混凝土剪力墙外墙板.

[18] 15G365-2. 预制混凝土剪力墙内墙板.